페니 스파크의
디자인과 문화
1900년부터 현재까지 | edition 3

페니 스파크의
디자인과 문화

900년부터 현재까지 | edition 3

페니 스파크 지음 | 전종찬 옮김

교문사

역자 후기

세계적으로 저명한 디자인역사학자이자 이론가인 페니 스파크(Penny Sparke)의 저서를 처음 접한 것은 1990년으로, 역자가 영국유학의 첫 발을 디딘 해였다. 런던 도착 후 첫 번째로 향한 곳이 당시 헤이마켓에 위치했던 디자인센터(Design Centre)였으며, 센터의 bookshop에서 스파크의 저서를 처음으로 만날 수 있었다. 그 책은 바로 《An Introduction to Design & Culture in the Twentieth Century》(1986)로, 그 때까지 국내에선 디자인을 문화적 맥락에서 접근한 책이 거의 전무했던 터라 반가움과 호기심으로 지체 없이 구매하여 틈틈이 탐독했다. 그 책은 매우 오랜 시간이 지난 후 두 차례(1998, 2003)에 걸쳐 번역되어 한국에 소개된 바 있다. 이 후 스파크는 《A Century of Design》이란 책을 21세기 직전(1998)에 출간했으며, 이 책 역시 얼마 후 2004년에 번역본으로 한국 독자들에게 소개되었다. 이 후에도 《A Century of Car Design》(2002), 《The Modern Interior》(2008) 등 최근까지 디자인의 역사와 이론에 관련된 책을 지속적으로 저술해오고 있다. 주옥같은 스파크의 명저들이 간간이 번역되어 한국독자에게 소개되는 것을 보면서 역자도 그런 기회를 가졌으면 좋겠다는 생각을 막연히 가지고 있던 중 2014년 Routledge라는 디자인계에서는 꽤 인지도가 있는 출판사로부터 신간을 소개하는 한 통의 메일을 받게 되었다. 그 메일은 이 책의 원저인 《an Introduction to design and culture & 1900 to the present》를 메인 신간으로 소개하고 있었다. 이 책은 1986년에 집필한 《An Introduction to Design & Culture in the Twentieth Century》를 거의 새로 쓰다시피 한 세 번째 개정판으로 평소 스파크의 저서에 대해 강렬한 번역의지를 가지고 있었던 터라 곧바로 이 책을 번역하기로 결정했다. 이러한 결정은 때마침 역자를 포함해 《디자인과 문화》(2013)리는 제목으로 공저한 책이 소개된 지 얼마 지나지 않은 시점이라 주제의 연속성 차원에서도 매우 의미 있는 일이라고 생각했다.

책의 제목에서 알 수 있듯이, 이 책은 근대디자인의 출발을 1900년으로 보고 현재까지 크게 두 파트로 나눠 기술했다. 첫 번째 파트로 1900년부터 1939년까지의 기간을 다루고 있으며 이 파트에서는 주로 모더니즘의 태동과 발전에 초점을 맞추고 디자인과 소비, 산업, 기술 그리고 아이덴티티의 형성과의 관계에 대해 서술하고 있다. 두 번째 파트는 1940년 이후 현재까지를 다루고 있으며 주로 모더니즘의 쇠퇴와 포스트모더니즘의 등장을 새로운 소비문화와 혁신적인 기술 및 재료, 그리고 디자이너문화 및 새로운 개념, 특히 브랜드나 경험, 서비스와 같은 비물질적 디자인에 대해 서술하고 있다. 그리고 1차 대전 종전과 2차 대전 발발시점 사이, 즉 1918년부터 1939년 사이에 대한 언급을 수없이 많이 강조하고 있는데 특히 이 기간을 영어로 표시하면 interwar period라 간단하게 표기되지만 한글로 옮기자면 '1차 세계대전과 2차 세계대전 사이 기간'으로 표기해야 했는데 이 책에 수없이 언급되는 빈도수를 감안하여 '양 대전 사이'로 축약해 표현했다. 이 책의 텍스트는 주로 유럽과 미국을 주 무대로 설명하고 있으며 간간이 일본과 중국을 비롯한 아시아 국가에 대해서도 언급하고 있다.

이 책이 디자인과 문화의 관계성을 다루는 만큼 디자인에 직접적인 관련이 있는 주요 건축가, 디자이너, 예술가들은 물론, 리스먼(D. Riesman)으로부터 기든스(A. Giddens), 부르디외(P. Bourdieu), 베블런(T. Veblen), 그리고 하버마스(J. Habermas)에 이르기까지 이미 일반 독자들에게도 인지도가 높은 세계적인 석학들을 포함해 사회문화학자, 역사학자들이 빈도나 비중의 차이는 있지만 400여 명이 직·간접적으로 등장한다. 그러한 석학들의 이론이 심도 있게 다뤄지려면 아마도 이 책은 10권의 시리즈로도 모자랄 것이다. 하지만 이 책은 디자인과 문화에 대한 입문서인 점을 감안하여, 주제별로 그들의 사상이나 이론과 관련하여 폭넓게 접근할 수 있도록 기술하였으며, 적어도 특정 주제에 관심이 있는 독자들에겐 향후 그에 대한 심층연구가 가능할 수 있도록 동기부여와 가이드라인을 제공하고 있다.

이 책에선 일반 디자인서적에서 흔히 볼 수 있는 화려한 컬러화보 자료가 제공되지 않는다. 대신 텍스트를 뒷받침하는 지극히 절제되고 대표성을 지니는 흑백화보가 챕터별로 10여 개 안쪽으로 등장할 뿐이다. 사실 화려한 컬러화보는 여타 디자인서적에서 이미 차고 넘쳐난다. 이론서적으로서 화보의 중요성보다는 텍스트의 깊이를 더했다고 볼 수 있다.

역자는 갓 출간된 스파크의 명저를 가능한 한 빠른 시일 내에 국내 독자들에게 소개하고픈 마음에 1년 안으로 번역을 마치겠다고 호언했으나 늘 발등의 불처럼 발생되는 급박한 업무로 인해 매번 우선순위에서 밀렸으며, 게다가 번역작업 그 자체가 저자의 의도와 문화적 차이에서 오는 언어적 뉘앙스로 인해 녹록지 않은 작업으로 필연적으로 목표 시간을 초과할 수밖에 없었다. 하지만 나름 최선을 다한 번역작업의 결과가 디자인을 배우는 학생들은 물론 디자인에 관심을 가지고 있는 다른 일반 독자들에게도 유익한 정보를 제공할 수 있으리라 확신한다.

2017년 낙산에서

차 례

PART 1 디자인과 모더니티; 1900-1939

1 소비적 모더니티

2 기술의 영향

3 산업을 위한 디자이너

4 모더니즘과 디자인

5 아이덴티티 디자인하기

PART 2 디자인과 포스트모더니티; 1940-현재

20세기 디자인과 문화 재탐방

아마도 우리는 '디자인의 정치경제학'을 이야기해야 할 지 모른다.[1]

이 책은 1980년대 중반 *'20세기 디자인과 문화의 개론(An Introduction to Design and Culture in the Twentieth Century)'*란 제목으로 썼던 원본을 거의 새로 쓰다시피 한 2004년 버전의 개정판이며 업데이트 버전이다. 두 번째 버전을 쓰기 위해 앉았을 때, 나는 단순히 새롭게 들어갈 기간에 일어난 사건들을 담는 새로운 섹션을 다시 추가하면 되겠다는 생각을 했다. 그러나 머지 않아, 그것은 불가능하다는 것을 깨달았다. 1980년대 이후 디자인 세계에 발생한 많은 일뿐만 아니라 주제에 대한 나의 전망이 그 때 이후 등장한 엄청난 양의 이론적 자료에 의해 완전히 바뀌어 버렸기 때문이다. 이전 텍스트의 방향을 제시했던 광범위한 주제가 아직 유효했던 한편, 그 사이에 뭔가 매우 중요한 일들이 발생했는데, 이는 '만약 새로운 내용이 21세기 초의 관점에서도 여전히 유효하다면 더욱 대폭적인 수정이 필요하다'라는 것을 의미했다.

8년 후인 지금도 여전히 더욱 중요한 변화들이 일어나고 있으며 2004년에 가졌었던 디자인의 정의는 더 이상 유효하지 않다. 21세기의 13년째인 현재, 그러한 것이 19세기 산업화에 기인하든 20세기 문화모더니즘과 대량소비에 기인하든, 디자인 그리고 디자이너들이 더 이상 그 자신들을 보지 못하게 만든 세계적인 경제, 기술, 사회 그리고 문화의 엄청난 변화에 영향을 받고 있다. 디자인은 현재 경제가 침체되고 환경재해가 일상이며, 진보된 기술이 알아볼 수 없을 정도로 사회적 관계를 변형시켜버린 세상에서 해야 할 역할을 찾고 있다. 그와 같은 새로운 재편은 계속해서 발생하고 있으며 시간이 지날수록 그것을 가려내는 방법을 알기란 더욱 어려워지고 있다. 디자인과 문화의 개론 제3판인 이 책은 디자인이 어디에 있었으며 지금은 어디에 있고 또 어디로 갈 것인지를 예측하고자 하는 데 그 목적을 두고 있다.

 2004년판 본문에서 신경 쓴 부분, 즉 20세기를 통한 디자인 변화의 본질적인 이야기는 대체로 원문으로부터 크게 바뀌지 않았다. 하지만, 1980년대 중반과 21세기 초반 사이에 나타났던 새로운 기초연구와 지적인 토론은 포스트모던이라는 제목 하에 엄청난 양적 연구로 나타났으며, 특히 소비문화의 전반적인 영역과 관련하여 상당히 다른 접근방식의 디자인 콘셉트가 요구되었다. 1986년으로 다시 돌아가서, 산업자본주의의 틀에서 만들어진 디자인은 현대사회를 계속 지배했으며, 디자인은 대량생산과 대량소비와의 이중동맹으로 특징지어졌고 이 두 가지는 모든 현상을 결정지었다. 야누스와 같이 디자인은 동시에 두 가지 방향을 보고 있다. 즉 일반적으로 공인되지 않았지만 우리생활에서 필수적인 역할을 하는 모든 대량생산 상품의 암묵적인 질로서, 그리고 대중매체 속에서 더욱 가시적이고 널리 인정된 콘셉트로서이다. 그와 같은 주장은 2004년 연구에서도 여전히 유효했었다. 그러나 차이점은 1986년판 본문이 소비에서 디자인의 중요한 역할을 인정하고 있었지만, 소비를 통한 디자인된 인공물과 이미지가 사회문화적 분야를 결정하는 데 있어 립서비스에 지나지 않았었다는 것이다. 이는 그것이 중요치 않다고 생각한 게 아니고 당시 근대적 개념의 디자인이 시장의 요구에 의해 태어나고 제조업체와 디자이너 그리고 공공과 개인부문에서 기관차원의 지원에 의해 조성되었다는 관련성을 보여줄 만한 깊이 있는 연구가 부족했기 때문이라 할 수 있다. 이 마지막 세 분야와 관련된 자료는 1986년판의 대부분을 채우고 있지만 첫 번째를 설명하기 위한 세부 정보는 없었다.

그러나 2004년판에서 자세하게 나타났듯이 디자인과 생산과의 관계 그리고 전문적 실행은 문화연구 분야로부터 쏟아져 나온 수많은 연구에서 보여지듯 무시될 수 없었다. 그런 것 없이는, 디자인의 특성인 어떠한 복잡한 모순도 충분히 연동시킬 수 없었다.

즉, 급속하게 변모하는 사회가 모더니티의 특징을 나타내는데 있어 그것의 동경이나 정체성을 표현하는 시각적이고 물질적인 수단을 요구하지 않았다면 디자이너들은 근대생활에서 그와 같은 중요한 역할을 하지 못했을 것이다. 디자인과 디자이너는 오랫동안 근대 상업체제의 필수 요소이며 그것이 의식적이든 무의식적이든 생산과 소비활동을 통해 사람들의 니즈와 욕구가 시각적이고 물질적인 이미지에 의해 만난다는 것을 확신시켜주었다. 이는 시장에 투입된 인공물과 우리가 살고 있는 공간이 우리가 누구라는 것을 정의하는 데 기여했다.

이 간단한 아이디어는 1900년 이래 디자인과 문화의 관계에 대한 2004년판의 출발점을 제공하였다. 2013년판은 그 책의 구성으로 20세기와 21세기 초를 1900년에서 1939년까지와 1940년부터 현재까지 두 개의 주요 시기로 나누고 있다. 그 두 시기는 광범위한 측면에서 '모더니티'와 '포스트모더니티'의 역사적 기간과 일치한다(비록 둘 사이에 갑작스런 전환이 있는 것이 아니고 상당부분 오버랩이 되고 있지만). 10개의 챕터는 이야기를 안내하는데 도움이 되도록 광범위한 연대기를 허용하는 두 개의 섹션으로 나누어져 있다. 앞에 5개 챕터의 첫 번째 섹션은 1900-1914년을 다루고, 두 번째 섹션은 1915-1939년까지를 다룬다. 이 책의 두 번째 파트에서는 각 챕터의 첫 섹션들이 시장에서 디자인의 역할에 대한 설명을 제공하고, 두 개의 주요 파트의 첫 번째 챕터는 각각 '문화와 소비'에 대한 광범위한 맥락에 초점을 맞추었다. 이 주제에 관한 많은 글이 1980년대와 1990년대에 등장했고 백화점, 쇼핑, 도시, 볼거리, 성별, 인종, 계급, 취향 그리고 매스미디어의 영향과 같은 다양한 주제에 초점이 맞춰졌다. 역사, 건축의 역사, 문화의 역사, 시각문화, 물질문화 등과 같은 다양한 분야에서 발산되는 방대한 양의 이론적인 연구는 말할 것도 없고 미국에 대한 연구, 이탈리아에 관한 연구, 성별에 관한 연구, 문화에 대한 연구, 미디어, 사회학, 인류학, 사회심리학, 그리고 문화지리학에 대한 연구를 비롯한 광범위한 문헌들이 공공연하든 암묵적이든 디자인을 문화현상으로 자리매김하게 만들었다. 동시에, 디자인 특유의 다학제성은 시대를 넘어 지속적으로 경제, 기술, 예술 그리고 정치세계와 긴밀한 연결고리를 가지며 이에 따라 자기정의를 변화시키고 있다. 그러나 20세기 말에 디자인의 가장 중요한 임무는 일상생활의 맥락에서 의미를 만들어내고 반영하는 것이라는 사실이 분명해졌다. 1980년대 초반에는 꽤 분명하진 않았지만, 21세기의 첫 10년간 디자인의 근본적인 역할이 여러 위기에 의해 박탈되었으며 디자인은 상업적, 사회적, 문화적 맥락의 범주를 넘어서 혁신과 창조를 촉진하기 위해 새롭게 재편되었다. 한때 그랬던 것처럼 디자인은 지금 중국이나 대만, 인디아 그리고 브라질 등 새롭게 세계시장에 진입한 국가들에 의해 개발의 도구로서 채용되고 있다.

나는 1986년 저서에서, 입증하는 데 있어 고통스러웠던 두 가지 주요 개념, 즉 디자인과 문화를 위한 어떤 유용한 정의나 프레임워크를 제공하는 것에 실패했다. 이것은 아직도 두려운 작업이며 둘 다 어렵고 복잡한 개념으로, 시대에 따라 변모해왔으며 다른 시대, 다른 사람에 의해, 다른 방식으로 정의되어 왔다. 하지만, 오직 일시적인 것이라면, 언급할 가치가 있는 몇 가지 유용한 특징에 대한 정의가 있다. 예컨대 언어학적 용어로서, 이탈리아어인 디세뇨(disegno)와 프랑스어인 데생(dessin)에 명백한 뿌리를 둔 디자인이란 단어는 동사로 '디자인하다'와 명사로 '디자인' 모두 함께 쓰인다. 후자인

디자인은 전자의 직접적인 파생결과로서 유래한다. 이것은 과정과 그 과정의 결과 모두로서 취급될 수 있다. 이 연구의 관점에서 볼 때 디자이닝(designing)과 디자인 그리고 그것들과 문화와의 상호작용 모두에 대해 논의하는 것이 중요하다고 생각한다. 특유의 풍요로움을 갖는 개념으로 다중적 의미를 나타내는 '문화'라는 단어는 정의하는 게 더욱 어렵다. 오페라나 시, 연극, 회화같이 많은 사람들이 인류의 위대한 업적이라고 믿는 높은 가치와 고도의 심미적 활동을 묘사하는데 사용되는 표준적인 의미로부터 단순히 '생활방식'을 나타내는 인류학적 개념에 이르기까지 너무나 다양한 것을 상징하기 때문이다. '디자인'과 같이 '문화'라는 단어 또한 점점 '성장하는'과 '양육하는' 등의 개념과 연결되어 동사적 파생어를 가진다. 최근에, 이 단어는 위 활동의 결과를 나타내는 명사로 변형되었다. 디자인과 문화 두 단어를 같이 놓으면, 즉시 서로 그 복잡성을 합성하고 흥미로운 방식으로 서로 영향을 미치고 있다. 디자인과 문화의 관계는 예컨대, '고상하든' 또는 '대중적이든' 후자의 차원에서 볼 때 둘 다 중요하다. 실제로, 이 이중성은 이 본문에서 중요한 주제(leitmotif)를 형성하고 있다. 디자인 아이디어를 뒷받침하는 모더니스트의 고결한 이상주의와 문화적 '차이'의 중요성을 포용하는 포스트모더니스트의 가치중립적 접근방식 사이에 존재하는 긴장은 그 기간 동안 지배적인 주제였으며 가장 강력한 디자인 논쟁을 자극해왔다. 디자인은 시각적, 물질적, 그리고 공간적 실체화 과정에서 그러한 긴장을 내포해왔고 계속해서 그러한 긴장을 만들어낼 것이다.

이 책의 구성은 20세기와 21세기를 통해 진화한 디자인의 다중직 맥락을 반영하고 있으며 변화의 주체와 본보기로서의 방법들을 강조하고 있다. 디자인과 물질문화의 많은 다른 설명들은 그것들을 본질적으로 도식적 역할을 실행하는 것으로 여겼으며, 이 연구는 사회와 문화 안에서 시각적이고 물질적인 언어를 통해 형태적인 기능을 갖고, 이상적인 가치와 메시지를 구현하고 전달하여 복잡한 메시지를 소통할 수 있게 하는 디자인의 가치를 인정하고 있다. 이는 결국 협상이 되고 변형이 될 수 있지만 무시할 수 없다. 이런 의미에서 디자인은 역동적인 과정을 통해 단순히 문화를 반영하는 것이 아니라 실질적으로 문화를 만들어가는 것으로 비쳐진다.

만약 소비문화가 디자인의 필요성을 제시한다면, 기술의 발전은 그것을 가능케 만들고 있다. 산업생산의 발전에 기여한 노동 분업화의 한 과정으로 발생한 디자인은 기술의 메시지를 사회문화적 맥락으로 전달하는데, 예컨대, 합리성과 같은 산업생산의 철학적 토대와 생산 재료의 문화적 메시지를 조정하여 소비의 장으로 변환시킨다. 이 책의 각 파트의 두 번째 챕터들은 디자인과 기술문화의 관계를 설명하고 있다. 디자이너는 제품이나 이미지 생산에 있어 생산기술을 결정하고 재료를 지정하는 핵심적인 역할을 한다. 본질적으로, '디자인행위'의 과정이 사회문화적 개념의 '디자인'으로 변환됨에 따라 디자인은 생산과 소비세계 사이의 교량역할을 한다. 재료는 이러한 맥락에서 특별한 중요성을 가지며 디자인을 통해 '무언가'가 되기까지 그것들은 최소한의 사회적 의미를 갖는다. 필연적으로 그 물질들이 결국에는 소비와 사용의 맥락 속에서 변형될 것이며 디자이너는 이러한 면에서 물질을 다중적 의미로 만들어낼 수 있는 엄청난 권력을 가진다.

각 섹션의 세 번째 장은 디자이너의 가장 중요한 기능이 소비와 생산의 서로 다른 두 세계를 연결하는 다리의 역할이라는 점에 대해 말하고 있다. 그것은 그들이 완전하고, 영웅적인 인물로 묘사되기 보다는 오히려 디자인이 추상적인 개념과 같은 실천이고, 그 실천의 문화적 맥락은 더 큰 그림의 일부라는 사실을 나타내고 있다. 디자인의 실천은 전문분야를 가르는 엄청난 다양성과 함께 세분화되어 있다. 예컨대 패션디자이너와 자동차디자이너는 늘 서로 다른 세계에 살고 있다. 그러나 오늘날, 그 경계는 점점 흐려지고 있으며, 다학제성이 널리 논의되고 있다. 그것은 또한 움직이는 과녁이며 경제적, 기술적, 정치적 그리고 문화적 기후에 언제든지 적응하기 위해 끊임없이 변신하고 있다. 20세기 디자인 실천이 두 가지 뿌리에 근원을 두고 있다는 사실 때문에, 일부 전문화된 디자인 분야에 걸쳐 항상 공유되는 구역이 존재해 왔다. 즉, 현대적 디자인의 한쪽이 2차원적 그래픽 광고 또는 다양한 방법으로 소비를 촉진시키기 위해 공공연히 설정된 다양한 디스플레이와 구경거리를 제시해온 반면 다른 한쪽은 모든 시각적, 물질적, 그리고 공간적 환경을 컨트롤해 보다 살기 좋은 세상을 만들 수 있다고 믿었던 건축가들의 확장된 작업으로 등장해왔다. 3장에서는 이 두 전통에 의해 취해진 진화적이고, 복합적이며 중첩되는 경로들을 제공하고 있다. 또한 시장의 필요성에 근거를 두면서, 디자인이 20세기 생활에 가장 강력한 기여를 한 것 중 하나인 디자이너문화의 등장과 발달과정을 조명하고 있다. 디자인은 시장에서 다른 평범한 제품과 차별화하고 고급문화의 중요성을 확신시키기 위해 순수미술과 연결고리를 유지하고 있으며 이 전략적인 문화적 표시는 또한 상품으로 하여금 명백한 디자인 맥락을 지니게 했으며, 종종 디자이너 이름을 딴 상표는 '익명'제품보다 높은 가격을 매길 수 있게 만들었다. 이는 오늘날 개발도상국에는 여전히 해당되지만, 취약한 경제구조를 지닌 국가에선 보기 힘들다. 그러한 맥락에서, 디자인은 문제 해결책으로서 크게 모더니스트 이전의 기능으로 복귀했다고 볼 수 있다.

본문 각 섹션의 네 번째 장은 1900년부터 디자인 실천을 뒷받침하는 아이디어와 논의에 초점을 맞추고 있다. 1900년과 1939년 사이에 등장해, 1960년대 시작된 소멸에 이르기까지 모더니즘은 디자인 실천을 위한 이념적 기준선으로서, 그리고 신세대 디자이너들은 물론 2차 대전 후 근대국가로 발돋움 하려 했던 많은 국가들에게도 영향을 미쳤던 이상적 미학으로서, 그 시대의 패권을 지배해 왔다. 결국, 모더니즘의 영향은 박물관, 교육기관과 같은 문화기관에 의해 가장 첨예하게 감지되었다. 하지만, 오히려 대중소비자들에 의해 경험된 다중적 모더니티라고 볼 수 있는 이 모더니티는 20세기 전반을 통해 살았던 엄청난 인구의 일상생활에 막대한 영향을 미쳤으며 디자인된 상품과 이미지는 그들에게 20세기의 생활에 접근할 수 있는 통로를 제공하는 핵심적 역할을 했다.

이 책의 두 섹션 마지막 장에서는 주요 문맥과 논의가 이루어졌던 주제를 다루고 있는데, 디자인은 국가와 특히 기업과 같은 강력한 정치적, 경제적 그룹에 의해 그들을 정의하고 그들의 정체성을 표현함으로써 그들로 하여금 권력을 가지게 하는 데 이용되었다. 이러한 맥락에서, 각 나라나 기업이 근대화 전략의 본질적 특성으로서 디자인을 사용하는 것과 같은 특수한 모습을 반영하기 위한 지역적 변형은 피할 수 없었으며, 국제적 근대성의 아이디어를 구현하고 표현하는 디자인의 능력은 특히 의미 있는 것이었다. 이 챕터들은 그 목적이 개인적이든, 정치적이든 또는 상업적이든 정체성을 형성하고 표현하는 디자인의 힘을 나타내주고 있다. 또한 시장에서 개인적인 협상을 위해 제공되는 계급, 성별, 인종과 같이 문화적으로 정의된 범주의 틀에 박힌 특성을 구성하고 표현하는 디자인의 능력을 다루고 있다.

이 10개의 챕터는 문화와 관련된 다양한 핵심적 전망과 디자인의 그림을 제공하고, 복잡한 관계의 다른 면들을 기술하고 있다. 우리가 이미 보았듯이 '디자인'과 '문화'는 모두 복합적인 현상이다. 만약 20세기 안에서의 관계성의 중심에 놓여 있는 하나의 개념이 있다면, 그것은 '정체성' 또는 '정체성들'에 대한 개념일 것이다. 개인과 그룹이 그 자신들을 정의하는 수단으로서의 대중매체에 의지하는 것이 현대생활의 특성이라 할 수 있다. 20세기를 통해 가치는 점점 지역적 공동체보다는 대중매체를 통한 상호작용으로 소통되고 있다. 태생적으로 산업생산, 대중매체의 핵심전담 에이전트 그리고 그 과정에서 비롯된 대량 보급 제품, 이미지, 공간, 서비스 등과의 관련성으로, 디자인은 소통되는 모든 메시지의 핵심 요소가 되었다. 마셜 맥루한

(Marshall McLuhan)의 대중매체분석을 확장하자면, 매체나 메시지뿐만 아니라, 메시지가 읽혀지고 인식되는 방법을 결정하는 맥락에서 매체의 디자인은 매우 중요하다. 이론의 여지는 있지만, 20세기 후반까지 개인과 그룹들이 그들 자신을 정의하는 방법에 영향을 미치는 역할이 증가함에 따라 디자인은 미디어 자체로서 더욱 중요하게 되었다. 달리 말하면, 매체의 라이프스타일에 대한 함축성은 그들의 메시지에 가장 중요한 부분이 되었다. 디자인은 주로 소비의 맥락에서 시각적으로, 공간적으로, 실제적으로 그 자신을 표현하고, 종종 소비자선택을 뒷받침하는 취향을 통해 협상되고 있다. 디자인은 복잡한 언어이지만 동시에 표상으로서, 물질적 실체로서 작용된다.

디자인의 이러한 사고방법은 아이덴티티 형성 안에서의 역할을 중요시한다. 문화비평가인 그랜트 맥크라켄(Grant McCracken)의 말을 빌리자면, '소비자제품 없이는 이러한 문화 속에서 자기정의와 집단적 정의를 하는 것은 불가능하다.'[2] 이러한 정의들은 서로 관련성을 가지는 개인과 그룹 수만큼이나 엄청나게 많다. 하지만 20세기 들어 동시에 몇몇 지배적인 아이덴티티가 등장하는데 그 중 중요한 하나가 '모던'이다. 모더니스트에 의해 개발된 시각적 양식, 즉 간결하며 장식이 없는 이 양식은 모던을 인식하는 방법 중 하나이지만, 모더니티에 대한 정의는 기술적으로 뛰어난 고급제품으로부터 공공분야를 위한 접근과 같이 모던라이프가 제공해야만 하는 모든 것을 포용하는 라이프스타일과 결부되어 있는 경험을 포함할 정도로 확장되었다. 필연적으로 그러한 경험은 개인이나 그룹의 상황, 즉 계급, 성별, 인종 등과 같은 변수에 따라 다양하다. 디자인은 각자 자신만의 모더니티 브랜드를 가지려 하는 모든 사람의 다리가 되었다.

20세기 전반에는 디자인이란 용어가 모던디자인과 동의어로 이해될 수 있었다. 누구의 모더니티인가 하는 질문에 따라 다양하지만, 어떤 경우, 모던은 역사적 양식의 채택으로 표현되기도 했다. 20세기 후반은 좀 더 복잡한 국면을 제공하는데 그 중 하나는, 이 책에서 포괄적인 용어로 특징지어지는 '포스트모더니즘'으로 그 시대에 등장한 다수의 문화를 표현하고 있다. 포스트모더니티에선 '디자인'과 '모더니티'의 개념이 계속 연결되어 있으며 각자로부터 분리하기 어려운 채로 남아 있다.

포스트모던에 대한 본문은 여러 이론적인 본문에 따라 좌우되며 1980년대와 1990년대에 등장한 소비문화와 관련된 문헌의 본문 안에 위치해 있다. 당시 발전한 여권신장론자의 아이디어 또한 강한 영향을 주었다. 특히 1986년 발행된 두 권의 책이 영향을 미쳤는데 안드레아스 후이센(Andreas Huyssen)의 *'거대한 분할 이후: 모더니즘, 대중문화와 포스트모더니즘(After the Great Divide: Modernism, Mass Culture and Postmodernism)'*이란 책과 피에르 부르디외(Pierre Bourdieu)의 *'구별 짓기: 취향판별의 사회적 비판(Distinction: A Social Critique of the Judgement of Taste)'*이란 책이다. 후이센의 책에서 표현된 아이디어는 비록 그의 연구초점이 아니었기에 더 집중적으로 연구하지는 않았지만 디자인에 직접적으로 연관성을 가진 것으로 볼 수 있다. 1970년대 처음 쓰여 지고 1980년대 중반 영어로 번역된 부르디외의 책에서도 디자인과 문화 연구를 위한 중요한 프레임워크를 제공했다.[3] 디자인은 19세기 말부터 여러 단계를 거쳐 발전한 소스타인 베블런(Thorstein Veblen)의 혁신적인 아이디어를 채택한 사회문화적 틀 안에 자리 잡았다. 부르디외의 책에 나오는 많은 자료들이 다소 구식이고 사례 연구가 매우 프랑스적이긴 하지만 취향의 훈련이 근대사회와 문화의 형태 및 역동성을 뒷받침한다는 그의 주장은 아직도 충분히 인정되지 않고 있다. 최근까지도, 역사학자와 이론가들은 후기 마르크스주의사상과 함께 소비보단 생산을 우선시하는 편견에 사로잡혀 있다. 하지만 부르디외의 사고는 현재까지 모더니스트의 틀에 도전할 수 있도록 도와주는 가장 지배적인 디자인에 대한 서술로 보여 진다.

디자인 활동과 대상의 광범위한 스펙트럼을 포함시키기 위해, 2004년판은 1986년 초판보다 좀 더 야심차게 쓰여 졌다. 기본적으로 제품디자인에 초점을 맞춘 것은 여전하지만 패션이나, 그래픽, 인테리어, 환경의 추가가 이루어졌으며 특히 이번 2013년 개정판에서는 환경, 인터랙션, 소셜, 인클루시브 디자인(inclusive design)과 버추얼 디자인(virtual design)이 추가로 포함되었다. 이것은 단지 포괄성을 위해서 뿐만 아니라 저자가 20세기와 21세기를 통해 전문적 실천의 방식과 아이디어가 한 분야에서 다른 분야로 흘러갔고 소비자와 사용자가 제조업에서처럼 디자인된 상품과 이미지를 구분하지 않는다는 것을 이해했기 때문이다. 특화된 디자인 분야에서 나온 아이디어는 시간이 흐름에 따라 다른 분야에 영향을 미쳤다. 예컨대, 패션 디자인 내에서 정체성의 역할은 20세기 초 인테리어 장식 세계에 스며들었고, 이어 자동차디자인 내에서도 역할을 담당했다. 유사하게, 구경거리로 강조한 20세기 초 매장 윈도디스플레이는 산업디자이너들에 의해 그 자체가 목적이 되었다. 또한 오랫동안 소비자들이 장식미술품 중 도자기, 유리, 섬유에서 가져왔던 미적 관계성은 결국 컴퓨터로 생성된 이미지로 전환되었다. 이는 미디어의 영역을 넘어 역사적 맥락에서 디자인을 고려하여 얻을 수 있었던 통찰력의 일부라 할 수 있다.

  하지만, 가장 중요한 것은 이 개정판의 내용이 1986년 초판의 역사화 경향을 피하기 위해 쓰여 졌다는 것이다. 귀에 자주 거슬리는 그들의 요구를 견디는 노력에도 불구하고, 1980년대 초 지배적인 모더니스트의 내용은 필연적으로 1986년 연구에 영향을 미쳤으며 무의식적으로 그들의 수사학적이면서도 환원주의(reductivism)적인 경향을 제현한 것이었다. 하지만 문화와 매체연구의 학문 분야가 성숙되고, 포스트모던 사상이 가장 넓고 강력하게 영향을 미치게 된 이후 모든 것이 달라졌다. 지금은 디자인이 이제까지 가져왔고 그리고 앞으로 계속해서 가져야 하는 고정되지 않은 정의 또는 의미와 따라야 할 이상적인 방향이 하나가 아니라는 것을 쉽게 이해할 수 있게 되었다. 오히려, 그것은 끊임없이 변하는 개념이고 실천으로 반영되며, 변화하는 이념과 그 변모하는 매개변수에 영향을 미치는 폭넓은 논의에 의해 영향을 받고 있다. 만약 디자인의 담론이 발전할 수 있으려면, 개념의 과거를 결정하고 의심할 여지없이 미래에 계속해서 영향을 미칠 상대주의, 실용주의, 그리고 맥락화의 높은 차원에 대해 인지할 수 있어야 한다. 디자인은 끊임없이 소비, 유행체계, 모든 종류의 정체성, 생산, 산업기반이든 공예기반이든, 더 넓은 이념과 담론 그리고 환경과 사회적 조건 또는 통제할 수 없는 외적 요인에 의해 영향을 받는다. 그것은 끊임없이 움직이는 과녁이며, 다른 모든 것과 마찬가지로, 그 미래도 과거에 의해 영향을 받는다. 즉, 디자인과 디자이너의 초상은 끊임없이 덧칠되고 있는 것이다. 이 책은 따라서 그것의 현재 스케치일 뿐이며 끊임없이 색을 바꿔갈 것이다.

PART 1

디자인과 모더니티; 1900–1939

Design and Modernity;
1900-1939

1 소비적 모더니티^{Consuming Modernity}

과시적 소비와 취향의 확장

백화점은 의류뿐 아니라 '없어도 되는 물건'에 대해서도 사치스러운 취향을 조장했다.[1]

'디자인'이란 용어가 20세기 중반까지도 널리 통용되지 않았지만, 상품이나 이미지에 미적이고 기능적인 특성을 부여해 소비자를 매혹시키고 사용자의 니즈를 충족시킨다는 생각은 긴 역사를 갖고 있었으며 그 역사는 근대사회 문화의 발달과 긴밀하게 연결되어 있었다.

근대적 개념으로 볼 때, 디자인은 소비자상품과 취향의 민주화를 위한 시장 확대의 직접적인 결과로서 발전해왔다. 수세기 동안, 수제가구, 도자기, 유리, 금속제품, 의류, 인쇄물과 탈것 등은 편안함의 제공자로서, 타당성의 표기자로서, 사회, 가정 그리고 성별관계의 연결자로서, 유행, 취향, 사회적 지위의 시각적 지표로서 상류층의 삶에 영향을 주었다. 모더니티가 수많은 사람들의 삶에 영향을 미친 것과 같이, 디자인은 대량생산을 수월하게 하고, 대량시장에서 상품을 매력적으로 만들며, 사람들의 일상생활에 의미를 부여하는데 도움을 줌으로써, 그 전까지 사회적 엘리트들을 위해 장식미술이 담당했던 역할을 떠 맡아왔다. 유럽과 미국 양쪽에서 산업화는 새로운 사회적 이동을 만들어 냈으며 상품에 대한 접근성의 증가는 전통적인 계급 간의 구별을 모호하게 만들기 시작했다. 실질적으로, 새로운 상품, 새롭게 디자인된 상품과 이미지를 포용하는 소비자의 증가에 따라 새로운 계급이 등장했다. 그러한 맥락에서 디자인과 취향의 관계성은 더욱 강화되었다. 점차, 산업적으로 생산된 제품은 접근성이 더욱 용이해졌으며, 디자인된 상품과 이미지는 과거 장식미술이 했었던 사회적 차이를 경계 짓는 역할을 대체했으며, 유행과 근대성의 핵심적 전령사가 되어가고 있었다.

근대화의 과정이 물질문화를 통해 언제 처음 형성되고 표현되었는지에 대해선 많은 논쟁이 있어 왔다. 어떤 연구에서는 과시적 소비가 16세기 현상이라 기록하고 있는 반면 다른 연구는 18세기로 연대를 기록하고 있다.[2] 예컨대, 역사학자 로나 웨더릴(Lorna Weatheril)은 18세기 새로운 상품에 대한 소유수준에 대해, 영국의 도시와 시골지역 사이엔 상당한 격차가 있다고 소개했다. 스토브가 딸린 조리실과 연결하여 사용할 수 있는 스튜냄비의 소유가 런던에서는 5가구에 하나 꼴로 흔한 것이었던 반면 시골지역에선 20가구에 하나 꼴로 귀한 소유품이었다고 웨더릴은 설명했다. 도자기의 경우, 가정과 농장에서 다 같이 사용됨에도 불구하고, 지방도시보다 런던에서 더 흔한 용품이었다고 한다.[3] 웨더릴의 이 획기적인 연구는 대량수요가 앞서 발생했으며 이는 산업혁명과 관련된 제조기술의 변화를 가져오는 데 기여했다고 주장했다. 그녀는 귀족적 소비와 서민적 소비 양쪽에 대한 자료를 제공하고 있는데, 특히 직물이나 도자기, 금속제품과 같은 특정 상품이 새로운 소비자에게 중요한 사회문화적 역할을 했다고 주장했다.

19세기에 중산층은 수적으로 증가했으며 그들의 소비역량은 점점 커져 갔다. 영국에서 그들의 소비유형에 관한 연구는 매우 드물었지만, 역사학자들에 의한 당시 상황에 대한 연구는 가정에서 사용되는 제품에 초점을 맞추는 경향이 있었다.[4] 가구제조와 실내장식을 하던 홀랜드&선즈(Holland &

Sons)회사와 같은 고급제품 제조사의 고객에 관한 연구가 이루어졌으며 사회적 분포로 볼 때 여전히 서민적인 용품에 대한 연구가 더욱 필요했다.[5] W. 하니쉬 프레이저(W. Harnish Fraser)는 19세기 영국시장의 팽창은 인구증가가 직접적인 원인이었으며 소비력의 증가와 더불어 취향의 변화는 또 다른 상품구매를 촉진시켰다는 개요를 제공했다. 1860년대에는 가스가격의 하락으로 더 많은 가스쿠커가 팔렸으며, 새로운 가정용품으로 미국의 비셀(Bissel) 카페트청소기가 영국시장에 도입되었다. 가정용 진공청소기는 미국시장에서의 성공에 이어 20세기로 전환되는 시점에 영국에 등장했으며, 20세기 첫 10년에 이미 자전거와 자동차는 도시풍경의 흔한 부속물이 되어 있었다. 새로운 대량시장의 공급과 유지, 확장을 위한 전략은 광고와 마케팅 및 판매와의 연계를 통해 디자인을 포함시키게 만들었다.[6]

　시각적 노력이 새로운 상품을 어필하는 데 기여한 반면, 기술적 혁신은 당시 소비자 선택에 핵심적 역할을 했다. 많은 소비자들은 그러한 시각적인 전략을 기술적 혁신을 은폐하기 위해 사용되고 있다는 우려 섞인 요소로 보기도 했다. 특히 새로운 가전제품의 경우, 친밀함을 강조하고 불안감을 누그러뜨리기 위해 표면패턴이 추가되곤 했다(그림 2.3 참조). 영국은 대량 소비의 출현을 목격한 최초의 국가였으며, 이후 미국과 유럽의 몇몇 국가들이 뒤를 이었다. 영국에서 생산량의 확대를 가져오기까지 시간이 꽤 걸린 것과는 달리, 미국에선 더욱 극적이고 빠른 소비자행동의 성장이 이루어졌으며 공공과 민간영역 양쪽 모두를 향한 새롭고 기술적인 제품개발이 더욱 전향적인 방식으로 이루어졌다. 역사학자 리저드 부쉬맨(Richard L. Bushman)의 미국중산층의 변동성에 관한 연구는 소재와 환경개발의 직접적인 결과로서 19세기 중반까지 그들이 어떻게 고상함을 달성했는지를 보여주었다. 그는 품위 있고 세련된 가정생활의 출현과 도시의 성장, 그리고 취향의 획득이 서로 밀접한 관련이 있다고 주장했다.[7]

소비유형의 변화와 물질문화 사이의 관계성에 좀 더 구체적으로 초점을 맞추면, S. J. 브로너(S. J. Bronner)가 '소비 비전: 1880-1920 미국에서 상품의 축적과 디스플레이(Consuming Visions: Accumulation and Display of Goods in America 1880-1920)'에서 물질 환경에 대한 소비자 선택을 통해 표현된 미국 사회에 대한 모더니티의 영향을 기록했듯이, 소비의 성장은 근대세상의 도래에 있어 매우 중요한 요소로 이해되었다.[8] 카렌 홀트넨(Karen Hultenen)의 에세이는 응접실(parlor)이 거실(living room)로 바뀐 미묘한 변화와 더불어 근대화가 새롭게 정의된 공간과 여성거주자 사이의 강화된 유대성에 미친 영향을 설명했다.[9]

소비는 공공 및 민간 분야 모두에서 볼 수 있는 물질적인 측면을 내포하고 있다. 역사학자들은 그 두 분야가 완전히 분리되었다고 생각하지 않지만, 1914년까지 두 다른 분야의 물질문화에 거주하는 사람은 실질적으로 다른 분포를 이루고 있었다.[10] 문화역사학자들은 공공 분야에 대해 상세히 논의해 왔는데 특히 사람들의 일상생활에 있어 경험변화에 대한 모더니티의 영향에 초점을 맞추면서 19세기 말과 20세기 초 도시문화의 팽창에 대해 논의했다. 하지만 시각적, 물질적, 공간적 환경이 그러한 변화에서 핵심적 역할을 했다는 사실에도 불구하고 그들은 디자인의 개념에 대해선 덜 언급했다. 시인 샤를르 보들레르(Charles Baudelaire)의 도시를 배회하는 남성을 지칭하는 용어인 '플라뇌어(flaneur)'의 개념에 대한 확장된 작업과, 발터 벤야민(Walter Benjamin)의 '도시의 상업적 얼굴'에 대한 글은 도시의 경험에 대한 탐구로서 이를 모더니티와 동일한 개념으로 보고 있었다.[11] 엘리자베스 윌슨(Elizabeth Wilson)은 같은 시대 여성의 도시경험에 초점을 맞추고 있었는데 그녀는 이를 가정으로부터의 탈출로 보고 있었다.[12] 근대도시 경험이 도시거주자에게 수준 높은 볼거리차원으로 묘사되고 있는 한편, 많은 이야기가 산출물이나 디자인된 구성요소보다는 그 물품의 수용을 더 중요하게 보고 있었다.

비록 건축가와 디자이너가 시각적, 물질적, 공간적 표현을 만들어내기 이전 모더니티의 아이디어는 존재했지만, 런던이든, 파리든 뉴욕이든 간에 도시자체 모습의 인공적 변화의 첫 번째 신호가 나타났던 것은 19세기 말이었다. 가스에 이어 전기조명의 영향은 도시를 새로운 종류의 야간환경으로 더욱 극적으로 바꾸어 놓았다. 새로운 매장의 등장, 특히 백화점은 쇼핑행위를 변모시켰는데 아마도 그 중 하나가 윈도쇼핑일 것이다. 새로운 운송수단물 중, 기차와 자동차 역시 도시 일상생활의 새로운 경험에 기여했다.

미국의 문화역사학자, 윌리엄 리치(William Leach)는 상점의 새로운 판유리 윈도가 도시 거주자나 방문자를 위해 어떻게 볼거리를 만들어내는 지에 대해 상세히 기술했다.[13] 거리에서 볼 때, 윈도디스플레이 아티스트라는 새로운 시각조형자에 의해 창조되어 마치 공공극장의 조명을 받는 것처럼 진열품들은 대중에게 새롭고 극적인 즐거움을 제공했다. 그들의 직무는 도시의 거리를 변모시켜 증가하는 도시방랑자들(flaneurs)에게 극적인 볼거리를 만들어내는 것이었다. 윈도디스플레이의 명백한 상업적 역할은 후에 산업디자인으로 불려 지게 될 것에 대한 예측을 제공했으며 19세기 매장디스플레이 아티스트는 1, 2차 세계대전(이하 '양 대전'으로 표기) 사이의 창조적 아티스트, 즉 산업디자이너의 선조였으며 그들은 단순히 상품을 둘러싼 틀보다는 상품 그 자체를 변형시키게 되었다.

문학역사학자, 사회 및 경제 역사학자, 그리고 건축 역사학자들은 백화점의 출생에 대해 수많은 이야기를 제공하고 있다(그림 1.1).[14] 역사학자들 중 그 주제에 매력을 느낀 사람들이 모더니티의 경험을 포착하고 현대 소비자와 일상용품 문화의 근원을 밝히고자 등장했다. 특히 남녀평등주의 역사학자들이 이 분야에 관심이 많았으며 그들은 백화점을 중산층 여성이 공공 분야 및 상업문화와의 첫 만남을 경험하는 장이라고 보았다. 19세기 후반에 생긴 백화점은 시각적 경험의 근대화적 강조였으며 결과적으로 다른 감각

그림 1.1 | 20세기 초 런던의 디킨스 앤 존스Dickens and Jones 백화점 (courtesy of London Metropolitan Archives)

들은 처지게 만들었다. 즉 과거 시장의 가게에서 눈으로 보는 것 못지않게 만지고 냄새 맡으며 상품을 구입하는 행위와는 대조적으로, 시각의 지배성은 쇼핑방법과 새로운 세상에 교감하는 근대적 방법으로 특징지어졌다.[15] 그러한 변화는 근대화의 물질문화가 다른 차원의 영향력을 가지고 있으며 근대세상의 핵심적 특징이 되었다는 시점을 표기했다.

공공 및 민간교통의 새로운 사물로부터 의복, 포스터, 공공건물 안의 공간에 이르기까지, 공공영역 내에서 수많은 모더니티의 시각적, 물질적 그리고 환경적 표시들이 19세기 후반에 눈에 띄게 나타났다.[16] 따라서 새로움이란 자전거, 철도 기차, 대서양 횡단정기선 및 초창기 비행기 등과 같은 많은 새로운 운송수단의 기술공학적인 형태들이었으며 이러한 것들은 중요한 시대적 아이콘으로 간주되었다. 사실 시각적 및 상징적 영향은 매우 강력했으

그림 1.2 | 19세기 후반 미국 중산층 가정의 거실 (courtesy of the Society for the Preservation of New England Antiquities)

며 후에 모더니스트 건축가와 디자이너는 그를 통해 미적으로 우위에 설 수 있었다. 예를 들어, 1920년대 합리적인 주방은 열차 내 공간이 고급이었던 풀만(Pullman) 기차로부터 영감을 얻었다.[17] 1914년까지 디자이너들은 새로운 형태에서 또 다른 형태를 차용하기 시작했다. 예를 들어, 초기 자동차의 부드럽고 공기역학적 형태는 선박의 뱃머리나 비행기동체의 구근모양에서 영감을 얻었다.[18] 새로운 미학이란 이미 기존의 엔지니어들이 만들었던 형태에서 비롯되었지만 디자이너들은 모더니티의 시각적 표현으로 비끼이 놓았다.

공공 영역의 물질문화가 공공연히 모더니티를 수용하는 동안, 민간영역은 비교적 늦게 반응했다. 그 가운데 가정의 인테리어 공간이 가장 눈에 띄었는데 특히 그와 같은 공간은 일상생활과 함께 많은 의식절차가 동반되는 공간이었다. 예를 들어, 19세기 전환기 미국 에디트 와튼(Edith Wharton)과 오그덴 코드만(Ogden Codman)은 그들의 책에서 이 주제에 대해 자세히 언급했는데, 그들의 조언에 따라 당시 인테리어 경향은 18세기 프랑스 스타일을 선호했으며, 사회의 신흥부유층은 좋은 취향의 완벽한 전달자로서 이해되었다.[19] 심지어 가장 보수적인 글에서도 근대화는 가스나 전기조명, 난방과 같은 새로운 기술의 형태로서 묘사되었다.[20] 모든 물질문화가 모더니티를 향해 똑같이 빠르게 이동되지는 않았지만, 세기말에 수적으로 증가하는 사람들을 위한 일상생활의 경험을 바꿔버리는 것과 같은 중요한 변화가 일어나고 있었다는 인식은 강력했다.

　의복 또는 패션은 그때까지 대부분의 사람들에게 그랬던 것처럼 개인과 공공분야 양쪽 모두에서 역할을 했다. 몇몇 연구에서 남녀의류와 모더니티의 관계성에 대해 상세하게 다뤄졌다. 예를 들어, 엘리자베스 윌슨은 패션과 모더니티가 도시적 맥락에서, 특히 아이덴티티 형성에 있어 어떻게 서로 밀접하게 관련을 가지며 발전되어 왔는지를 보여주고 있다. 크리스토퍼 브루워드(Christopher Breward)는 같은 시기 남성복을 설명함에 있어 자주 주장했듯이, 남성은 패션사이클 혹은 소비의 세계를 조절하지 않았다고 설명했다.[21] 당시 널리 퍼져 있던 생각, 즉 남성복은 표준화되어 있었다는 생각은 남성들이 욕망보다는 합리성에 의해 통제되고 유행사이클에 합류하라는 권유에 저항한다는 모더니스트의 신념에 영향을 받은 것이었다. 프랑스의 문화 비평가 롤랑 바르트(Roland Barthes)가 설명했듯이, 소비의 맥락에서 물질문화의 언어는 두 가지 차원에서 동시에 운영되고 중요한 모순에 따라 달라진다. 자본주의 경제논리를 따르기 위해선, 생산체계의 합리성에 맞추면서도 욕망을 이끌어 내야만 한다고 주장했다.[22] 시작부터 디자인의 주된 존재이유가 시장에서 욕망을 자극하도록 되어 있는 이중적 동맹의 특징을 지녔으며, 그와 같이 상충하는 요구사항을 조정하는 것이 디자이너의 임무였다.

　1899년, 사회과학자 소스타인 베블런(Thorstein Veblen)은 자신의 학술논문으로, '*레저계급의 이론(Theory of the Leisure Class)*'을 발표했는데 이는 과시적 소비를 뒷받침하는 체계적 분석을 시도한 초기연구였다.[23] 이후, 게오르그 짐멜(Georg Simmel)도 같은 수수께끼에 대한 해명을 시도했다.[24] 베블런은 사회가 과시적 레저에 의해 구동되는 방식에 대한 연구에 집중했다. 강도가 약하지만, 그는 여성의 패셔너블한 드레스의 소비에서, 다른 상품에서도 동일하게 적용될 수 있는 사회적 과정의 존재를 인지했다. 그가 관찰한 상황에 의하면, 패셔너블한 드레스를 입은 여성은 남편의 사회적 지위의 지표로서 행동하고, 당면한 사회적 우월성 경쟁 속에서 지속적으로 더욱 패셔너블한 옷을 찾는다는 특징을 갖는다. 베블런은 상향경쟁의 개념을 따로 분리시켰는데, 이 상향경쟁현상이 과시적 소비와 유행의 변화에 지속적인 과정을 만들어내고 있다고 했다. 그는 디자인에 주목하지는 않았지만 우선 소비자를 이끄는 패셔너블한 드레스를 만드는 과정에 초점을 맞추었으며 그것은 (인정되지 않음에도 불구하고) 필요한 구성요소이며 사회적 과정이라고 기술하고 있다.

베블런은 드레스 고유의 특성보다 드레스의 사회문화적 기능에 더 관심이 있었다. 하지만, 패션아이템을 만드는 디자이너들 중 프랑스디자이너, 찰스 프레드릭 워스(Charles Frederick Worth), 자크 두세(Jacques Doucet)와 잔느 파퀸(Jeanne Paquin)에게는 디테일은 모든 것이었다. 그들의 작업은 지속적으로 새로운 컬러나 디테일장식, 형태 그리고 공들임의 수준을 통해 끊임없이 드레스의 언어를 다듬는 것이었다. 베블런은 드레스를 언급했지만, 상향경쟁의 이론을 약술하자면, 그것은 인테리어나 가구, 토스터, 나이프, 포크와 어느 땐 자동차와 같이 시각적이고 물질적인 다른 인공물들과 동등하게 관련이 있었다. 따라서 끊임없이 변화하는 상황에서 사회적 안정과 결집을 유지하는 것은 디자인의 기본적인 역할이었으며 이런 맥락에서 소비자제품의 외관을 개념화하고 지속적으로 새롭게 만드는 시각적으로 능숙한 사람들의

그림 1.3 │ 1885년 9월 1일에 발행된 Myra's Journal of Dress and Fashion에 나타난 19세기 후반 여성의 드레스
(courtesy the V&A images at the Victoria and Albert Museum, London)

존재는 매우 중요했다.

　제품은 친숙함이라는 안전장치를 가지고 있는 전통적인 장식미술을 계속 포함시켰으며, 이는 자신의 취향에 대해 확신이 없는 소비자에게는 위험을 감소시켜 주었다. 패션과 모더니티의 아이디어가 수적으로 증가하는 사람들의 생활에 영향을 미치기 시작함에 따라 광고, 잡지, 그리고 포장과 같은 상업적 프로모션의 2차원적 세계가 브랜드상품을 위해 만들어졌으며, 소비자들에게 어떤 것이 구입 가능한지를 알게 하고, 또한 그들이 추구하는 이상과 소통할 수 있도록 영향을 주기 시작했다. 근대 광고와 대중매체 잡지의

성장은 우선적으로 여성들을 목표로 새로운 욕구수준을 만들었으며 근대 소비문화의 성장을 가속화하는데 기여했다.

특히 패션과 가정소품에 초점을 맞춘 여성잡지는 19세기 후반의 소비문화 확장에 중요한 역할을 했다. 제니퍼 스캔론(Jennifer Scanlon)은 미국 여성잡지 〈레이디스 홈 저널(Ladies' Home Journal)〉의 발전에 대해 기록한 한편 마가렛 비단(Margaret Beethan)은 같은 시기 영국에서 여성잡지의 증가에 대해 설명을 했다.[25] 두 연구는 여성잡지들이 어떻게 여성의 위치를 근대소비문화의 중심에 올려놓았는지를 강조하고 있었다. 여성잡지는 소비자가이드는 물론 시장에 제공된 수많은 소비자제품의 광고를 담고 있었다. 잡지의 성장에 발 맞춰, 가정용품에 대한 조언을 담은 책들이 대서양 양안(유럽과 미국)에 넘쳐 났으며, 이 잡지들은 가정 내에서 자신의 작업수행에 예민한 주부를 위해 정보의 소스를 제공할 뿐만 아니라, 영감을 줄 수 있도록 이상화된 가정의 이미지를 광범위하게 제공하고 있었다.

광고와 마케팅에서 소비자의 의식을 관통하는 교묘한 방법 중 하나는 브랜드의 사용이었다. 시장의 노점으로부터 도시의 백화점매장에 이르기까지 유통시스템의 변화는 포장 및 브랜드의 역할에 커다란 중점을 두게 되었다(그림 1.4). 포장되지 않은 식료품을 구입하기 보다는 구매자들은 점점 공장에서 사전 포장되고 소매점으로 대량으로 배포되는 식료품의 구입을 선호했다.[26] 수잔 슈트라서(Susan Strasser)는 그와 같은 것이 그 기간 동안 소매에서 일어난 변화이며, 상품의 정체성을 규명하는 수단으로서 브랜딩작업의 증가를 동반했다고 주장했다.[27] 당시엔 회사의 이름이 상표로서 사용되는 시대였으며 그 중 켈로그(Kellogg)나 후버(Hoover)같은 브랜드는 소비자의 마음속에 그 상품을 대체하고 있었다. 제품을 홍보하는데 있어 도움이 되는 매력적이고 기억에 남을 만한 이미지를 만들어내는 역할을 담당했던 포장 및 브랜드작업은 또 다른 시각화 작업자를 필연적으로 출현하게 만들었다. 브

그림 1.4 | 19세기 후반 미국에서의 포장 (courtesy of the Archives Center, National Museum of American History, Smithsonian Institution)

랜드 이름은 포장에서 자주 볼 수 있었지만 바람직한 라이프스타일에 대한 어필을 통해 제품을 판매한 본질적으로 무형의 개념이었다.

미국에서 브랜드제품의 증가는 제품의 구입 및 판매방법에 있어 주된 변화를 나타냈고, 다음 세기에 보다 복잡하게 진화된 디자인과 마케팅의 새로운 연결고리를 만들어냈다. 회사들은 특정 라이프스타일을 유발시킬 수 있는 그들 제품만을 위한 이름을 찾았다. 예를 들어, 피츠버그리덕션(Pittsburgh Reduction)사는 알루미늄 주방용품 제조업체인데 그들의 잠재소비자가 돈에 대한 가치를 원하는 합리적인 존재들이란 가정 하에 그들의 제품이름을 웨어레버(Wearever)라는 신조어로 지었다. 웨어레버제품 홍보를 위한 잡지광고 미술가들이 고용되었으며, 각 매장들은 그들의 숍윈도에 장식이 곁들어진 이름과 함께 배너를 걸도록 했다. 세련된 시각홍보물들이 캠페인과 더불어 알루미늄 주전자와 팬을 팔기 위해 개발되었다. 중요한 것은, 이 과정에서 그래픽, 포장 및 쇼윈도디스플레이의 분야에서 시각적으로 숙련된 전문가의 투입이 요구되었다. 예를 들어, 1914년 전까지는 알루미늄 소스팬 같은 상품 그 자체를 매력적으로 보이게 만드는 시도가 이루어지지 않았다. 오히려, 실용적인 모습을 유지했고 소비자에게 어필하는 내용은 첨부된 시각적 정보를 통해서만 소통되고 있었다. 대량생산제품의 초기 부가가치 전달방법은 제1단계로 프로세스 상에서 나타났으며 이는 양 대전 사이에 산업디자인의 출현을 이끌었다. 그때까지, 제조업체들은 제품의 시각적 효과 자체가 경쟁력을 가지게 하고 광고, 포장 및 매장 윈도디스플레이는 독자적으로 경쟁력을 달성할 수 없다고 생각했었다.

20세기 초 소비자의 욕구를 자극하고 충족하기 위한 시도로서 다양한 시각화와 개념화 실행을 포함하는 일련의 세련된 마케팅전략이 개발되었다. 그들의 정체성과 사회적 열망을 정의하고 소통하는 수단으로 시각적이고, 물질적이며 공간적인 문화를 사용하는 새로운 소비현상과 시장에서 더욱 더 많은 상품, 이미지, 그리고 서비스의 유용성은 그러한 가닥들을 묶기 시작한 근대디자인 개념의 출현을 위한 배경막을 만드는데 연결되었다. 가장 중요한 점은 디자인이 소비와 생산 사이의 접점에 존재하는 독특한 위치와 더불어, 소비자의 비합리적 행동과 대량생산의 점점 더 합리화되는 프로세스에 모두 관여할 수 있는 특성을 가졌다는 것이다. 무엇보다도, 근대를 표현할 수 있는 능력은 20세기 초반의 중요한 사회적, 문화적 세력 중 하나가 되었으며, 1914년 과시적 소비와 시장의 요구조건 범위 내의 역할에 의해 정의된 새로운 근대적인 시각적, 물질적 그리고 공간적 문화를 위한 프레임 워크가 마련되었다.

소비문화와 모더니티

소비문화는 근대서양의 문화에서 매우 중요한 의미를 지닌다.[28]

양 대전 사이, 서구 선진국의 더 많은 주민들은 다양한 방법으로 근대화와 맞물리기 시작했다. 사회역사학자인 샐리 알렉산더(Sally Alexander)가 환기시키듯 보여준 것처럼, 모더니티는 때로 립스틱 터치나 담배 한 모금 빠는 것과 같은 단순한 제스처로 표현되기도 했고,[29] 1939년 뉴욕세계박람회에서 보여 졌듯이, 시각적, 물질적 그리고 공간적 환경에 대한 전면재편으로 표시되기도 했다.[30] 모더니티는 사람들이 미래를 상상할 수 있고 현 상황에서 그 비전을 배양할 수 있게끔 확장된 존재감을 가졌으며, 사람들의 삶에 부가가치를 보장하는 이상적인 개념으로서 자주 경험되었지만, 때론 필요 이상으로 욕망의 세계로 건너가기도 했다. 모더니티는 또한 대량생산제품, 잡지, 영화 및 광고를 통해 나타났으며, 도달할 수 있는 무언가인 동시에 도달할 수 없는 것을 가지고 있었다. 그것은 사치스럽기도 하고 또한 대중적이기도 했다. 따라서 모더니티의 중요한 특징은 산업화된 세상의 주민에게 나타났던 것처럼, 그 속에 내재된 양면가치였다. 상상력이 풍부하고 시각적으로 혁신적이었던 디자이너는 모더니티를 그려내는 데 핵심적인 역할을 했으며, 일시적으로나마 고유의 모순을 해결하는 것처럼 보이게 함으로써 쉽게 도달할 수 없는 상태를 유지했다.

모더니티의 외향적인 표시는 공공장소에서 가장 명백하게 그리고 지속적으로 나타났다. 유럽과 미국은 도시화와 더불어 부의 증대를 이루었으며 그 결과, 대량 환경에 미치는 파급효과와 함께 소비가 급격히 증가했다. 예를 들어, 자동차 소유는 모텔, 드라이브인 영화관, 주유소와 같은 도로변의 물질문화에 눈을 뜨게 만들었으며 작업복에서 메이크업에 이르기까지, 개인

그림 1.5 | 티그어소시에이츠Teague Associates가 디자인한 텍사코Texaco 주유소, USA, 1930 (© Walter Dorwin Teague Associates)

적 꾸밈을 위한 상품소비와 여성의 강화된 시야는 도시생활이 시각적으로 변화했다는 것을 의미했다.

그러한 변화는 소비문화의 확장을 뒷받침한 상업적인 장치에 의해 주도되었으며, 특히 마케팅기술이 가장 정교했던 미국에서 성공적이었다. 마케팅의 발전에 관한 많은 책들이 쓰여졌으며, 수잔 슈트라서와 R. S. 테드로우(R. S. Tedlow)는 미국에서 대량마케팅의 상승에 대해 기록했고[31] 사례연구를 통해 마케팅이 어떻게 소비자가 대량생산제품에 귀를 기울일 수 있게끔 만들었는지를 설명했다. 케이트 포드(Kate Forde)는 그녀의 보고서 '*1916-1935년 미국의 큐텍스 마케팅(The Marketing of Cutex in America, 1916-1935)*'에서 J. 월터톰슨(J. Walter Thompson)광고회사가 어떻게 여성 대중시장에 매니큐어 판매를 시작했는가를 보여주었는데,[32] 큐텍스 브랜드는 당시 독자수가 기하급수적으로 늘어나는 추세에 있는 여성잡지들을 통해 엄청난 광고를 했다.[33] J. 월터톰슨의 전략은 보락스, 크리넥스, 럭스, 파이렉스와 같은 위생제품군과 나란히 하여 마치 신격화된 여신과 같은 큐텍스의 이름을 파는 것이었다.[34] 눈에 띄는 현대적인 패키지 또한 중요한 판매포인트였다. 캐시 피스(Kathy Peiss)는 '*항아리 속의 희망: 미국의 미용문화 만들기(Hope in a Jar: The Making of America's Beauty Culture)*'라는 글에서, 소비자의 환상은 디자인을 품은 상업체계에 의해 만들어져, 관리되고 실현되었다고 설명했다.[35]

1930년대의 재정적 어려움도 자동차나, 냉장고, 그리고 다른 가정용품 등 특정 범위의 제품을 소비하려는 사람들의 욕구를 막진 못했다. 기술 산업의 새로운 제품들이 그 안에 내재된 근대성의 비전과 함께 나타났다. 예컨대, 자동차는 1920년대 후반부터 새로운 생산방식에 의해 만들어졌으며 소비자의 시각에 어필하는 스타일이 나타나기 시작했다. 당시 제너럴모터스(General Motors)의 차종은 고소득층을 위한 캐딜락(Cadillac)과 저소득층을 위한 뷰익(Buick)을 포함하고 있었는데,[36] 제품의 시장세분화는 소비자차이를

반영할 뿐 아니라 차이 자체를 만들어내는데 중요한 역할을 담당했다. 결과
적으로 점점 사회적 영역을 가로질러 적용되고 있는 소비자와 디자인 사이
의 예민한 관계의 출현을 가져왔다. 샐리 클라크(Sally Clarke)가 설명한 것처
럼, 제너럴모터스는 소비자의 취향을 예측하는 것은 불가능했지만, 기꺼이
감수해야 하는 사업적 리스크에도 불구하고 산업디자인에 대한 투자를 아
끼지 않았다.[37]

대량생산산업과 제휴한 디자인에 의해 초래된 취향과 사치의 민주화는
양 대전 사이 산업화된 세계에서 더욱 강화되었다. 수십 년 전, 소스타인 베
블런에 의해 서술된 '패션사이클'은 광범위하게 받아들여진 현실이 되었으
며 특히 패셔너블한 의상과 자동차와 같은 물질문화영역에서 가장 예민하
게 받아들여졌다. 그와 더불어, 물질문화의 성정체성이 수립되었는데, 남성
이 자신의 지위와 정체성을 나타내기 위해 새로운 소비기계제품에 투자하

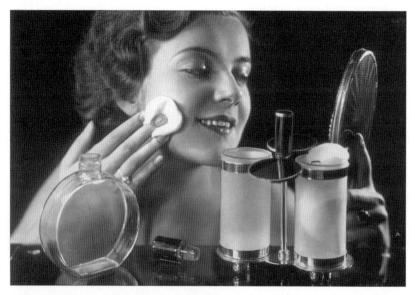

그림 1.6 | 1930년대의 근대 여성 (courtesy of the author)

기 시작한 반면 여성은 자신의 패션에 대한 지각을 표현하기 위해 자신의 드레스, 자신의 미용제품과 인테리어를 사용했고 이는 곧 사회적 위치를 나타냈다.

양 대전 사이에 여성소비자에 대한 많은 보고서가 작성되었다. 그 기간 엔, 여성들이 주요 소비자였다는 것이 사실로 널리 인정되었다. 1929년, 가정관리전문가에서 소비자 상담가가 된 크리스틴 프레드릭(Christine Frederick)은 '소비부인 판매하기(Selling Mrs. Consumer of 1929)'에서 그녀가 '여성 소비'의 특성이라고 믿고 있는 것에 대해 설명했다.[38] '소비부인의 특징 맞추기(Guessing at Mrs. Consumer's Character)'란 이름을 가진 섹션에서 소비부인이란 이론이나 이성보다는 습관적으로 본능에 따라 더욱 쉽게 자신을 실제에 수용시킨다고 설명했다. 반면 남자는 더 철저하게 이론에 근거한다.[39] 마크 A. 스빈치키(Mark A. Swiencicki)는 그의 논설, '소비하는 형제들: 소비문화로서의 남성의 문화, 스타일 그리고 레크레이션 1880-1930 (Consuming Brotherhood: Men's Culture, Style and Recreation as Consumer Culture, 1880-1930)'에서 '남성은 매우 크고 중요한 소비고객층'이라고 주장했다.[40] 그의 증언은 남성들이 기성복 의류, 스포츠 장비 및 여가 활동을 포함하는 소비가능성과 함께 그 시대에 있어 정말로 중요한 소비자였다는 것을 나타내고 있다. 스빈치키는 남자는 여성과 달리, 상점과 백화점에서 그들의 상품을 구입하는 게 아니라 술집, 숙박시설, 클럽, 미용실, 그리고 싸구려 극장 등과 같은 비소매 매장 범주에 있는 장소에서 구입한다고 주장했다.[41] 디자인된 제품, 이미지, 서비스는 판매동기유발과 방법이 명확하게 다르긴 하지만 남과 여 모두의 니즈와 욕구의 접점에서 중요한 역할을 했다.

사회학자 데이비드 가트만(David Gartman)은 그의 책, '자동차 아편(Auto Opium)'에서, 소비자의사결정에 있어 컬러와 모양에 대한 중요성의 증가는 여성이 구매결정에 개입되는 상황이 점차적으로 늘고 있는 사실의 결과라고 주장했다. 남성들도 역시 개입이 되고 있지만 그들은 일상용품의 시각적 측면에 똑같이 관심이 있다고 보지 않았다. 대량생산의 도래와 함께 대량생산된 자동차의 조립공 또한 그 자동차의 소비자가 되었다. 생산과 소비의 세계는 점점 함께 엮여져 갔다. 자본주의 체제에서는 노동을 제공함으로서 잃게 되는 손실에 대한 보상의 형태가 제공되고 있었다.[42]

자동차 그래픽 광고는 자동차 생활문화에 호소했고 또한 그에 따라 디자인되었다. 디자인 역사학자 데이비드 제레미야(David Jeremiah)는, 당시 영국의 주유소의 팽창에 대해 연구했는데, 그것이 시골과 도시의 경관을 어떻게 돌이킬 수 없게 바꾸어 놓았는가를 보여주고 있다.[43] 하지만, 그러한 변화는 저항 없이 오진 않았는데, 많은 사람들이 그를 미국으로부터 건너 온 환경파괴의 유감스런 영향으로 바라보고 있었다.

소비문화는 시작부터, 부자연스런 구조물과 번쩍거리는 그래픽에 의해 자연경관이 오염되는 것을 원치 않는 반대론자를 가지고 있었다. 예를 들어, 20세기 초 알루미늄 냄비는 질병을 확산시키고 매니큐어에 포함되어 있는 니트로셀룰로스같은 새로운 화학물질은 위험하다고 생각했다. 하지만, 그래픽 광고이든, 포장의 형태이든 아니면 상품 그 자체의 부속품이든, 디자인은 발전이 늘 호의적인 것으로 묘사되는 쾌적하고 아름다운 세상을 이끌어 냄으로서 그러한 걱정을 상쇄하고 소비자를 진정시키는데 중요한 역할을 했다.

틀림없이, 자동차의 출현은 미국 뿐 아니라 유럽에서도 양 대전 사이에 가장 급진적인 근대화물질문화의 중요한 힘이었다. '자동차와 미국 문화(The Automobile and American Culture)'의 편집지, 데이비드 L. 루이스(David L. Lewis)와 로렌스 골드스타인(Laurence Goldstein)은 서문에서, 사회와 자동차의 양면적인 관계에 대해 논의했는데, 그들은 '우리는 여전히 자동차가 소음을 일으키고, 환경을 오염하며, 많은 사람을 죽이고 우리의 재정을 압박한다고 불평한다'라고 썼다. 그러나 그 기간 동안 단지 소수의 모페드 거래가 이루어졌고 자전거 거래는 더욱 적었다.[44] 숀 오코넬(Sean O'Connell)은 문제의 그 기간 '영국사회에 자동차의 영향'이라는 자신의 연구에서 새로운 형태의 운송수단의 남성성을 강조했는데 이 남성성은 '궁극적으로 수백만 명의 여성을 운전석에 앉지 못하게 만들었다'고 주장했다.[45]

디자인된 공공환경, 특히 일과 관련 있는 공공환경은 여가와 쇼핑을 공유하게 했으며, 도시근대화를 형성하는데 있어 중요한 역할을 했다. 서구 선진국가의 모든 근대적 대도시에서, 상점과 쇼핑의 경험은 사회근대화의 중요한 요인이었다. 대중시장 판매의 의미가 처음 생겨났던 1914년 이전의 혁신을 바탕으로 상점들은 명백히 근대적인 모습으로 나타났다. 효과는 순환적이었고 새로운 환경은 동시에 근대소비문화를 반영하고 만들어냈다. 실제로, 당시 가장 고급스런 스토어(예컨대, 런던의 피카딜리 심슨)의 간결하고 엄격한 모더니즘 형태로부터, 때로 프랑스영향을 받은 모던스타일로 간주되었던 좀 더 장식적인 미국영향의 유선형 형태에 이르기까지, 상점은 당시 실내공간이 모던양식에 영향을 받은 첫 번째 건물에 속했다.

프랑스 디자이너는 쇼핑 환경의 근대화에 특별한 역할을 했다. 프랑스에선 사치품거래가 제조업계를 지배하고 있었는데, 고급 패션, 향수, 실내 장식과 수공예 가구들이 대표적이었다. 따라서 쇼핑은 고급매장에서 상품을 구입하는 사회적, 경제적 특권층에 맞춰졌으며 사치스런 라이프스타일에 다가가길 열망하는 소비자들을 만들어 냈다. 후자의 첫 근대화 경험은 종종 백화점이나 부티크에서 이루어졌다. 태그 그론버그(Tag Gronberg)는 그녀의 1920년대 파리에 대한 연구에서, 매장전면(devanture de boutique)은 파리를 근대화하는 가장 적합한 수단으로 빈번하게 인용되었다고 설명했다.[46] 그녀가 제시한 모더니티의 모델은 패션과 사치품의 개념과 밀접한 관련이 있었다.

모더니티는 전후 의복에서 특히 분명하게 나타났다. 1차 세계대전 후, 여성의 의류와 전체적인 외형에 있어서의 혁신은 20세기 초 부드럽게 흐르는

듯한 형태에서 보다 직선적이고 각진 실루엣으로 대체되었음을 의미했다. 모더니즘의 '기계미학'에서 비롯된 외모를 가지고 싶어 하는 세련된 여성이 이상적인 여성의 모습으로 바뀌었다. 남성의 이상적인 모습 역시 모더니티의 새로운 이미지를 반영하는 방향으로 변모했다. 헤어스타일의 변형이 특히 두드러졌는데, 새로운 기술은 여성들의 새로운 짧은 머리를 허용했고 이는 당시 세련된 스타일에 어울리는 것이었다. 파리의 앙투완(Antoine)같은 혁신적인 헤어디자이너들은 아트형태의 미용을 소개했는데 이는 세계적으로 대도시에서 유행되었다. 그러한 활동이 발생하고 있는 공간은, 공공영역에서 기술에 의해 만들어지는 진보와 전통적으로 집과 같이 개인적이고 친밀한 공간에서 머리를 손질하는 행동을 연결해 고급스러움과 모더니티의 민주화된 융합을 만들어 내게 되었다.[47]

심지어 전통지향적인 가정의 영역에서도 모더니티는 표시를 남기고 있었는데 특히 주방과 욕실에서 두드러졌으며 이는 이러한 공간이 새로운 기술이 만들어내는 개선에 대해 별다른 저항이 없었기 때문이다. 부엌은 20세기 초 크리스틴 프레드릭이 제시했던 과학적 관리에 대한 조언에 영감을 받은 구조의 개선에 영향을 받았다. 이어진 작업 상판이 설치되었고, 1930년대까지 시간절약 뿐 아니라 신분과 지위를 나타내는 사물로서, 작업 시간을 단축시켜주는 많은 용품들이 소비되었다. 특히 냉장고는 당시 전 세계적으로 주방에 기술적 근대화의 도래를 대표하는 상징적 아이콘으로서 중요성을 가졌다.

가정영역에 도입된 모더니티는 가정주부의 역할 및 지위의 변화와 관련이 있었다. 가정주부는 실험실을 담당하는 합리적인 과학자로부터 아내와 엄마, 그리고 소비자로 변모했다.[48] 1930년대 가정주부는 손님들을 집으로 초대하고 그들에게 인상적인 모던제품을 보여주는 매력적인 여주인으로 변모하였다. 무엇보다도, 여성들에게 자신을 소비자로 보고 자신의 정체성과

그림 1.7 | 산티 샤빈스키Xanti Schawinsky의 올리베티Olivetti 포스터, 1935 (courtesy of the Associazione Archivio Storico Olivetti, Ivrea, Italy)

그들 가족의 사회적 지위를 만들어 낼 수 있도록 확신을 주기 위한 매혹적이고 이상화된 이미지들이 제조업자와 광고주들에 의해 만들어졌다(그림 1.7).

　근대적 스타일을 가정영역으로 소개하는 제조산업의 성공적인 노력에도 불구하고 가정은 전통적인 면을 유지하고 있었다. 특히 가족들의 연속성을 위한 기억에 따라 가치가 느껴지는 장소인 거실에서 명백했다. 거실은 과거와 연관된 다양한 물질을 보여주고 있는데 계승된 물건 역시 거실을 채우는 중요한 역할을 했다. 그럼에도 불구하고, 잠식적인 모더니티의 여러 징후가 나타나고 있었다. 밀실 공포증을 느끼게 했던 빅토리아 양식의 응접실은 점차적으로 더 적은 수의 가구와 잡동사니가 없는 더 가볍고 밝은 거실로 대체되었다. 문화역사학자 앨리슨 라이트(Alison Light)는 변화된 환경 수용에 신중하고 점진적인 접근방식을 '보수적 모더니티'에 대한 선호의 특성으로 보았다.[49]

몇몇 역사학자들은, 모더니티로 가는 길목은 모든 사람에게 동일하지 않았으며, 성이나 계급, 연령 그리고 민족과 같은 요인들이 그 방법에 영향을 미쳤다고 주장했다.[50] 하지만, 대부분의 여성들은 양 대전 사이에 어느 정도는 모더니티와 관련이 있었다. 거의 모든, 특히 부유한 가정에서의 인테리어 장식은 주부 자신들에 의해 수행되었고 소비와 상인들에 의해 촉진되었다. 근대 인테리어 계획의 견본은 잡지나 쇼윈도, 영화 등에서 볼 수 있었는데, 특히 할리우드 영화는 실내 장식과 의복 모두에 영향을 미치는 핵심적인 역할을 하며 중요한 영감의 소스를 제공했다.[51]

미국과 유럽의 주요 도시를 중심으로 개발된 새로운 교외 주거 지역은 대중매체를 통해 전파된 가장 분명하게 근대적인 스타일이 채택된 지역이었다. 새로운 상류근로계급과 중산층이 거주하는 대부분의 지역은 세련된 대도시 취향을 위한 대안을 발전시키고 있었다. 사회문화적 지형은 교외와 도시를 분리시켰는데, 이는 피할 수 없는 지역적 다양성에도 불구하고 산업화된 세계를 통해 인식되었다. 교외는 도시가 조금 먼저 지녔다가 유행이 지나 거부된 것들을 내포하고 있었다. 더욱이 교외와 도시는 서로 분리된 상태로 완전히 다른 소비와 생산 시스템에 의해 지탱되고 있었다. 용어 자체의 정의에 따라 모든 근대적인 것은 뚜렷이 구별되는 취향의 문화를 서로 밀접하게 공존하게 하는 가능성이 명백해졌으며, 벤 파인(Ben Fine)과 엘렌 레오

폴드(Ellen Leopold)가 그러한 현상을 설명하기 위해 '공급의 체계'이론을 개발했다. 그들은 사람들의 취향이란 그들에게 제공될 수 있는 특정시스템의 경제적 맥락에서 형성되고 있음을 주장했다.[52] 그러나 그들 대부분은 양 대전 사이에 접할 수 있었으며 현지매장에서 구할 수 있는 것처럼, 취향 형성의 대리인만큼 효과적이었던 전 세계적으로 전파되는 미디어의 역할을 무시했다.

1930년대 후반까지, 모더니티의 개념은 서구 산업화된 국가에 살고 있는 많은 사람들의 삶에 영향을 미치고 있었다. 마케팅, 광고 및 브랜딩 효과는 널리 퍼져 있었고, 대량생산제품, 이미지, 공간의 언어에 대한 인식은 매우 높은 편이었다. 자기 자신 및 그룹에 대한 정체성은 점점 소비를 통해 협상되어지고 명백해지고 있었으며, 이미지와 사물이 생산되는 시점에 의미가 주입되었고 그 의미들은 일상생활로 진입할 때 보완되고 변형되었다. 결국 그들을 만족시키기 위한 새로운 상품과 이미지의 탄생을 요구하는 새로운 욕망이 자극되었으며, 이에 따라 패션주기가 생겨났다. 양 대전 사이 근대적인 시각적, 물질적, 그리고 공간적 문화의 소비와 더불어 근대성을 수용하는 것은 선진국의 거주자 대다수가 정체성을 획득하고 사회에서 그들의 위치를 찾을 수 있게 하는 중요한 수단이 되었다. 그러한 것은 디자이너들이 근대 소비문화의 진원지에서 자기 자신의 모습을 발견했던 과정의 강화와 확장이었다.

2 기술의 영향 ^{The impact of technology}

새로운 생산방법, 새로운 재료

대량생산은 동력, 정확성, 경제성, 시스템, 연속성 및 속도의 원리에 기반하는 제조 프로젝트에 초점을 맞추고 있다.[1]

20세기 첫 40년 동안 모던디자인의 한 면은 소비의 확장된 그림 안에서, 그리고 쉽게 합리화되거나 시스템화 될 수 없었던 모던라이프의 영역으로 새롭게 정의된 시장 안에서 그 사회문화적 역할에 의해 정의되었다. 다른 맥락의 중요한 정의는 합리성에 기반을 둔 대량생산과 기술혁신의 세계였다. 그러한 맥락에서, 표준화된 많은 상품들이 확대된 수요를 맞추기 위해 생산되었으나, 높은 투자비용의 요구로 인해 공격적인 판매가 이루어져야만 했다.

디자인은 기술과 문화를 연결시켰다. 디자인은 원래 대량생산에 맞추어진 프로세스였으나 소통되어진 사회문화적 가치의 결과로 소비와 생산의 세계에서 동등하게 새겨지고 있다. 틀림없이 그것은 두 세계를 하나로 연결시켜준 몇 안 되는 현상 중 하나였다.[2]

기술 혁신은 19세기 후반 이후 시장에 새롭게 진입한 많은 양의 제품생산을 가능케 했다. 시각적이고 물질적인 문화의 새로운 모든 영역을 구성함은 물론, 전통적인 장식미술을 보완하고 새로운 상품을 만들어내는 일들이 디자이너의 상상력을 시험하고 자극했다. 당시 진공청소기, 전기제품 및 운송수단의 새로운 모델과 같은 신기한 물건의 광범위한 구매가능성 뿐만 아니라, 새로운 광고의 형태와 매장디스플레이가 판매를 촉진하기 위해 개발되었는데, 이는 소비자가 그들 자신의 정체성을 만들어 내고, 그들이 모던라이프에 진입할 수 있게 하는 중요한 수단을 제공했다.

전통적인 장식미술과 공예프로세스를 넘어 만들어진 근대 디자인의 개념은 노동 분업과 같은 산업생산의 뚜렷한 특징의 직접적인 결과였다. 제품생산의 새로운 수단들은 전통적인 장인들의 작업을 새롭고 차별화된 작업으로 분산시켰으며 제품의 초기 개념화는 새로운 프로세스의 개발을 필요로 했다. 처음부터, 디자이너는 이중적 책임을 가지고 있었다. 즉, 새로운 제품을 생각하고 생산을 계획하는 것 뿐 아니라 그들의 제품이 적절한 사회문화적 의미를 내포하고 있는 가를 확신할 수 있는 소비의 맥락에서 작업을 해야 했다. 따라서 디자이너는 생산과 소비 양쪽 모두의 맥락에서 모더니티를 표현하기 위해 독특하게 배치되었다고 볼 수 있다.

산업화는 근대세계의 가장 두드러진 현상 중 하나였다. 영국에서, 증기기관의 발명은 수많은 새로운 기계와 생산기술의 발명에 영감을 주었으며,[3] 이어 그 새로운 도구는 새로운 소비자 기계제품의 생산을 수월하게 만들었다. 새로운 재료, 그 가운데 새로운 형태의 장식을 가능하게 만든 주철은 제품과 환경디자인의 극적인 변화를 담당했다. 이러한 발견은 전통적인 장식미술의 생산을 바꾸어 놓았다. 예를 들면, 섬유생산에서 다축방적기 및 자카드식 직조기는 섬유를 만들어내는 방법에 있어 혁명적인 것이었다. 이것은 작업이 진척됨에 따라 형태와 재료를 선택할 수 있었던 수공예 작업자들과는 달리 생산에 앞서 결정을 내릴 수 있는 디자이너들을 필요로 했다. 그것은 마치 숙련된 솜씨에 의존했던 장인의 작업과정으로부터 합리적인 계획을 기반으로 하는 디자이너의 작업과정으로 변하는 단순한 수정작업으로

보였으며 이는 직물, 인쇄, 도자기 생산과 같은 많은 제조 분야에 중요한 변화를 가져왔다.[4]

영국이 섬유, 세라믹, 유리, 가구와 같은 전통적인 장식미술산업의 제조에서 변화를 보인 반면, 미국은 노동의 효율적 관리와 새로운 기술 기반의 생산, 고도로 전문화된 기계와 도구의 발전 및 기술적 성향의 새로운 제품생산에 있어 엄청난 발전을 이루어냈다. '미국의 제조시스템'에 관해선 많은 글들이 쓰여 졌으며, 그 중 H. J. 하박국(H. J. Habakkuk)은 영국과 미국 양국의 발전에 대해 기술했는데, 미국은 더 넓은 농토의 유용성과 더불어 노동력의 부족으로 기계화가 더욱 발전할 수 있었다고 설명했다.[5] 지그프리트 기디온(Siegfried Gideon)의 1948년 논문 '기계화의 지배(Mechanisation Takes Command)'는 미국문화에 있어 기계의 중요성과 더불어 근대적이고 기능적인 디자인에 있어 미국의 탁월성에 초점을 맞추고 있다.[6] 사실, 20세기 중반 지배적인 디자인운동인 모더니즘은 기계를 그 기능과 합리성을 연결하여 근대 디자이너에게 중요한 은유와 미적 영감을 주는 원천으로 생각했다.

데이비드 하운쉘(David A. Hounshell)의 저서 '미국의 시스템으로부터 대량생산까지 1800-1932: 미국의 제조기술의 발전(From the American System to Mass Production 1800-1932: The Development of Manufacturing Technology in the US)'은 이 기간 내 미국의 제조산업에 있어 중요한 연속성에 초점을 맞추고 있다.[7] 그는 19세기 미국의 무기생산에서 발생한 변화로부터 이야기를 시작해 1920년대 자동차제도까지 약술했다. 그는 시계나 재봉틀, 자전거, 농업기계 및 자동차에 대해 서술했는데, 가 산업은 그 전의 산업을 통해 학습되고 그러한 연속성은 기본재료로서 철의 사용, 표준화된 부품의 발전과 전문적인 기계도구의 사용을 통해 제공되었다. 하운쉘은 또한 헨리 포드(Henry Ford)의 '모델 T' 자동차의 생산이 진정한 대량생산의 모델을 대표한다고 주장했다(그림 2.1).

그림 2.1 | 하이랜드파크Highland Park공장에서 조립되고 있는 헨리 포드Henry Ford의 '모델T', 1913 (from the collection of Henry Ford Museum and Greenfield Village)

　하지만, 그 모델은 제너럴모터스의 알프레드 P. 슬로안(Alfred P. Sloan)이 포드사의 완전히 표준화된 이상적 제조를 필요 없게 만든 유연한 대량생산 시스템을 도입하기 전까지 12년 밖에 지속되지 못했다. 슬로안의 유연한 모델은 제품차별화가 필요한 시장의 요구에 대한 반응이었다. 하운쉘은 당시 스타일리스트로 더 잘 알려졌던 할리 얼(Harley Earl)과 같은 산업디자이너가 GM 자동차의 차별화를 만들어내기 위해 투입되었다고 주장했다. 하운쉘에 의하면, 1920년대 중고자동차시장의 출현, 미국인구 다수의 도시화, 부정적이지 않고 이웃의 자동차 모델보다 더 인상적이라는 중고차구입의 중요성은 순수한 표준화가 더 이상 상업적 현실이 될 수 없었다는 것을 의미했다. 하운쉘의 연구는 모던디자인의 이야기에서 중요한 순간을 강조했는데, 그것은 기술과 문화가 서로 직접 충돌하게 되는 순간이었다. 결국, 문화가 승리했고 디자인은 두 세력이 실현성 있는 타협을 이룩할 수 있었던 수단을 제공했다. 그 시점으로부터 대량생산제품은, 장식미술이 오랫동안 그랬던 것처럼 유행체계의 변덕처럼 민감해졌다. 또한, '시각조형자'(또는 디자이너)의 역할은 고도로 효율적이고 합리적인 운영에 미술적 요소를 수용해야만 한다는 사실을 깨달은 산업에 의해 매우 높은 가치를 지니게 되었다.

새로운 재료의 출현은 근대환경의 외형을 변모시키는 데 기여했으며, 디자이너들에게 새로운 도전을 제공했다. 예컨대, 도시경관에서 판유리의 영향은 매우 극적이었고, 주형으로 만들어진 철과 콘크리트는 근대세상의 거주자를 위한 모더니티 언어를 대표하는 것이었다. 모더니티의 시각적, 물질적 그리고 공간적 상징을 만들어내기 위해 건축가와 디자이너는 새로운 재료의 물리적, 상징적 잠재성을 개발하는데 열중했다. 예로, 비엔나에선 건축가 오토 바그너(Otto Wagner)가 그의 우체국저축은행 건물에 알루미늄의 특성을 적용시켰다.[8]

아르누보 운동과 관련이 있었던 건축가와 디자이너는 역사적인 짐을 업지 않고 20세기 역사주의를 대체할 수 있는 새로운 스타일을 만들어내기 위해 노력했는데 그러한 야망을 이루기 위해 새로운 재료에 주목했다. 헬렌 클리포드(Helen Clifford)와 에릭 터너(Eric Turner)가 설명했듯이, 금속구조건축은 모더니즘을 대표한다. 실제적인 품질과 미적 가능성을 위해 아르누보 디자이너와 건축가들은 주철을 사용했는데, 주철은 특히 아르누보의 '낭창낭창한 곡선'의 유연성과 신장성을 표현하는데 적당한 재료였다.[9] 아르누보 디자이너들은 근대장식의 새로운 언어를 지닌 엔지니어의 업적을 함께 혼합하며, 모더니티의 새로운 미학적 언어를 만들어 냈다.

기술은 새로운 제품과 유용한 재료를 만들어 낼 수 있었지만, 시장에서 수용을 보장할 수는 없었다. 인기 있는 취향과 열망을 계측하고 원하는 제품에 새로운 재료로 변환시키는 일은 디자이너에게 맡겨졌다. 때로 그것은 상대적으로 쉬운 일이었으나 때로는 어려운 일이었다. 예를 들어, 반합성물질인, 셀룰로이드는 때때로 흑옥, 흑단, 산호, 호박 그리고 상아와 같이 값비싼 재료를 대체하는 재료로 사용될 수 있었다. 알루미늄은 디자이너에게 훨씬 더 도전적인 재료로 입증되었는데, 실제로, 20세기 전까지 알루미늄은 요리용 주전자의 재료가 아니었다. 더구나 음식과의 근접성 때문에 일부 의심스런 재료로 여겨졌었다. 하지만, 20세기의 양 대전 사이에 디자이너들은 그들의 권한으로 근대적 사물로서 알루미늄제품을 시각화할 수 있었다.

새로운 물질에 의한 모더니티는 공공영역에서 가장 눈에 띄었다. 전통적 맥락의 가정생활은 공공영역에서 성장하고 있는 새로운 물질의 수용을 목격하고 있었다. 20세기 초 가정에 새로운 재료의 점진적인 흡수가 허용되었는데, 가압성형유리로 만들어진 아이템은 비싼 크리스털을 대체했으며, 그 밖에 다른 제품들이 새로운 플라스틱으로 만들어졌다. 베이클라이트(bakelite)는 플러그나 스위치와 같은 전기용품에 사용되었다.[10] 전통적으로 가정영역에서 사용되었던 다른 재료들은 모더니티의 감각을 만들어내기 위해 다른 방법으로 사용되기도 했다. 예를 들어, 미국에선 실내장식용 무명커튼이 무거운 벨벳이나 비단을 대체하고 새로운 경량감의 선구역할을 하면서 패션으로 돌아왔다.[11]

가정영역은 공공영역보다 새로운 재료와 기술을 적용하는데 늦었지만 가스와 전기는 공공, 가정 두 영역을 모두 변모시켰다. 합리주의에 대한 연구와 더불어 효율성에 대한 탐색은 19세기 말과 20세기 초에 걸쳐 공장실무를 보강하게 만들었다. 이는 과학적 노동관리기법인 '테일러리즘(Taylorism)'과 '미국의 제조시스템'에 적합하게끔 수정된 기법적용을 통해 공장과 사무실 양쪽 모두에서 달성되었다. 공장에서 표준화되고, 교체 가능한 부품의 생산은 이동식 조립라인과 결합되었다.[12] 즉, 새로운 시스템은 '모델 T'자동차가 처음 1913년에 제조된 헨리 포드(Henry Ford)의 하이랜드파크 공장에서 가장 세련된 형태로 증명되었다. 이동식 조립라인과 표준화 부품의 사용은 그 부품의 복잡성에 의해 특징지어지는 자동차의 외관에 반영되었다. 명백한 기계미학에도 불구하고, 최초 구매자의 니즈가 반영된 저렴한 가격과 신뢰도를 바탕으로 한 마케팅으로 '모델 T'는 소비자에게 강한 어필을 하고 있었다. 자동차 소유 그 자체는, 그때까지 말을 가지고 일을 해야 했던 시골주민들 사이에 뛰어난 사회적 신분의 상징이었고, 그러한 사람들은 마케팅의 타깃이 되었다. 하지만 하운쉘이 보여주었듯이, 그것은 한때 자동차의 최초 소유와 시장에서 존재하는 경쟁이 더 이상 문제가 되지 않던 상황에서 제한적 수명을 가졌던 마케팅전략이었고, 시대에 뒤떨어진 '모델 T'는 소비자의 일정수준의 욕구를 계속해서 자극할 수 없었다.

과학적 노동관리기법인 테일러리즘은 작업이 어떻게 수행되며 어떻게 제안된 작업을 더 효율적이며, 시간절약의 대안으로 이끌어내고 있는 지를 분석하기 위해 사용된 과학적 측정시스템으로 20세기 초 공장과 사무실에 도입되었으며, 합리주의의 강력한 특징이었다. 몇 년 후, 합리성에 대한 욕구는 공장과 사무실로부터 가정영역으로 전이되었다. 가사를 합리화하려는 욕망은 또한 캐서린 비처(Catherine Beecher)와 그녀의 동생 해리엇 비처 스토우(Harriet Beecher Stowe)의 글에 의해 시작된 가정에 대한 조언에 도움을 받았다(그림 2.2).[13] 가정에서 여성의 노동의 역사를 입증하는 것이 공공 작업장에서 남성노동에 대한 설명을 보완하기 위해 쓰여 질 필요가 있었다. 그들 중 루스 슈워츠 코완(Ruth Schwartz Cowan)과 수잔 슈트라서(Susan Strasser)는 여성의 조언 문학의 발전을 도표로 표시했다.[14] 그들은 둘 다 19세기 후빈에서 20세기 초반까지 노동절약원칙의 중요성을 강조했으나, 가정이란 생산을 위해 어떤 의미이며 효율적인 생산이란 가정의 맥락에서 볼 때 어떤 의미를 지니는지에 의문을 가졌다. 과일을 통조림으로 만드는 일, 바느질 등과 같은 가정에서의 많은 생산적인 일들이 공장으로 이전 되었고 따라서 가사

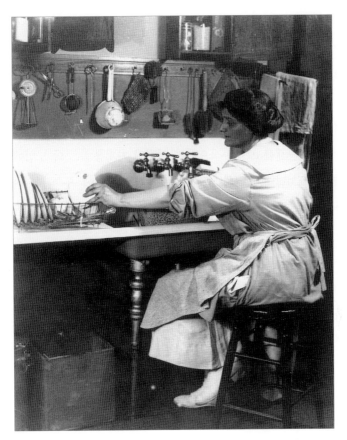

그림 2.2 | 20세기 초 미국의 가사경영 (courtesy of Wisconsin Historical Society)

일은 생산하는 일보단 오히려 양육하고 소비하는 일에 더 헌신되었다고 설명했다. 그러한 새로운 맥락에서 볼 때, 가정으로의 효율성 도입은 덜 명확한 목적을 지닌 더 복잡한 문제였다.

공장에서 그랬던 것처럼, 가정에서의 효율적인 기계화의 실행에 앞서 재구성이 선행되었다. 크리스틴 프레드릭(Christine Frederick)의 1913년 '레이디스 홈 저널(Ladies's Home Journal)'에 연재되었던 글은 식사를 준비하고 정리하는데까지 필요한 단계의 수를 줄이는 주방 일의 재구성을 통해 어떻게 작업이 단순화될 수 있었는지에 대한 방법을 약술하고 있다. 그녀는 또한 가정주부가 흰색 가운을 걸쳐 실험실의 전문가처럼 보이게 하고 음식준비 도구는 장인의 작업대와 같이 가정주부에 가깝게 놓여 져야 한다고 제안했다.[15]

1차 대전 이전까지는 정서적 가치와 소비자 욕구가 지배했던 영역으로 인식되었던 여성영역에 합리성을 가져오려는 그러한 시도는 기존에 존재하는 요소의 변화보다는 새롭고 기술적으로 혁신적인 가정용 도구의 도입에 의해 이루어졌다. 1920년대 모더니스트 주방계획과 디자인에 흡수된 그녀의 아이디어를 거쳐 프레드릭의 연구의 영향은 나중에 양 대전 사이에 체험되었다.

프레드릭의 제안은 간단하고, 전통적인 도구의 재구성을 그려내는 것이었지만, 그럼에도 불구하고, 제조업자가 처음으로 가정주부를 합리적인 존재로서 접근하도록 권장하였으며 소비자들이 합리적인 소비 측면에서 생각하도록 격려했다. 그 제안들은 또한 가정주부들에게 특히, 전기로 작동되는 새로운 가정용 도구를 수용하는 올바른 마음의 자세를 주입시켰다. 특히 새로 설립된 제너럴일렉트릭(General Electric)과 웨스팅하우스(Westinghouse)와 같은 가전제품 제조업체와 후버(Hoover)와 선빔(Sunbeam)같은 소규모 가정용품 제조업체들은 매우 신속하게 가정주부의 역할을 전문화하고 그들의 생활을 편하게 하는 새로운 가정용품의 역할을 강조하는 마케팅전략을 개발했다. 알루미늄 팬 생산자들은 백화점에 실험적 주방을 설치하고, 가정경제전문가들로 하여금 새로운 제품사용에 대한 이점을 설명하게 했다.[16]

가사담당 하인을 대체하는 역할을 강조했지만, 한 역사학자는 하인을 둘 정도로 운이 좋은 가정주부는 하인을 머물게 하는 수단으로 구입한다고 완곡하게 주장하기도 했다.[17] 모더니티와 관계성을 표현하고 있지만, 토스터, 전기후라이팬, 전기접시예열기, 음식가열기와 같은 새로운 가정용 도구들이 처음 등장했을 때는 투박한 엔지니어의 형태를 지니고 있었다. 하지만, '모델 T'와 같이, 그것들은 사용 가치를 기준으로 판매되었으며, 기술적 신기함은 소유자에게 강화된 사회적 지위를 제공하기에 충분했다.

1914년까지 발명과 디자인의 차이는 매우 명확했다. 발명가의 역할이 유용한 기술에 새로운 적용성을 만들어내는 것인 반면, 디자이너는 그러한 적용성과 제조산업 그리고 소비자 간에 중요한 접속자로서 행동하는 것이었다. 19세기 후반과 20세기 초반 새로운 개념의 제품이 잇따랐는데, 즉 재봉틀, 전화, 냉장고, 자전거와 자동차 등과 같은 우리가 지금은 친숙한 소비자기계들이 모두 이 당시에 탄생했다. 대부분 그와 같은 새로운 제품은 미국에서 처음 등장했다. 육체노동의 풍요로움을 감안할 때, 새로운 가정용 기계

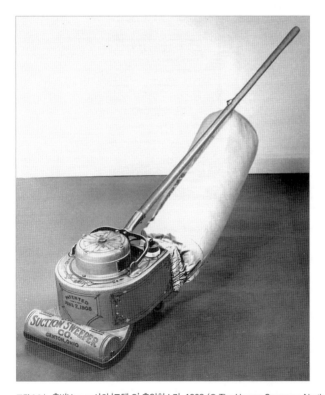

그림 2.3 | 후버Hoover사의 '모델 O' 흡입청소기, 1908 (© The Hoover Company, North Canton, Ohio)

그림 2.4 │ 1920년대 미국 후버Hoover사의 광고 (© The Hoover Company, North Canton, Ohio)

를 만들게 하는 압박은 필연적으로 유럽에서 덜 강력했다.[18]

한번 발명되면, 새로운 상품으로 제조되었고 공개된 시장에서 판매되었다. 첫째로 디자이너의 작업은 그것이 적절한 가격으로 만들어질 수 있도록 확신하는 것이며 더 중요하게는 의미를 부여하고 욕구가 생기도록 시각적으로 만드는 일이었다. 점차적으로 새로운 제품은 그것이 향하는 환경에 시각적으로 그리고 상징적으로 맞춰지기 시작했다. 주방용품은 때때로 하인이나 주부에 의해 사용이 제한되기도 했는데 대개는 투박하고 기계적인 외관을 유지하고 있었다. 한편, 후버의 '모델 O' 전기흡입청소기는 금속 덮개에 아르누보 문양을 뽐내고 있었는데, 집 전체에서 볼 수 있도록 더욱 고급스런 외관을 부여했다. 아침식사 테이블을 위한 토스터에도 종종 표면에 장식이 적용되었다. 따라서 기술적인 발명은 욕망의 의미 있는 물건으로 변환되었고, 그 제품들의 기술적이고 실용적인 특징은 강력한 사회문화적 기능인 미적, 상징적 인공물로서의 역할과 결합되어 왔다.[19]

1차 세계대전 당시, 산업화된 국가의 공공과 개인 분야 모두에서 사물, 이미지 그리고 공간은 그 시대의 기술적 창의성과 제조역량의 결과였던 광범위한 새로운 상품의 출현에 의해 변모되었다. 그들의 등장은 과학의 힘에 대한 강력한 믿음과 세상을 좀 더 좋게 변화시키려는 이유를 만들어냈다. 그러한 믿음은 자본주의 경제가 의존하고 있는 과시적 소비의 비합리적 중요성과 함께 존재했다. 광고주와 마케팅담당자들은 점점 더 많은 상품(특히 주부들이 주방에서 사용할 수 있는 상품)을 팔기 위해 이성적인 논리로 무장하기 시작했지만, 접근성이 뛰어난 사치품의 매력은 소비심리학의 범위 내에서 계속 강력한 역할을 하고 있었다. 제조와 마케팅 그리고 광고에서 프로세스로 정의된 디자인은 계속 번창했으며 모던세상의 중요한 메신저 역할을 수행했다.

모더니티의 재료

비금속은 절세미인으로 변신했으며 우리시대의 표현이다.[20]

20세기와 이후, 새로운 재료의 발견과 생산기술에 있어 혁신은, 디자이너로 하여금 끊임없이 그로부터 파생되는 새로운 사물과 이미지의 새로운 형태에 도전하게 만들었다. 이익증대에 민감하고 가능한 저렴하게 상품을 만들어내는 방법을 찾고 있던 제조업체는, 수공예제조의 전통적인 재료를 새롭고, 저렴하며, 대량생산에 적합한 재료로 대체하기 시작했다. 소비자의 수용으로 기술 및 경제적 모멘텀이 보완 될 필요가 있었기 때문에, 욕구를 자극하고 새로운 재료의 근대적 매력을 강화시키기 위한 적극적인 판매기법이 개발되었다. 디자인은 소비자의 수요를 예측하고, 새로운 기술과 재료를 수용 가능하게 만들면서 기술과 문화 사이의 중요한 다리 역할을 수행하였다.

판유리가 도시의 거리에 전례가 없을 정도의 볼거리를 가져 왔던 반면, 19세기와 20세기 초에 금속은 환경을 바꿔놓았다. 앞서 보았듯이, 무명커튼은 여성 인테리어 장식가에 의해, 시골로부터 이동해 세련된 도시 인테리어의 필수불가결한 구성요소가 되었다. 순수미술가에 의해 개발된 추상형태는 새로운 환경변화에 필요한 영감을 제공했고 모더니티의 민주화는 일상생활의 새로운 미학을 촉진시켰다. 사실, 새로운 물질이 모든 것을 다르게 느끼고 보여 지게 만들었으며, 모더니티를 찬양하던 시대에 매우 적절한 것으로 보여 졌을 거라고 주장할 수도 있을 것이다.[21]

새로운 물질을 만들어내는데 있어, 19세기보다 더 강력히 추진되던 시대는 없었다. 20세기 중반 모더니티의 재료들은, 19세기에 활동하던 많은 사람들의 존재와 엄청난 금액의 자본투자 덕이었다. 양 대전 사이 모더니티의 두 가지 핵심재료인 플라스틱과 알루미늄은 모두 19세기의 중반에 발견되었다. 플라스틱은 품귀현상이 있었던 더 비싼 물질의 대체품으로 개발되었지만, 알루미늄은 발명 당시 활용성을 갖지 못했다. 두 재료의 개발은 여러 가지 공통점을 가지고 있었지만 또한 상당히 달랐다. 하지만 1930년대 그 재료들은 디자이너와 소비자 모두에게 탁월한 근대적 재료로 지각되었다.

프랑스 문화비평가 롤랑 바르트는 '플라스틱은 연금술의 물질이다'를 쓰면서, 플라스틱이 왜 물질문화 소비자에게 있어 카리스마적인 존재였는지를 가장 근접하게 설명했다.[22]

역사가들에 의해, 플라스틱 및 알루미늄은 모두 문화적 변화의 중요한 중개인으로 여겨지고 있다. 로버트 프리델(Robert Friedel)은 그의 책 '플라스틱 개척자: 셀룰로이드 제조와 판매(Pioneer Plastic: The Making and Selling of Celluloid)'에서 반합성 물질은 초기 영화산업과의 연관성 뿐 아니라, 당구공과 같은 제품에의 적용, 모자고정 핀이나 편지봉투 오프너와 같은 진기한 상품을 만드는 능력을 통해 입지를 확립하는데 성공했다고 설명했다.[23] 플라스틱은 셀 수 없을 정도로 많은 적용성과 대중들이 쉽게 인식할 수 있었던 이유로, 알루미늄보다 더 주목을 받았다. 역사적으로, 플라스틱은 특정 상품과 연관이 있었다. 즉 셀룰로이드는 최초의 플라스틱으로 당구공과 영화필름의 재료로 알려졌으며 베이클라이트는 전기조립장치 및 1930년대 라디오 케이스의 재료였다(그림 2.5).

그림 2.5 | 페이다Fada 베이비라디오, USA, 1934 (courtesy of the author)

제프리 마이클(Jeffrey Meikle)의 책 '미국의 플라스틱: 문화역사(American Plastic: A Cultural History)'는 광범위한 플라스틱의 역사에 대한 설명과 모더니티와의 연관성을 제공하고 있는데, 이 책은 '물질적 상품추구의 이상을 포기하는 것처럼 보이는 문명'으로 묘사된 플라스틱의 의미에 초점을 맞추고 있었다.[24] 마이클에게 플라스틱의 수용이란 근대사회의 물질주의 성장을 비춰주는 거울이었으며, 플라스틱은 그에 대한 은유와 재료의 표현 모두가 되었다. 마이클은 베이클라이트가 제품(대부분 라디오)과 연관성을 가지면서 그 자체가 모더니티의 아이콘이 됨에 따라, 근대유선형(modern streamlined style)과 동의어가 되었다고 말했다. 근대 기술은 피터 뮬러-뭉크(Peter Muller-Munk)와 폴 T. 프랭클(Paul T. Frankl) 등과 같은 선견지명이 있었던 디자이너들의 손에 의해 소비될 수 있는 형태로 만들어졌다. 뮬러-뭉크는 "플라스틱은 '시선 끌기'가 필요한 거의 모든 적용분야에 신비하고 매력적인 솔루션으로서 '모던디자인'의 품질보증마크가 되었다"라고 말했는데 이는 수년 뒤 바르트의 주장을 상기하게 만들었다.[25] 마이클은 디자이너들이 플라스틱에 정체성을 불어넣는데 책임이 있다고 주장했다. 발터 벤야민(Walter Benjamin)의 미학적 사고를 참조하자면, 그는 "만약 획일적인 '베이클라이트스타일(bakelite style)'이 없었다면 물건들은 확실히 독특한 아우라를 발산했었을 것이다"라고 주장했다.[26]

플라스틱은 대량 생산에 이상적인 재료였으며 20세기를 통한 그 발달은 민주화된 제품에 대한 사상과 본질적으로 연관이 있다. 양 대전 사이 라디오나 텔레비전세트와 같은 가정용품을 덮어씌우는 물질로서 플라스틱은 전통적인 재료와 경쟁하지 않았으며, 따라서 소비자에게 위협을 조장하지 않았다. 심지어 값비싼 귀중품과 헤어브러시, 파우더용기, 재떨이 등 평범한 가정용품과 함께 나란히 자리를 차지한 플라스틱 장신구는, 모더니티와의 상징적인 연관성으로 인해 상당한 지지를 얻고 있었다. 그러한 물건들은 집에서 편하게 자기미화에 빠지는 중산층 여성의 새로운 자유를 강화시키는데 기여했다(그림 1.6 참조).

　그러나, 1945년 이후, 플라스틱은 한동안 그 아우라를 잃어버렸고 홍콩과 같은 싸구려 물건을 제조하던 곳과 연결되어 좀처럼 사회적 영광을 회복하지 못했다. 하지만 1950-60년대 이탈리아의 유명 디자이너들에 의해 플라스틱은 신속히 구조되었고 상류문화의 안전한 무대로 복귀했다. 장식적 적용에 있어, 플라스틱이 성취할 수 있었던 밝은 색조가, 필연적으로 싸구려 물건을 연상케 하는 자신의 모습을 의미했음에도 불구하고, 플라스틱 제품은 빈번하게 기존 제품의 형태를 모방하고 있었다. 하지만 라디오 같은 새로운 제품에 관심을 가진다면 엄청난 혁신의 여지가 있었다. 당시 많은 디자이너가 빠르게 모더니티의 아이콘이 되었고 지금은 모던디자인의 클래식으로 여겨지는 흥미진진한 많은 새로운 형태에 도전하고 창조하는데 능력을 과시했다.[27] 예로, 1930년대에 영국에서, 세르지 체르마예프(Serge Chermayeff)와 웰스 코츠(Wells Coates)가 디자인한 혁신적 미학의 플라스틱 라디오는 인기 있는 수집 아이템이 되었다. 이목을 끄는 라디오의 몸체 덮개는 복잡한 기계적인 구조를 은폐하고, 동시에 모더니티의 강력한 새로운 이미지를 제공하는 이중적 기능을 수행하였다. 1930년대, 증대하는 매스컴에 대한 관심과 근대시민의 생활에 미친 극적인 영향의 일부로서 라디오의 강력한 문화적 중요성을 감안하면, 플라스틱의 상징성은 상당히 광범위하게 대중적 수용을 보장하고 있었다.

　라디오의 예에서 – 금과 같이 본질적으로 금전적 가치를 가지고 있는 귀중한 재료나 그 안에 추억을 전달해주는 닳아빠진 돌멩이 같은 재료는 제외하고 – 재료는 디자이너의 손을 거치지 않고선 의미를 전달할 수 없다는 사실을 보여주었다. 양 대전 사이의 또 다른 디자인 클래식으로 레이몬드 로위(Raymond Loewy)의 유명한 1934년 게스테트너(Gestetner) 복사기 리디자인을 들 수 있는데, 당시 플라스틱 성형의 기술적 한계를 감안한다면 매우 뛰어난 성과였다. 필연적으로, 생산기술은 디자이너의 능력을 제한하고 있었다. 주조, 기계가공, 라미네이팅, 압연은 플라스틱에 적용할 수 있는 프로세스들이긴 하지만, 성형기법은 그때까지 가장 자주 사용되었던 방법이었다. 1930년대 '유선형'으로 알려진 인기 있는 디자인스타일의 곡선이 널리 유행했는데, 이는 부분적으로, 플라스틱 제품 생산에서 날카로운 모서리가 플라스틱주형에서 빠져 나오기가 힘들다는 사실의 결과였다. 또한, 플라스틱 제품의 표면은 종종 안쪽으로 함몰되어 나타나는데, 이러한 플라스틱 제품의 표면을 보완하기 위해서 왕관모양의 표면처리가 사용되곤 했다. 디자이너의 역할은 그러한 물리적인 특성에 대한 지식을 바탕으로 인공물에 적합한 외형을 부여하는 것이었다. 그 기간 동안 미국과 유럽에 있는 플라스틱공장에선, 재봉틀로부터 사무용품, 진공청소기에 이르기까지 수없이 많은 물건들이 쏟아져 나왔으며, 이러한 제품들은 디자이너들에 의해 근대적 아이덴티티를 가지게 되었다.

알루미늄은 잠재력을 가진 또 하나의 재료로서, 소비자를 설득하기 위해 많은 제조업체에서 기울인 노력에도 불구하고, 초기 적용에 있어서는 대중을 위한 근대적인 재료로서 크게 인정을 받지 못했다. 하지만, 1930년대 말, 비행기동체, 비행선, 식기용품, 자동차 차체 및 아방가르드 가구에서의 사용을 통해, 알루미늄은 비로소 근대적인 이미지를 획득했다.[28] 하지만, 플라스틱과는 달리, 마케팅과 디자인의 도움에도 불구하고, 이 새로운 물질은 알루미늄 냄비가 변색되고 질병을 발생시킬 수도 있다고 생각되었던 사실 때문에, 모더니티의 아우라를 얻는데 많은 어려움을 가졌다. 알루미늄이 유해한 물질이 아니라는 것을 설득하기 위해 피츠버그의 알루미늄리덕션(Aluminium Reduction)사를 포함한 많은 제조회사들이 가정주부들을 대상으로 홍보에 많은 돈을 투자했다. 그들은 제품을 팔기 위해 백화점 쇼룸을 설치하고 윈도

디스플레이에 조언을 했다.[29]

　알루미늄은 초기 운송수단에서 가장 효과적으로 사용되었는데 그러한 사용을 통해 점차적으로 현대의 아우라를 획득하기 시작했다. 양 대전 사이에, 마르셀 브로이어(Marcel Breuer)와 나중에 네덜란드의 게리트 리트펠트(Gerrit Rietveld) 같은 디자이너들은 그들의 가구디자인에서 상당히 무거웠던 철을 대체하는 재료로 알루미늄을 실험했다. 미국의 디자이너 러셀 라이트(Russel Wright)에 의해 알루미늄은 가정영역으로 들어갔다. 안주인으로서의 새로운 아이덴티티를 획득한 가정주부를 겨냥했고, 라이트의 세련된 알루미늄 식기는 집과 식탁에서 환영을 받았다(그림 2.6). 라이트의 선도에 뒤이어, 루렐 길드(Lurelle Guild)와 같은 디자이너의 도움으로 미국회사인 알코아(Alcoa) 역시 알루미늄으로 만든 가정용 제품과 작은 장식용품의 생산으로 이동했다.

그림 2.6 | 러셀 라이트Russel Wright의 빵 예열기, USA, 1935 (courtesy of The Brooklyn Museum of Art)

그러나, 궁극적으로, 알루미늄이 가장 강력한 모더니티의 정체성을 얻은 것은 새로운 교통수단의 재료로서 였다. 그것은 중력을 무시할 수 있었던 비행기의 빛나는 동체로 나타났으며, 이로 인해, 비행기는 디자이너들에 의해 만들어지고 근대적 반향을 끌어안은 많은 다른 형태에 영감을 제공했다.

다른 근대적 알루미늄 제품들이 뒤를 이었다. 1938년 취리히에서 열린 스위스국립전시회를 위한 스위스 디자이너 한스 코라이(Hans Coray)에 의해 만들어진 알루미늄 의자 '란디(Landi)'는 상당수준의 아이콘으로서의 의미를 획득했는데 그것은 그 물리적인 가벼움 때문만 아니라, 경량감을 표현하기 위해 금속에 반복적으로 타공된 작은 구멍을 도입한 결과였다. 알루미늄의 상징성과 기능성은 1940년대 BMW 자동차의 차체에서도 결합되어 있었다. 1945년, 디자인의 개입을 통해, 가볍고, 빛나는 금속인 알루미늄은 모더니티의 모든 재료 중 가장 강력한 상징성을 지니게 되었다.

신소재는 1930년대 미국으로부터 등장한 근대적 형태에 중요한 역할을 했으며 디자이너들에 의해 창조된 이미지는 종종 두드러지게 혁신적이었다. 웨스팅하우스사의 디자이너 도널드 도너(Donald Dohner)는 '다른 재료를 모방하는 것은 일부 엔지니어에겐 흥미로운 기술적 재주일지 모르겠지만, 그것은 신소재의 생득권(birthright)을 강탈하고 정체성과 자연적 미를 파괴시키며, 결국 가치를 떨어뜨린다'라고 주장했다.[30] 그와 같은 신소재가 근대적 아이덴티티를 지니고 있다는 생각은 그 재료와 함께 작업하기로 선택한 다른 많은 디자이너에 의해 널리 수용되었다. 도널드 데스키(Donald Deskey)의 뉴욕 라디오시티뮤직홀 인테리어 작업은 가장 근대적인 재료사용의 예로서 자주 인용되었다. 작가 마틴 그리프(Martin Grief)는 그의 책 '모던 우울증: 1930년대 미국스타일(Depression Modern: The Thirties Style in America)'에서, 그 시대에 사용되었던 합성물질의 긴 목록을 제공하고 있었는데 그 재료들은 피랄린, 파이버로이드, 닉소노이드, 테나이트, 아메로이드, 듀라이트, 텍스토

라이트, 마카롯, 마이카르타, 그리고 인슈록 등을 포함하고 있었다.[31]

소비자는 점점 모더니티와의 연애의 징표로, 자신의 모든 제품에서 새로운 재료를 찾고 있었다. 1933년 시카고에서 개최된 '진보의 세기'전시회에서 알루미늄으로 만들어진 풀만(Pullman)버스가 전시되었는데 이는 마치 신소재의 성지처럼 보였다. 중심 주제는 '산업에 과학의 적용을 통해 가능했던 인류업적의 각본'이라고 묘사되었다.[32] 임시건물이 합판, 경량철, 석면과 석고보드로 제작되었으며, 철이나 메이소나이트, 유리와 같이 각각 다른 재료로 조립되어진 여덟 개의 모델 하우스로 구성된 '주택 및 산업미술'섹션이 있었다.

크롬도금강철 또한 양 대전 사이에 근대적 의미를 가졌는데, 반짝거리며, 반사적인 표면은 점점 더 시각적으로 의식하는 근대 소비자에게 어필했다. 모더니즘의 기교 안에서, 진보적이고, 민주적이며 호의적인 기술은 자연 이상의 가치를 지녔으며, 기술이 그 자신의 사물들을 창조할 수 있다는 생각은 근대세계에서 물질적 표현의 강력한 역할을 했으며 광범위하게 보급되었다. 그러나 동시에, 기술이 가정으로 들어올 수 있게 하는 데는 한계가 있었는데, 예를 들어, 유럽에서 크롬도금 금속관 가구는 단지 가장 아방가르드적인 인테리어에서 적용되었을 뿐이었다.

새로운 재료의 개발은 대규모 미국기업에 의해 이루어졌고, 그 목적을 달성하기 위해서 시각적 창조력을 지닌 미국디자이너들에 의해 형태가 부여되었다. 진보적인 유럽의 건축가-디자이너들 또한 특히 가구 디자인의 영역에서, 새로운 재료를 실험하였다. 프랑스 건축가 르 코르뷔지에(Le Corbusier)가 했던 것처럼, 마르셀 브로이어와 미스 반 데어 로에(Mies van der Rohe)의 노력으로 특히, 금속관 분야에서 독일의 업적이 널리 입증되었다.[33] 19세기에 발견되고 가벼운 중량과 강도의 결합으로 인해 자전거 프레임에 사용되었던 금속관은 가구디자인을 위한 구조적 재료로 제안되었다. 브로이어와 미스, 그리고 르 코르뷔지에와 네덜란드의 마트 스탐(Mart Stam)의 손을 통해, 속이 꽉 찬 천으로 씌워진 의자로부터 덩어리보다는 공간을 강조하는 새로운 골격구조의 의자로 근본적인 변화가 이루어졌다.

핀란드에선, 건축가 알바 알토(Alvar Aalto)가 금속관과 비슷한 역할을 수행하는 데 사용할 수 있는 휘어지고 적층된 합판으로 만든 가구를 만들어냈다. 새로운 벤딩 및 접합공정의 사용을 통해 목재는 새로운 방식으로 작업될 수 있었다. 미국과는 달리, 그러한 새로운 재료에 대한 실험은 디자이너에 의해 주도되었고 산업제조에 덜 의존적이었다. 그러나 소비자 요구의 특성상, 매우 빠르게 그 재료로 만들어진 가구의 산업생산이 실현되었다. 예를 들면, 영국 회사 펠(Pel)에 의해 금속관 의자가 생산되었으며, 1930년대에 핀란드의 코르보넨(Korbonen)가족기업에 의해 생산된 알토의 가구 상당수가 핀마르(Finmar)사를 통해 영국으로 수입되었다.[34]

하지만 신소재는 모던디자인의 형태와 이미지에 공헌한 기술만을 구성하지 않았다. 생산 엔지니어들 또한 새로운 형태가 가능하도록 중요한 역할을 하였다. 예를 들어, 철강 제조에서는 최소한의 이음새를 가지며 제품케이스를 형성할 수 있는 가능한 더 큰 단위조각을 만들어 내는 것이 도전이었다. 모던룩은 자연과는 거리감이 있었으며, 오히려, 마치 하늘에서 떨어진 새로운 인공물 같았다. 이음새가 없는 케이스는 인간의 손길이 닿지 않은 듯이 보이는 과학과 기술의 제품으로 마술과 같은 인상을 주었다. 당시 모두 철로 만들어진 자동차 차체에 많은 노력을 기울였는데, 초기 자동차 중 포드의 '모델T'의 경우 최종 제품은 부품의 조립체라고 할 수 있을 만큼 시각적 효과에는 신경을 덜 썼다. 하지만 금속차체기 발전하면시 유선형의 미학이 자동차의 형태를 통일시켰다. 미국에선 1910년 전체가 금속으로 이루어진 대량생산된 차체가 나타났으며, 프랑스의 시트로엥(Citroën)은 이보다 약간 뒤에 유럽에서 최초로 금속차체를 생산해냈다. 그와 같은 노력은 1930년대 중반, 냉장고의 몸체를 금속 단일체(도어는 제외하고)로 만들어 지게 하였다.

하지만, 당시 작은 반경으로 철을 구부리지 못한 것은 오히려 냉장고가 극적으로 부풀어 오른 형태를 뽐내게 만들었고 이로 인해 주방 안에서 자랑스런 위치를 보장하게 만들었으며, 이는 가정에서 가장 중요한 지위의 상징으로서 가구를 대체하는데 기여했다.

양 대전 사이 자동차와 가전제품(그림 2.7)에 초점을 맞춘 산업이 크게 확장된 한편, 세라믹과 유리와 같은 전통적인 제품을 생산하는 제조업체들 또한 생산기술을 근대화하기 위해 노력했다. 가정 역시 근대적인 무대로 진입하는데 기여한 많은 기술적 변형을 경험했다. 가정 영역에서의 혁신적인 것 중, 욕실에서 리놀륨의 사용, 주방에서 알루미늄 주전자와 팬, 그리고 주방 표면에서 적층플라스틱의 사용, 거실로 도입된 모던스타일의 대량생산된 가구, 벽난로 위에 장식된 성형된 유리와 세라믹 장식, 식탁 위에 플라스틱 손잡이가 달린 나이프와 포크의 사용 등이 포함되어 있었다. 이러한 모든 항목, 그리고 이 외에도 더 많은 아이템들이 일상생활에서 모더니티와의 관계, 그리고 기술과 디자인의 영향을 표현하고 있었다. 패션의 세계 역시 레이온과 인조견의 등장 그리고 잠시 후 나일론의 출현으로 인해 극적인 변화를 겪었다(그림 2.8).[35]

디자인에 의해 거들어지고 부추겨진 신소재의 문화적 영향은 양 대전 사이 많은 사람들의 생활을 근대화하는데 엄청난 기여를 했다. 새로운 생활방식의 물질성과 함께 기계가 만든, 이음새가 없고, 인공적인 제품들이 일상생활에 던져졌던 모든 방식은 소비자에게 세상의 새로운 시야를 제공했다. 그러한 새로운 광경은 자연에 의해 결정되기 보다는 문화에 의해 결정되었으며 이는 산업화 이전에 살았던 세상으로부터 한 걸음 더 멀리 내딛는데 기여 했다.

그림 2.7 | 플로이드 웰스Floyd Wells사를 위한 월터 도윈 티그Walter Dorwin Teague의 가스레인지, USA, 1935 (© Walter Dorwin Teague Associates)

그림 2.8 | 발코라Balcora 벨벳과 레이온을 위한 광고, USA, 1940s (courtesy of the author)

3 산업을 위한 디자이너^{The designers for industry}

미술과 산업

1914년에 이르러, 근대적인 이미지, 사물 및 공간의 형성에 솜씨를 발휘했던 시각적으로 잘 훈련된 새로운 세대가 출현했다. 그들의 역할은 소비자가 내릴 수 있는 결정에 근거한 미적 선택권을 제공하는 것이었다. 그러한 상황에서 디자인프로세스와 디자이너의 업무를 명확히 하는 것은 점점 필수적이 되었다. 하지만 디자인을 위한 어떠한 단일 모델도 나타나지 않았으며 그러한 활동은 산업생산에 필요한 새로운 요구사항과 시장의 불확실성과 함께 과거 장식미술산업에서 발생되었던 것과 같은 방식에 의존하면서 수시로 진화했다. 근대적 일상생활의 시각적 측면에 다양하게 기여하기 위해 순수미술가, 익명의 미술노동자, 건축가, 엔지니어, 공예가, 장식미술가, 상업미술가로 간주되는 시각예술가 등과 같은 다양한 범주의 전문가들의 작업이 필요했다. 전통적 장식미술, 새로운 소비제품, 패션 아이템, 다양한 종류의 민간 및 공공영역 내에서 인테리어 공간과 환경의 2차원 디자인 등과 같은 생산의 다른 영역들은 각자 자신들의 산업과 시장에 맞는 실천모델을 개발하면서 디자인을 수용했다. 동시에 미술과 산업은 사회문화적 메시지와 소통할 수 있는 제품, 이미지 및 공간을 만들어내는 목적으로 서로 전략적 제휴관계를 발전시켰다.

엘리트시장을 타깃으로 하는 장식미술산업은 제품을 매력적으로 보이기 위해 순수미술가를 고용했다. 초기 대량생산제품의 생산은 대규모의 소비자를 목표로 했지만, 종종 여기저기서 미술콘텐츠를 차용하여 산업제조의 기계적 공정에 적용시켰다. 공예제조에서 산업생산으로 전환하는 시점에서 디자인프로세스의 변화와 섬유, 세라믹 등과 같은 상품의 심미적 요소의 창작에 종사하는 사람들을 위해 개발된 새로운 작업에 대한 많은 연구가 이루어졌다. 그 연구들은 특히 분업이 전통적인 관행을 변환시키는 방법에 대해 설명하고 있었다. 18세기부터 20세기 그리고 그 이후까지 디자인 콘텐츠와 함께 상품을 제공하는 수단은 산업에 따라 다르게 존재했다. 예를 들어, 헤이즐 클락(Hazel Clark)은 19세기 영국 칼리코(calico)* 인쇄산업에서 프리랜스 화가들은 이따금 제조업자에게 무늬그림을 제공하고 사내 미술노동자들은 그것을 칼리코에 옮기는 일을 했다고 설명했다.[1] 섬유제조산업이 발달했던 맨체스터에서는 지역의 디자인학교가 종종 지역회사에 훈련된 인력을 공급했다.

아드리안 포티(Adrian Forty)는 초기 대량생산체제의 세라믹산업에서 또 다른 그룹의 예술노동자가 대량시장을 위한 장식적인 도기제조를 위해 등장했다고 주장했다.[2] 하지만, 세라믹제품 시장에서, 덜튼(Doulton)사는 그들의 램버스스튜디오(Lambeth Studio)에서 모형과 도기장식 모두를 위한 순수미술가들을 고용해 좀 더 전통적인 방법으로 제품을 계속 만들어내는 한편, 생산라인의 다른 쪽에선 순수미술가의 투입 없이 디자인된 형태의 석기하수관을 대량생산하고 있었는데, 그와 같은 보다 더 세속적인 생산영역 없이는 미술도자기의 제작이 재정적으로 가능하지 않았을 것이란 걸 추측할 수 있다.[3] 덜튼의 디자인사례는 대개 무명인 사내 미술노동자/디자이너와 종종

● **역자 주)** 칼리코(calico): 인도의 캘리컷항에서 유래한 명칭으로 인도에서 수입한 목면섬유를 뜻함.

상품을 팔기 위해 이름이 사용되었던 외부의 순수미술가/디자이너가 공존했음을 강조하고 있다. 독자적인 미술가는 여러 개의 다른 산업체를 오가며 일했으며 집에 머물면서 필요한 전문기술을 개발하고 있었다.

운송수단이나 새로운 가정용품과 같이 신기술에 의존하는 새로운 제품의 생산에 있어 그 외양을 결정하는 것은 엔지니어의 몫이었다. 초기 자동차 산업에서 엔지니어는 섀시와 구동파트의 제작을 담당했으며 그 구성 부품들은 전통적인 마차제작자에 의해 고안된 차체와 결합되었다. 새로운 엔지니어링 산업에 마차제작자의 작업과 같은 수공예적 실천의 확장은 외관뿐만 아니라 종종 해당 제품의 상징적 의미까지도 결정했다. 이 때문에 초기 자동차는 자주 '말없는 마차'로 불렸다. 그것은 자동차가 세라믹 주전자와 같이 취향실현의 물건으로 간주되기 전이었다. 이후 1920년대, 소비자에게 대량생산 모델들 간의 차별화가 중요하게 되었을 때, 스타일링으로 알려진 예술적 디자인이 자동차 제조의 세계로 진입했다.

대량생산되는 공학적인 제품들은 공공연히 제조공정의 특성을 반영하는 투박한 형태를 만들어냈던 장인, 특히 금속세공인의 솜씨를 드러냈다. 앞서 언급했지만, 예컨대, 후버사의 최초 전기흡입청소기의 표면에 적용한 분홍색 배경에 보라색으로 그린 아르누보의 소용돌이 장식은 실용적인 인공물을 예술적 오브제로 변환시킨 시도였다(그림 2.3 참조). 앞서 설명한 바와 같이, 아름다움의 첨가는 집안에서 디스플레이 역할을 하는 모든 기계에 매우 중요한 것이었다. 1912년에 생산된 미국의 한 전기다리미는 잠재적 소비자의 견지에서 예술과 산업 사이의 격차를 해소하기 위한 시도로, 심지어 '아메리칸 뷰티(American Beauty)'라는 이름이 붙여지기도 했다.[4] 알루미늄 냄비와 프라이팬은 제조과정과 기능적 요구사항 그리고 주방에서의 위치를 반영하는 외관과 함께 20세기 초 중요한 실용적 인공물로 남아있었다. 이러한 제품들이 보여준 디자인의 익명성과 시각적 자기의식의 결여는, 훗날 화려한 외관보다는 실용성에 뿌리를 두었던 미학을 개발하기 위해 노력했던 모더니즘 건축가와 디자이너에게 중요한 영감의 소스를 제공했다. 하지만 아이러니하게도, 시각적 원천으로서 실용적인 형태 선택에 관여된 강한 자의식은 모더니즘 디자인을 예술적 오브제로 변환시켰다.

19세기가 진행됨에 따라, 평판 있는 건축가와 장식미술가들은 그들의 실적리스트에 점차 새로운 제조방식으로 생산된 제품을 추가하기 시작했다. 영국의 아트 앤 크래프트 금속세공가 W. A. S 벤슨(W. A. S. Benson)의 조명디자인에 대한 기여는 좋은 예였다. 그의 작업은 단순화된 스타일로 디자인된 석유램프로부터 청동과 구리로 만들어진 촛대, 그리고 전기조명기구에 이르기까지 다양했다. 그의 사망기사(obituary)는 '그는 작업에 있어 수공예가로서 보다는 엔지니어로서 접근하기를 좋아했으며 그의 아름다운 형태가 일품공예적인 생산보다는 기계에 의해 상업적인 규모로 생산되는 것을 좋아했다'라고 적고 있다.[5] 19세기 후반 장식미술가 중 대다수는 건축적 배경을 가졌으며 대량생산과 연관된 실용성에 대한 사고에 매료되었다. 예를 들어, 식물학자로 교육을 받았던 영국의 디자이너 크리스토퍼 드레서(Christopher Dresser)의 작업범위는 엘리트적인 수공예제품을 포함하는 한편 금속제품의 대량제조업체와 컬래버레이션을 가지는 등 광범위한 활동으로 이루어졌다.[6]

19세기 후반을 통해 건축가는 많은 일상생활용품과 공간을 다루는 디자이너로서 역할을 수행했다. 건물과 인테리어를 창조하는 일 뿐 아니라 응용미술과 산업생산의 영역에 모험을 감행하기 시작한 것이다. 1920년대 후반까지, 그들은 인공 환경에서, 일상 환경을 만든 평범한 상품의 형태의 생성과 장식을 그들 작업의 확장으로 여기면서 제품디자인의 세계를 계속 지배하고 있었다. 영국의 윌리엄 모리스(William Morris), 스코틀랜드 C.R. 매킨토시(C. R. Mackintosh), 벨기에 앙리 반 데 벨데(Henry van der Velde), 핀란드의 엘리엘 사리넨(Eliel Saarinen), 미국의 프랭크 로이드 라이트(Frank Lloyd

Wright)의 경우에서와 같이, 때때로 그들은 자신의 집안 환경에 맞는 적절한 제품과 가구를 시장에서 찾을 수 없었기 때문에, 그 자신과 가족을 위한 집안을 완비하기 위해 텍스타일에서 포크에 이르기까지 그들에게 필요한 모든 것을 직접 만들어냈다. 그들의 작업은 종합예술을 뜻하는 게잠쿤스트베르크(Gesamkunstwerk)에 대한 믿음에서 비롯되었는데, 이는 1860년대부터 1930년대까지 진보적 디자인을 지배했던 개념이었다. 니콜라우스 페브스너(Nikolaus Pevsner)가 1936년에 발표한 그의 획기적인 연구 '모던디자인의 선구자들(The Pioneers of Modern Design)'에서 논의된 디자이너의 대부분은 다른 누구보다도 건축가들이었다. 20세기 초반 건축은 디자인 실천의 강력한 모델이었는데, 사실 철학적이고 미학적인 이상이 이를 뒷받침하고 있었으며 이는 인테리어 공간에 사용하기 위해 만든 가구나 제품에 직접 적용되었다. 아마도 건축가에 의한 디자인의 식민지화는 틀림없이 상업적 실용주의나 기술적 합리주의를 넘어 산업을 위한 모던디자인 이론의 등장을 억누르는 효과를 발휘했을 것이다.

독일 디자이너 페터 베렌스(Peter Behrens)는 새로운 산업제품에 자신의 창의적인 솜씨를 적용하는 데 있어 동시대 가장 앞선 인물이었다. 아르누보 포스터 디자인과 장식미술의 배경으로 그는 독일의 아에게(AEG)사를 위해 전반적인 CI작업을 진행했는데, 그것은 공장들을 비롯해 식당용 날붙이, 홍보물, 그리고 추가적으로 AEG사의 모든 전기제품에 적용되었다(그림 3.1). 그에 앞서 윌리엄 모리스와 앙리 반 데 벨데와 같이 베렌스도 그의 가족을 위한 집과 집안의 모든 내용물들을 직접 만들었다. 그는 AEG사의 CI작업에 동일한 포괄적 접근방식을 적용했다. 그가 디자인한 전기 제품, 특히 팬과 주전자는 전통적인 장식미술의 접근방식과 엔지니어링의 냄새가 강한 보다 실용적인 사고가 결합된 것이었다. 가정환경에서 사용되는 주전자는 표면질감을 뽐내고 있었고 사무실이나 공장에서 사용되는 선풍기는 명백하게 기

그림 3.1 | 독일 아에게AEG사를 위한 페터 베렌스Peter Behrens의 주전자, 1909 (© AEG Hausgeräte GmBH)

계적인 모습을 지니고 있었다.[7]

그 당시 2차원 디자인의 세계에 새로운 디자이너들이 등장했다. 20세기 전환기에, 미국의 광고 분야는 매우 발전된 상태였으며 J. 월터톰슨(J. Walter Thompson)과 같은 광고전문회사는 제조와 아티스트 사이의 중개자 역할을 했다. 종종, 후자는 단순히 신문광고 주변에 장식 테두리를 그릴 때 필요했다. 목각과 석판화 솜씨는 얼마 후 탄생한 광고에 있어 매우 중요한 수단이었다. '디자인을 현실화시키기 위해 고객으로부터 지침을 받아 그림을 그리고 기획을 한 다음 기술자나 식자공 및 인쇄공에게 지시를 하는 사람'으로 정의된 그래픽디자이너는 상업미술가를 뒤이어 20세기 초반을 지배했다(그림 3.2).[8] 공장 생산에서와 같이 광고 산업은 미술과 제조 사이에 절실하게 필요한 다리를 만드는 것이 임무였던 시각적 언어를 구사할 수 있는 새로운 전문가세대의 출현을 이끌었다.

그림 3.2 | 프로피터블 애드버타이징(Profitable Advertising)의 앞표지, USA, 1902 (from the Library of Congress)

그 기간 동안 패키지디자인 또한 확장되었으며 19세기 후반 미국에선, 포장, 브랜드 및 광고가 상품을 인기 있는 제품으로 바꾸어 놓았다.[9] 제품 포장을 만드는 과정은 시각미술가와 함께 카피라이터, 그리고 캔과 포장 제조업자를 끌어들였다. 그들이 만든 아이덴티티는 시각적 이미지에 크게 좌우되었으며 특정 이미지 또는 색상범위를 선택하는 결정은 즉흥적인 방식으로 결정되었다. 예를 들어, 지금은 유명해진 캠벨(Campbell) 수프에 사용되는 빨간색과 흰색은 같은 색상을 착용한 코넬대학(Cornell University) 풋볼팀의 축구경기에 막 참석했던 사람에 의해 제안되었다.[10]

포장된 상품을 효과적으로 전시하는 일은 그 자신이 소매업자인 매장 디자이너나 매장 디스플레이 아티스트의 일이었으며 백화점의 경우 잘 훈련된 전문가가 그 일을 맡고 있었다. 윌리엄 리치(William Leach)는 매장디스플레이에 관한 그의 초기 연구에서, 이 분야 작업의 전문화에 대해 흥미진진한

그림 3.3 | 워스Worth의 이브닝드레스, UK, 1896 (© Musée Galliera)

설명을 제공했다.[11] L. 프랭크 바움(L. Frank Baum)은 사례연구를 통해, 컬러 광고에 의해 만들어진 광경, 전기 간판광고와 우편주문 카탈로그에 따라 매장원두가 어떻게 도시의 시가문화와 모던디스플레이의 핵심적인 측면이 되었는가를 설명했다. 바움은 1889년 쇼윈도담당자협회(National Association of Window Trimmers)를 창설했는데 이는 이 분야에서 일하는 숙련된 아티스트들의 확장된 활동을 전문화하는데 도움을 주기 위한 것이었다.

패션 꾸뛰르 역시 1914년 이전에 등장했으며 명백히 상업적 맥락에서

활동하고 있었다. 파리에 본사를 두고 엘리트고객에게 옷을 공급하며, 연속
생산보다는 일품생산을 했던 영국인 찰스 프레드릭 워스(Charles Frederick
Worth)는 패션쇼에서 처음으로 라이브 모델을 사용하는 아이디어를 창시했
고, 처음으로 그의 이름을 브랜드로서 사용하였다(그림 3.3). 끊임없는 스타
일의 변화에 의존하는 시스템으로, 패션은 그들의 제품과 이미지에 부가가
치를 제공할 필요성이 있는 많은 기업들에 의해 모방되어 질 수 있는 모델
을 제공했다. 많은 상업영역에서 미술의 응용은 소비 선택에 있어 커져가는
취향의 중요성에 대한 제조업체의 표시였다.

　　당시 영향력을 발휘한 디자이너의 대부분은 남성이었다. 몇몇 여성들은
이 분야의 훈련을 받긴 했지만, 그들의 미적 솜씨의 응용은 대부분의 경우
가정을 위한 자수나 장신구디자인 또는 법랑세공작업과 같은 섬세한 공예
에 국한되었었다. 가정생활과의 특별한 관계선상에서 여성은 실내장식을 위
한 선천적인 능력을 가지고 있다고 간주되었다. 1870년대 이미 영국에서 몇
몇 여성들이 하우스 데코레이터(house decorator)로 일을 시작했지만, 그들이
본격적으로 그 시각 분야를 지배하기 시작한 것은 20세기 초였다.[12] 최초의
여성 실내장식가들은 자신의 취향을 믿지 못하는 많은 벼락부자 클라이언
트가 자신의 홈 인테리어를 장식할 사람을 찾고 있었을 때 등장했다. 그들이
만약 좀 더 일찍 시작할 수 있었다면, 20여 년 전, 그들은 건축가의 서비스나
헤르터 브라더스(Herter Brothers)와 같은 고급장식 및 설비회사의 서비스를
사용했을 것이다.[13] 1897년, 장식가였던 캔디스 휠러(Candace Wheeler)는 여
성에 적합한 직업으로 실내 장식가를 옹호했다.[14] 아마추어 여성의 작업은
주로 자신의 개인공간에서 이루어졌으며 물론 무급이었다. 결과적으로 여성
의 직업화 문제는 남성의 문제와 같이 급한 문제가 아니었다. 게다가, 여성
의 일이란 사실상 미와 관계된 것으로 집안에서 그들의 임무란 아름다움을
만들어 내는 것이 당연시 되었다. 20세기 초, 미국의 영화배우 엘지 드 울

그림 3.4 │ 1920년대 미국의 실내장식가 엘지 드 울프Elsie de Wolfe (courtesy of the author)

프(Elsie de Wolfe)는 최초의 아마추어이자 곧 이어 프로페셔널(훈련을 받지 않기는 했지만)한 실내장식가가 되었으며(그림 3.4), 1914년에는 다른 여러 명의 여성이 같은 활동분야에 합류했다.[15] 모던하고 합리적인 시대에 적합한 새로운 미학을 개발하면서 가구와 인테리어디자인에 뛰어들었던 유럽의 남성 건축가들과 비교할 때, 미국의 여성 장식가들은 새로운 모던의 김성을 실감하긴 했지만 역사적인 스타일, 특히 18세기 프랑스 양식의 복구를 옹호하며 좀 더 전통적인 접근을 하는 것으로 보여 졌다. 하지만, 사회의 전반적 수준에서 볼 때 실내 장식은 여전히 무급주부의 임무로 남아 있었다.[16]

　　디자인이 취향을 통해 자신을 표현하고 싶어 하는 사회와 최고의 합리성과 효율성을 갈망하는 제조산업을 조정하는 힘이었다면, 디자이너는 그 방정식의 양면을 이해할 수 있고 둘을 이어주는 다리역할을 하도록 교육받아야 했다. 1914년까지 몇 년 동안, 디자인 교육은 여러 국가에서 크게 확대되었다. 19세기 중반까지 영국에선, 영국 상품의 품질을 향상시키는 수단으로서 산업생산에 미술적용의 중요성에 대해 정부차원의 많은 논의가 있었다. 당시 빅토리아앨버트뮤지엄(The Victoria and Albert Museum)은 노멀스쿨(Normal School)이라는 디자인 교육기관을 운영하고 있었는데, 이는 원래 뮤지엄의 적자를 메우기 위해 1837년 설립되었다. 이 학교를 필두로 핵심적인 제조산업 지역에 많은 학교들이 세워졌다. 이들 학교의 졸업생들은 엔지니어 제품에 예술적 수준을 주입하기 위해 그 지역 산업체에 고용되었다. 학생들은 모델을 카피하고 건축 및 장식 제품에 적용할 수 있는 제도 기술을 발전시킬 수 있도록 장려되었다. 19세기 후반, 다른 나라에서도 영국의 모델과 유사한 디자인교육시스템을 확대시키기 시작했다. 예를 들어, 미국에선 신시내티스쿨(Cincinnati School)이 최초로 등장했고, 독일에선 프러시아상공회의소 감독관이었던 헤르만 무테지우스(Herman Muthesius)에 의해 20세기 초반 전통적인 미술학교가 산업을 위한 아티스트를 훈련시킬 수 있는 학교로 전환되었다.[17]

　시장과는 멀리 떨어져 있으면서 고상한 원리에 따라 운용되는 건축과는 달리, 제품, 패션, 그리고 광고 디자이너들은 기본적으로 시장의 요구조건에 의해 지배되었다. 확장된 취향의 요구와 확대된 제품차별화는 그들의 존재감을 드러나게 만들었다. 그들의 작업은 무엇이 패셔너블한 것인가를 결정하고, 동시에 대중의 취향을 반영하고 형성하여, 대중에게 구매 가능한 다양한 제품과 서비스에 대해 계속적으로 정보를 제공하는 것이었다. 1914년까지 디자인 활동은 그를 둘러싼 각기 다른 철학과 다른 전문적 및 상업적 단체들을 중심으로 수평적이면서도 다양한 범위를 포함하는 명백히 규명되지 않는 활동으로 여겨졌었다. 따라서 디자이너는 경우에 따라 변변찮은 공장 노동자나, 엔지니어, 장식미술가, 건축가, 재단사 또는 상업미술가가 될 수 있었다. 하지만, 자신들을 상업체계 안에서 운용되는 객체로 보는 사람들과, 산업과 사회와의 관계 및 그들의 문화적 역할과 책임에 대해 이상적인 시각을 가진 사람들(대부분 건축가들) 사이에 발생하는 갈등의 징조가 있었다. 양 대전 사이 이 두 가지 접근방식은 서로 공공연히 충돌하고 있었는데, 전자는 공개적으로 디자인의 상업적인 면을 포용하고 있었고 후자는 진보적인 건축과 디자인 개혁의 기치 아래 보호받고 있었다.

컨설턴트 디자이너

근대 산업디자이너는 기술적, 문화적 배경은 물론 대중적 감각을 지니고 있어야 하며, 이 세 가지는 바로 그들에게 판매창출을 수행할 수 있는 자격을 부여해준다.[18]

1914년 이전의 디자인 활동은 명백히 디자인이란 이름이 붙여지지 않았지만, 제조산업과 상업적 맥락의 범주에서 확고히 정립되어 있었다. 사실, 디자인은 마케팅 및 기업아이덴티티 제작과 더불어 이미지와 상품 그리고 환경의 창조가 기본적인 양상이었다. 하지만 직업에 대해 명료하게 설명할 수 있는 개인으로서 디자이너를 폭넓게 이해하는 개념은 이직 존재하지 않았다.

양 대전 사이, 산업을 위한 컨설턴트 디자이너의 개념은 성숙단계에 이르렀다. 그것은 부분적으로 경제 문제에 대한 솔루션이었고, 산업과 상업 분야 및 일반대중의 니즈를 충족시키는 수단으로서, 생산과 소비를 연결시키는 업무의 증가를 의미하는 것이었다. 그들에게 시각화 및 개념화에 있어 전문가적 수준의 높은 솜씨를 발휘함은 물론, 실무자로서 광범위한 산업을 조망할 수 있는 폭넓은 접근능력이 요구되었다.

독일에서 페터 베렌스와 같은 사람들의 작업을 기준으로 볼 때, 최초의 컨설턴트 산업디자이너는 소비자 관행이 극적으로 바뀌었던 1920대 말 미국에서 대중에 의해 인식되었다고 볼 수 있다. 제너럴모터스(GM)사와의 경쟁에 직면하여 발생된 재정적 위기는 헨리 포드(Henry Ford)로 하여금 1926년 그의 리버루즈(River Rouge)공장을 문 닫게 만들었는데, 이는 산업디자이너의 출현에 중요한 순간이었다. 앞서 보았듯이, 소비자의 요구 변화에 대응하여 GM은 보다 유연한 생산시스템을 위해 규격화를 배제했다. 같은 해, GM의 부사장인 알프레드 P. 슬로안(Alfred P. Sloan)은 그의 자동차를 보다 매력적으로 만들기 위해 마차제작자 할리 얼(Harley Earl)을 고용했다.[19] 1927년 GM의 스타일링 부서의 형성은 대량생산되는 자동차에 최초로 미학적 요소를 도입하는 시도로 나타났다. 장식미술산업에서는 오랫동안 통상적인 것이었지만 엔지니어가 최고의 권위를 장악했던 자동차 생산에 있어서는 전례가 없는 일이었다. 슬로안이 나중에 설명한 바와 같이, 얼(Earl)의 최초 GM프로젝트였던 캐딜락 라 살르(Cadillac La Salle)의 상업적 성공에 그의 기여는 엄청난 것이었다. '그 자동차는 1927년 3월 선풍적인 데뷔를 했으며 미국 자동차 역사에 있어 대량생산된 최초의 스타일리스트 자동차로서 이정표를 기록했다.'[20]

자동차산업에서의 경험은 냉장고와 다른 가전제품, 사무기기, 전화기, 라디오 세트와 같은 신기술제품의 제조업체에 의해 빠르게 모방되었다. 양대전 사이, 경제불황에 의해 도전 받고 있던 그들은 경쟁자들을 물리치기 위해 미술적 스타일링을 그들의 제품에 주입시키기로 결정했다. 몇몇 역사학자들에 의해, 1920년대 말과 1930년대에 등장한 미국의 산업디자인이 기록

그림 3.5 | 프랭클린 사이먼Franklyn Simon 백화점을 위한 노먼 벨 게데스Norman Bell Geddes의 윈도 디스플레이,
USA, 1928 (courtesy of the Norman Bel Geddes Collection)

되었는데, 예컨대, 미국의 문화역사학자 제프리 마이클(Jeffrey Meikle)의 *'20
세기 주식회사: 1925–1939 미국의 산업디자인(Twentieth Century Limited:
Industrial Design in America, 1925–1939)'*은 미국에서 산업디자이너란 직업이
어떻게 등장하게 되었는지를 설명하고 있다.[21] 그의 분석은 '기술혁신과 대
량생산이 전에는 사치스러웠던 제품을 소득수준이 낮은 사람들도 이용할
수 있게 만들었다'라는 사실과, 새로운 상품에 수준 높은 모던 럭셔리를 주
입하고 상품판매에 도움이 되는 광고와 매장에 수준 높은 매력을 주입하려
는 디자이너의 열망에 초점을 맞추었다.[22] 당시 선도적인 산업디자이너들이
모던스타일을 빠르게 수용했던 그래픽 광고와 백화점에서 그들의 경력을
시작했다는 것은 결코 우연이 아니다. 레이몬드 로위(Raymond Loewy)는 5번
가 삭스(Saks of Fifth Avenue)에서 일했고 노먼 벨 게데스(Norman Bel Geddes)

는 프랭클린 사이먼(Franklin Simon)매장에서 윈도디스플레이를 담당하고 있었다. 로위가 이후 냉장고 디자인으로 이동한 것은 제품을 둘러싼 상업적 틀을 통해 욕구를 자극하기 보다는 산업제품 자체가 욕구를 불러일으키게 할 필요성을 반영한 것이었다.[23]

스튜어트 이원(Stewart Ewen)은 그의 책 '*소비되는 모든 이미지: 현대문화에서 스타일의 정치학(All Consuming Images: The Politics of Style in Contemporary Culture)*'에서 미국의 산업 디자인의 출현을 문화적 관점에서 접근했다.[24] 그는 산업화가 '문화의 관습적인 옷을 추방시켰다'라고 주장했으며, 미술과 상업의 결합은 AEG에서 발터 라테나우(Walter Rathenau)가 페터 베렌스를 고용하는 데서부터 시작되었고, 생산과 소비 사이의 갭을 이어주면서 그 추방을 상쇄했다고 주장했다. 또한 그는 20세기 초 광고의 선구자였던 어니스트 엘모 컬킨스(Ernest Elmo Calkins)의 '판매되는 제품과 소비자의 의식(그리고 무의식) 사이에 중단 없는 화상의 복도(imagistic corridor)를 구축하려는' 노력에 초점을 맞추면서, 그가 양 대전 사이 소비자문화와 미국 컨설턴트 디자인 직업 간의 긴밀한 유대관계를 강화시켰다고 설명했다.[25]

당시 가장 잘 알려진 산업디자이너들 중 노먼 벨 게데스, 레이몬드 로위, 월터 도윈 티그(Walter Dorwin Teague) 및 헨리 드레이퍼스(Henry Dreyfuss)는 그들의 경력을 소개하는 데 있어, 스스로를 이상적인 모더니스트로 인식했다는 것을 강조했다. 그들은 근대 유럽의 건축운동에 자신들을 연결 시켰는데, 이는 그들을 상업적 맥락으로부터 분리시키고 모더니즘에 공헌한 위상을 제고시키려는 수단이었다. 예를 들어, 티그는 그의 1940년 '*오늘날의 디자인: 기계시대의 질서의 기술(Design This Day: The Technique of Order in the Machine Age)*'에서 르 코르뷔지에(Le Corbusier), 발터 그로피우스(Walter Gropius) 그리고 미스 반 데 로에를 반복해서 언급했는데 이는 아마도 자신의 이름이 목록에 추가되도록 제안하는 것처럼 보였다.[26] 노먼 벨 게데스 역시 1932년에 출판된 자서전 '호라이즌스(Horizons)'에서 유럽의 모더니즘을 언급했는데, 그의 경우 파블로 피카소(Pablo Picasso)나 폴 세잔(Paul Cezanne) 의 추상화가 그의 미술적 근원이라 주장했다.[27] 그들의 이와 같은 자처는 산업제품에 미술적 가치를 부가한다는 그들의 주장을 강화하는데 기여했다.

1930년대 미국의 컨설턴트 디자이너의 작품에 대한 대부분의 설명이 미래적인 유선형에 대한 그들의 옹호에 집중되었으나, 현실에서는 대부분의 작업들이 리디자인 프로젝트에 몰두되었었다. 또한, 그들은 더 모험적인 시장 뿐 아니라 보수적인 시장을 위해서도 일했는데, 그들의 작업에 대한 기사는 마치 시장지향의 실용주의를 경시하고 당시 언론에 의해 보도되어지는 유명인사처럼 소개하는 경향이 있었다. 타임지와 라이프지는 그들의 작업을 여러 차례 찬양했으며 마치 그들이 할리우드 스타인 양 그들의 일상생활을 자세하게 보도하기도 했다. 그들의 유명인사로서의 지위는 의심할 여지없이 그들 개인적으로는 중요했던 한편, 그들을 고용한 제조업체에겐 즉각적인 부가가치를 만들어내게 되어 더욱 중요했다. 디자이너는 브랜드 자체가 되었으며 그들의 이름은 제품보증서의 형태로 사용되었다.

컨설턴트 디자이너는 그들을 탄생시키고 상품이 구입되고 판매되는 상업적 맥락의 측면을 확장시킨 미국의 상업시스템 안에서 본질적인 구성 요소가 되었다. 하지만, 디자이너가 단지 그들 환경의 산물이었으며, 디자인 변화에 대해 너무 과한 칭찬이 주어지지 말았어야 했다는 것을 입증하기 위한 시도로 아드리안 포티는 레이먼드 로위의 럭키 스트라이크(Lucky Strike) 담배갑 리디자인을 분석했는데, 그린에서 화이트로 색상을 바꾼 것은 사실 개인적 취향인 창작행위였을 뿐인데 오히려 그 시대의 위생과 청결에 대한 강박관념을 반영한 것으로 해석되었다고 주장했다.[28] 포티의 주장은 아마도 실제의 경우보다도 사회문화적 맥락에서 더 과장되었겠지만 그럼에도 불구하고, 그의 주장은 디자이너 작업에 대한 설명에 중요한 균형을 제공했다.

1930년대 미국의 컨설턴트 디자이너들을 통해서 두 가지 중요한 것을 배울 수 있다. 첫째, 그들은 상업 디자인의 직업이 상업과 볼거리의 차원에서 수행되었던 예전의 시각화작업에 의존했던 방식을 보여 주었다. 모더니티의 특성을 정의하는 것 중 하나인 시장의 심미화(aestheticization)는 산업디자이너가 출현하기 전에 시작되었으며, 이미 매장의 윈도디스플레이를 만들어 낸 수많은 아티스트들에 의해 성취되었다. 벨 게데스의 첫 번째 직업은 무대디자인이었으며 극적인 효과를 만들어내는 그의 경험은 매장윈도와 제품을 위한 그의 작업을 논리적으로 이끌었다. 또한 티그는 20세기 초 컬킨스 앤 홀든(Calkins and Holden)이란 광고대행사에서 광고의 장식테두리를 만들었었다. 디자이너들이 그들 자신을 순수한 유럽적 배경을 가졌다고 주장했지만 사실, 그들은 이미 미국의 상업실용주의와 비이성적 소비욕구의 세계에 더 많이 젖어 있었다.

둘째, 미국 컨설턴트 디자이너의 도래는 사물과 이미지 혹은 환경에 부가가치를 주는 디자이너문화의 특성을 대표했으며, 결과적으로 유명 디자이너의 이름표를 부착하게 만들었다. 그들의 이름이 철도열차 또는 비스킷에 적용하는 것과 같이 인공물에 즉각적인 부가가치를 부여한 것은 미국의 1세대 컨설턴트 디자이너의 힘이었다. 이러한 현상에 대해 여러 가지 설명이 제기되었는데, 그 중 가장 설득력 있는 것은 소비자들은 수준 높은 취향을 지닌 사람의 이름과 관련이 있는 물건의 취득을 통해 그들의 아이덴티티를 형성하고자 하는 니즈를 표현한다는 것이었다. 이 설명은 산업화 이전, 생산과 소비 사이의 단절이 있었던 시절, 주문 제작되는 수공예적 물건의 습득을 통해 상류층의 아이덴티티가 보장되었다는 사실에 기인한다. 1930년대, 프랑스의 사회학자 피에르 부르디외(Pierre Bourdieu)가 '문화자본(cultural capital)'으로 묘사했던 것들이 유명 디자이너의 결과물이라고 여겨졌던 물질적 인공물의 시각적인 외양을 통해 소비될 수 있었다.[29] 문제의 문화자본은 가장 통찰력 있는 소비자에 의해서만 인정될 수 있었던 개념인 모더니티와의 결합을 통해 크게 강화되었다. 익명제품의 의인화를 통해 이름을 연관시키는 것은 대량생산제품에 개성을 회복시키는 것처럼 보여 질 수 있었다. 획일화된 제품이 증가함에 따라 개성을 주입시키는 일이 가장 중요한 것이 되었다. 컨설턴트 디자이너는 시장에서 소비자 취향의 다양성을 잘 알고 있었다. 예를 들어, 벨 게데스는 광범위한 소비자 설문을 통해 얻은 시장에 대한 지식을 바탕으로, 필코 라디오(Philco Radio)사에 각각 다른 시장을 겨냥해 디자인한 네 개의 라디오, '하이보이', '로우보이', '레이지보이' 그리고 '라디오축음기'를 제안했다.[30]

자동차산업은 대부분 익명성을 유지하며 사내 디자이너를 두는 것을 선호하는 반면, 가정용 제품과 사무용 기계를 포함하는 소비제품을 생산하는 다른 산업은 전반적으로 산업에 대한 개요를 잘 파악하고 있는 제너럴리스트 컨설턴트 디자이너를 영입함으로써 이익을 얻고 있었다. 1920년 이후 미국에서 등장한 컨설턴트 디자인의 모델은 급속히 다른 나라에서 모방되었는데, 그들은 이를 통해 신흥산업에 디자인을 접목하고 강화된 소비욕구를 이끌어내는 방법을 모색하기 시작했다. 1945년 이후 한동안, 디자인 모델의 보급은 미국의 문화제국주의를 구성하는 전략 중 하나였다.

영국에선 1942년 산업디자인국(DRU: Design Research Unit)이 형성되었으며, 스웨덴에선 산업디자이너 식스텐 사손(Sixten Sason)이 일렉트로룩스(Electrolux)와 핫셀블라드(Hasselblad)회사와 함께 일했고, 이탈리아에선 그래픽 디자이너 마르첼로 니촐리(Marcello Nizzoli)가 올리베티(Olivetti)사와 네키(Necchi)재봉틀 제조업체와 협력을 했다.[31] 서로 방법은 다르지만 디자이너들과 디자인 그룹은 양 대전 사이 미국에서 개발된 상업컨설턴트 디자인의 직업모델을 확장시키고 있었다.

컨설턴트 디자이너는 대부분 새로운 산업제품에 그들 관심의 초점을 맞추고 있었다. 전통적인 장식미술산업 역시 그 역할을 수행하기 위해 컨설턴트 디자이너들을 고용하기 시작했으며 대부분 건축가들이 그 역할을 위해 소환되었다. 양 대전 사이, 그들은 독일에서 실행된 진보적인 작업에 영향을 받은 모던스타일이건, 1925년 파리에서 개최된 국제 미술장식 및 근대산업 전시회(Exposition Internationale des Arts Decoratifs et Industriels Modernes)에서 보여 진 프랑스의 장식미술가에 영향을 받은 모던스타일이건, 그와 같은 스타일로 일하는 경향이 있었다. 영국에서 일했던 뉴질랜드 출신 건축가 키이스 머레이(Keith Murray)는 웨지우드(Wedgwood)사와 스티븐스 & 윌리엄스(Stevens & Williams)사를 위해, 각각 세라믹디자인과 컷글라스디자인을 제공했으며, 독일 바우하우스 졸업생인 마르셀 브로이어(Marcel Breuer)는 영국에

그림 3.6 | 스웨덴 구스타브스베리(Gustavsberg) 세라믹회사의 디자이너 빌헬름 코게(Wilhelm Kåge (courtesy of the Nationalmuseum, Stockholm, Sweden)

잠깐 체류하면서 아이소콘(Isokon)가구회사와 협력했다.[32] 핀란드에선 고란
홍겔(Goran Hongell)이 카룰라글라스웍스(Karhula Glassworks), 스웨덴에선 빌
헬름 코게(Wilhelm Kåge)가 세라믹회사 구스타브스베리(Gustavsberg)의 제품
을 근대화하는데 기여했다(그림 3.6). 독일에선 헤르만 그레치(Herman
Gretsch)가 알츠버그(Arzberg) 세라믹회사와 협력하는 동안 바우하우스 금속
공방 출신 빌헬름 바겐펠트(Wilhelm Wagenfeld)는 몇몇 유리와 금속제조업체
들과 일하고 있었다.

　　그래픽 및 패션디자이너 직업 역시 그 당시 그들의 근대적 역할을 강화
하고 있었다. 유럽의 모던 그래픽디자이너들은 영국의 19세기 개혁운동에
뿌리를 두고 있었으며(그림 3.7), 같은 세기의 포스터운동 역시 엄청난 영향
을 미쳤다. 제레미 에인슬리(Jeremy Aynsley)가 그의 1914년 저서 '세기의 그

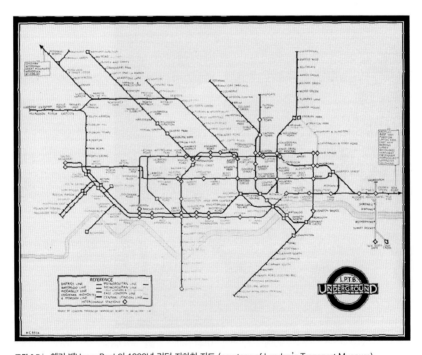

그림 3.7 | 헨리 벡Henry Beck의 1933년 런던 지하철 지도 (courtesy of London's Transport Museum)

래픽 디자인: 20세기 그래픽디자인의 선구자(A Century of Graphic Design: Graphic Design Pioneers of the 20th Century)'에서 설명했듯이, '책과 포스터미술이 1920년대에 전면적으로 등장하게 된 그래픽디자인이란 커다란 전체개념에 포함되고 있었다.'[33] 패션디자이너 또는 양재사(couturiers)들은 이미 오래 전부터 존재해왔다. 대부분 파리에 위치한 그들은 주문제작과 수제의류를 전 세계의 부유한 고객들에게 공급해왔었다. 하지만, 재봉틀과 공장생산 시스템의 등장으로 기성복 의류는 더 큰 시장을 겨냥하게 되었으며, 20세기 초 양재사의 집에서 생산되고 양재사의 이름을 통한 마케팅으로 공급되던 상류시장에 강한 영향력을 미치게 되었다. 이는 패션디자이너의 상표화된 개인주의로서 제조업체가 디자이너의 이름을 통해 더 많은 상품을 판매하게 하는 데 영감을 주었다(그림 3.8). 디자이너브랜드가 패션의 세계에서 발전되었다는 점을 감안할 때, 산업에서 그것을 대량생산에 사용하는 데 있어선 상대적으로 느렸다. 하지만, 양 대전 사이 파리를 거점으로 하는 샤넬(Chanel), 랑방(Lanvin)과 스키아파렐리(Schiaparelli)와 같은 디자이너브랜드는 세계패션을 지배하며 상당한 영향력을 행사하고 있었다.

당시 여성이 전문디자이너가 될 수 있는 기회는 증가했지만 그 기회는 모든 디자인 분야에 고르게 분산되지는 않았다. 남성 디자이너가 새로운 기술주도적 산업에서 일하고 있던 반면, 여성은 일반적으로 세라믹이나 섬유 디자인 분야에서 일하고 있었음을 발견할 수 있었다.[34] 수제트 워든(Suzette Worden)과 질 세든(Jill Seddon)의 양 대전 사이 영국에서 디자이너로 일했던 여성에 대한 조사연구는 당시 많은 여성디자이너가 존재했지만 대부분 그들의 이름은 역사 속에선 사라졌으며, 예상대로, 그들은 공예, 섬유 및 그래픽디자인(특히 일러스트레이션) 분야에서 가장 성공적이었다.[35] 이 시기 여성 디자이너에 관해서는 손에 꼽을 만큼 적은 수의 모더니스트에만 초점이 맞춰졌다. 그 중 에일린 그레이(Eileen Gray), 샤를로트 페리앙(Charlotte Perriand)

그림 3.8 | 코코 샤넬Coco Chanel의 이브닝드레스 스케치, France, 1930s (© Musee de la mode et du textile, de la collection: UFAC)

과 릴리 라이히(Lilly Reich)와 같은 소수의 여성이 특히 개인영역 또는 장식미술산업 분야에서 성공적으로 일을 했는데, 예컨대, 인테리어 장식에 있어선 엘지 드 울프, 루비 로스 우드(Ruby Ross Wood), 낸시 맥크릴랜드(Nancy McClelland) 및 시리 모옴(Syrie Maugham)이, 세라믹에선 수지 쿠퍼(Susie Cooper)와 클라리스 클리프(Clarice Cliff)가, 양탄자디자인에선 마리온 도온(Marion Dorn)이 있었으며, 이외에 미술 생산산업에 종사한 무명의 여성, 세라믹 제조에 참여했던 여류화가들 또는 홈양재 또는 홈자수 등의 분야에서 아마추어로 활동한 여성들에 초점을 맞추고 있다. 여성연구 분야에서 '역사

에서 감춰진'의 접근방법으로 잊혀 진 이름들을 계속해서 밝혀내는 동안 전
반적인 그림은 명확해졌다. 즉, 새로운 기술중심 산업분야의 디자인은 남성
중심적이었고, 모더니스트 미학의 스펙트럼에서 가장 공격적인 끝단은 대부
분 남성건축가에 의해 주도되었다. 일반적인 관점에서 여성은 모더니티의
보수적인 모델을 수용하고 있었으며 규모가 크고 전문적인 디자인 실행의
세계에는 참여하지 못했다.[36]

1939년까지, 여전히 다양한 모습이면서도 명백하게 이름이 부여되진 않
았지만 산업을 위한 직업적인 디자이너가 등장했다. 하지만 더 중요한 것은
디자이너문화, 즉 디자이너가 모더니티의 정신 안에서 확실하게 보호되고
이와 더불어 미술과의 연관성으로부터 발생하는 부가가치를 생산된 이미지
와 사물에 주입할 수 있다는 개념이 또한 광범위하게 나타나게 되었다. 의심
할 여지없이, 상품을 홍보하기 위해 이름이 사용된 디자이너 그 자신도 그
과정에서 소비되고 있었다. 그들은 다른 사람들에게는 거부되었던 지식과
권력에 인지된 접근방식을 통해, 그들과 연관된 제품, 이미지에 그들 이름만
으로도 가치를 부여할 수 있는 신화적인 존재가 되고 있었다. 그들의 예술적
인 기술과 생산과 소비세계의 접점에서의 그들의 특권적 위치는 그들의 일
상업무가 제시했을 법한 것 보다 더 강력했던 문화적 역할을 보장했다. 동시
에, 그들은 생산과 소비의 세계에 가교역할을 하고 산업제품이 소비자의 요
구 및 욕구를 충족시킬 수 있게 했으며, 가장 중요하게는, 제조업체로 하여
금 사업을 유지할 수 있다고 확신 시켜주며 산업 내에서 매우 실질적인 역
할을 수행했다.

4 모더니즘과 디자인^{Modernism and design}

세기 전환기의 이론과 디자인

우리는 기계에 의해 만들어진 제품이 기능과 형태 사이의 조우에서 적절하게 파생된 '미학'을 소유할 수 있었다는 것을 깨달았다.[1]

19세기에서 20세기로의 전환기에 시각, 물질 및 공간 세계의 디자인을 향한 새로운 접근방식이 나타났다. 과시적 소비에 대해 늘어가는 불만과 더불어, 진보적인 건축가와 디자이너의 국제적 그룹은 공학적 합리주의가 자본주의 시장의 상업실용주의로 이동해 가는데 있어 더 나은 기반을 제공했다고 믿었으며, 이러한 믿음은 오랫동안 장식미술의 역할을 결정했던 원리의 극적인 수정에 토대가 되었다. 그 그룹은 수 세기 동안 서양에서 사회문화생활을 지배했던 예의범절로부터 점차 벗어나고 있었으며 그 중 많은 사람들은 새로운 디자인 언어로서 장식의 개념을 거부했다.

건축 및 디자인 모더니즘의 발전에 대해 많은 책들이 쓰여 졌는데, 그러한 사고들은 19세기 말과 20세기 초에 발생한 기계미학을 뒷받침하고 있었다. 디자인 역사에 대한 많은 글들이 건축가의 글에 초점이 맞춰져 있었으며 근대 세상과의 이론적 관계성을 발전시켰던 디자이너들의 작품을 강조하고 있었다.[2] 1936년, 니콜라우스 페프스너(Nikolaus Pevsner)는 미술공예운동의

그림 4.1 | 머튼 애비|Merton Abbey에 있는 모리스 앤 컴퍼니|Morris & Company의 작업장, England, c. 1900
(courtesy of the London Borough of Waltham Forest, William Morris Gallery)

윌리엄 모리스(William Morris)로부터 바우하우스의 발터 그로피우스(Walter Gropius)에 이르기까지의 계보를 보여주면서, 역사주의에서 모더니즘으로의 전환에 있어 핵심적인 주인공은 건축가와 디자이너였다고 명확하게 지적했다. 그는 오거스터스 퓨진(Augustus Pugin), 존 러스킨(John Ruskin), 아이삼바드 킹덤 브루넬(Isambard Kingdom Brunel)과 같은 근대 엔지니어들과 혁신적인 건축구조에 철과 콘크리트를 사용한 오귀스트 페레(Auguste Perret)와 같은 프랑스 건축가들의 사상을 포용했다. 또한 아르누보와 초기 기계양식의 직선과 곡선의 주역이었던 찰스 레니 매킨토시(Charles Rennie Mackintosh), 오토 바그너(Otto Wagner), 요제프 호프만(Josef Hoffmann), 앙리 반 데 벨데(Henry van de Velde), 엑토르 기마르(Hector Guimard) 등을 비롯해 미국의 건축가 루이스 설리반(Louis Sullivan)과 프랭크 로이드 라이트(Frank Lloyd Wright)도 포함시켰다. 독일공작연맹(Deutscher Werkbund)의 구성원인 페터 베렌스

(Peter Behrens)와 리하르트 리머슈미트(Richard Riemerschmid) 역시 관심 있게 지목되었다. 1차 세계대전 후 지배적인 디자인 사상을 묘사함에 있어 페프스너는 회화의 발전을 모던디자인과 같은 선상으로 놓았던 러시아, 네덜란드, 프랑스 및 독일의 모더니스트 작품에도 초점을 맞추고 있었다.

페프스너는 그의 유명한 계보를 만드는 데 있어서, 그 당시 중요한 역사적 인물로 남아 있는 모더니스트의 개척자집단을 만들었다. 페프스너의 박사과정 학생이었던 레이너 밴험(Reyner Banham)은 그의 중요한 글 '최초 기계시대의 디자인과 이론(Theory and Design in the First Machine Age, 1960)'에서, 의심할 여지없이 모던한 생각을 지녔지만 페프스너가 선택한 미학적 여정에는 자연스럽게 일치하지 않아 그의 서술에 포함되지 않았던 이탈리아의 미래파로부터 독일의 표현주의자들에 이르기까지 일련의 예술가들과 건축가들의 작업과 사상을 추가하면서 목록을 약간 수정했다.[3] 하지만 밴험의 이야기는 많은 부분 페프스너의 글에 근거하고 있었다. 그는 변화의 잠재적 원인이라 믿었던 3가지 요인, 즉 사회적 책임감의 증가(윌리엄 모리스의 추종자들의 작업과 사상으로 요약되고 독일공작연맹의 활동으로 완전히 현실화되었듯이), 건축에 대한 구조적인 접근(비올레 르 듀크(Viollet le Duc)에 의해 실행되었듯이), 그리고 학문적 교육의 전통에 초점을 맞추면서 많은 건축가나 디자이너들로 하여금 그들이 실행했던 작업의 철학적이고 미학적인 바탕을 되돌아 볼 수 있도록 한 힘을 격리시키려 했다.[4] 페프스너와 마찬가지로, 밴험의 설명 역시 모더니즘의 주요 세력으로서 건축가에 특권을 부여했고 순수미술가의 역할을 인정했다.[5] 그는 또한 건축과 산업디자인 사이의 중요한 연결고리를 확립했으며, "모더니스트의 건축적 사고를 위한 영감으로서 공학적 인공물의 역할은 '필요의 근접성'의 가치에 따라 철교와 자전거와 같은 사물로 변한다"라고 설명했던 W. R. 레더비(W. R. Lethaby)의 사상의 중심에 있다고 주장했다.[6] 건축가 및 디자이너와 산업생산 간의 증가하는 제휴 역시 변화의 전령

사로서 주목되었다. 즉, 1907년부터 시작된 독일 AEG사를 위한 페터 베렌스의 작업과 독일공작연맹의 출현은 둘 다 모두 건축과 디자인의 방향성에 강력한 영향을 준 것으로 강조되었다.

새로운 이야기와 더욱 세부적인 연구에 의해 보완되긴 했지만, 지금까지 페프스너와 밴험이 제공한 초기 모더니스트 디자인과 이론에 대한 기술은 심각한 도전을 받지 않았다. 그들은 아직 20세기 초의 건축과 디자인 실천의 한 측면에 대한 유용한 설명을 제공하고 있으며, 그 중 하나는 모더니스트의 이념에 뿌리를 두며 교육기관, 미술관, 그리고 정부기관 등과 같은 20세기의 중요한 디자인기관의 아이디어와 정책을 계속해서 뒷받침하고 있었다.

하지만 그 어떤 것도, 20세기를 통틀어 현실적으론 훨씬 더 다양한 모던 디자인의 문화적 역할과 영향에 대한 완전한 그림을 제공하지는 못했다. 이상적인 모더니즘은 기본적으로 공공영역과 고급문화에 초점을 맞추고 있었다. 그것은 정치적으로 움직였으며 상업영역과 개인부문으로부터 나오는 가치는 배척되었다. 결과적으로, 페프스너의 설명, 밴험의 설명, 어느 쪽도 20세기의 시각, 물질 및 공간적 문화에서 발견할 수 있는 다양한 양식의 변화를 완전히 표현하지는 못했다. 그들은 모두 건축을 의심 할 여지없는 예술의 여왕으로서 특권을 부여했으며 모더니즘 선구자들에 의해 실천되었던 것을 고려해서 인테리어디자인, 가구디자인, 그리고 그래픽디자인만을 언급했다.

그들은 패션디자인, 상업그래픽디자인, 실내장식, 고급상품디자인, 제품디자인, 자동차스타일링 및 극장세트디자인과 매장 윈도디스플레이와 같은 그 시대 물질문화의 다른 대부분의 영역은 배제시켰다. 어느 누구의 설명도 대도시나 서구의 산업화된 세상을 넘어서 보려 하지 않았고,[7] 가장 중요한 것은, 어느 설명도 양 대전 사이 이상으로 벗어나지 않았다는 것이다. 모더니즘의 장기적인 중요성은 20세기와 21세기를 통해 다른 많은 문화집단과 국가들의 열망을 뒷받침하는 패권이념이 되었다는 사실에 있다. 많은 개발도상국들이 한번쯤은 그들이 모던세상에 진입했다는 표시로서 모더니즘을 포용할 필요가 있다고 느꼈을 것이다. 예를 들어, 2011년 중국의 항주(杭州) 미술학교는 독일의 바우하우스로부터 발생된 디자인을 강조하면서 20세기 초의 디자인 컬렉션을 구입하기 위해 엄청난 액수의 돈을 투자한 바 있다.

페프스너와 밴험 모두 인정했듯이, 모더니스트 사고는 아우구스투스 퓨진과 존 러스킨의 글에서 처음 표현된 개혁론자의 생각에 뿌리를 두고 있으며 영국 미술공예운동의 윌리엄 모리스와 연합한 사람들의 사고에서 다시 등장했다. 그들 사고의 중심은 과다하게 장식된 공장의 모조품이라고 느꼈던 불편한 감정이었다. 그들에게 있어, 막다른 골목에서 탈출이란 중세과거의 기독교가치로의 회귀와 자연계에 대한 곁눈질을 포함하고 있었다.[8] 19세기 말, 새로운 디자인 어휘가 영국에 등장했다. 그것은 단순히 소비자의 욕구를 달래려 했던 어리석은 제품으로 볼 수 있는 것들에 대한 표현이었다. 그것은 1850년대 런던에 거주하며 기능을 기준으로 사물을 분류하는 방법을 제안했던 독일인 고트프리트 젬퍼(Gottfried Semper)에 의해 치유되었다. 적절한 장식이냐 아니냐의 문제를 가려낼 수 있는 시스템을 찾으려는 시도로, 그는 '따르는 일'과 '담는 일'과 같은 공통적인 기능을 사물과 함께 연결 지었다.[9] 합리화와 동일한 정신으로, 오웬 존스(Owen Jones) 그리고, 후에 크리스토퍼 드레서(Christopher Dresser)는 근거 없는 장식이라고 생각했던 것을 컨트롤하려 했다.[10]

모더니즘 디자인의 이론적 토대 중 일부는 1970년 허윈 쉐퍼(Herwin Schaefer)에 의해 기록되었다. '토속적 전통(vernacular tradition)'이라고 불릴 수 있는 것을 정의함에 있어, 쉐퍼는 19세기 중산층 소비자의 지위를 나타내는 물건 뿐 아니라, 실용적 가치를 강조한 일상생활을 위한 다른 차원의 생산 또한 존재했다는 것을 지적했는데, 그것은 많은 디자인 개혁가들이 주목하기 시작했던 버내큘러제품의 정직하고 단순한 품질에 관한 것이었다.[11] 사

실, 초기 유럽의 모더니스트 글에서 나타난 미국의 초기 대량생산의 단순한
제품에 대한 강한 경외감이 표현되었다. 예를 들어, 시계, 열쇠, 농업기계 그
리고 규격화된 책장들은 기능적인 것으로, 시각적으로 신경이 쓰이지 않는
기계제품으로 광범위하게 숭배되어졌다(그림 4.2). 하지만, 그러한 낭만적인
우상숭배는 매우 선택적이었다. 가장 중요한 것은 이러한 설명이 미국의 대

그림 4.2 │ 싱어Singer 재봉틀의 첫 번째 특허모델, USA, 1851 (courtesy of the Singer Sewing Company, La Vergne, Tennessee)

량생산의 전체 그림을 설명하지 못했다는 것이다. 단순히 모양에 있어 그들의 제조수단을 반영했던 많은 상품들이 포함되었고, 또한 그것은 인공물의 과다생산에 대한 원인이었으며, 높은 수준의 정교함과 스타일을 통한 일상생활의 실용성보다는 사회적 지위에 더욱 가깝게 연관되어 있었다.[12] 후자의 속성은 세련되고 도시적인 사회를 위해 만들어진 많은 상품의 특성이었다.

1948년 지그프리드 기디온(Siegfried Giedion)의 영향력 있는 글 '기계화의 지배(Mechanisation Takes Command)'를 포함하여 몇몇 모더니스트의 글에서 표현되었던 공리주의 신화는 새로운 소비자가 상품의 세계 그리고 그 복잡한 의미와 타협할 수 있었던 단명한 순간에 바탕을 두고 있었다.[13] 순수의 시대에 대한 모더니스트의 그리움은 디자인의 상업적 맥락에 대한 그들의 깊은 우려에 대한 반응이었다.

신화의 여부에 상관없이 초기 기능주의 이론의 힘은 부인할 수 없는 것이었다. 그를 뒷받침하는 합리주의의 강한 의식이 20세기 시작과 더불어 미국인들의 많은 생활영역에 스며들고 있었다. 공장과 사무실 업무에서 테일러리즘(Taylorism: 테일러의 과학적 관리기법)의 영향은 미래가 일상생활에 과학적 방법의 적용을 통해 미래가 정의될 수 있다는 이미 널리 퍼진 신념을 나타내고 있었다. 자신의 작업 영역을 구성하는 방법에 대한 관리자에 대한 권고가 되어 버린 광범위한 측정 및 계산은 과학의 규칙에서 공유된 믿음의 일부였다. 이어 가정영역에 침투된 테일러리즘은 이념적인 지배를 강화시켰다. 럭셔리기차인 풀만(Pullman)열차와 대양정기선들의 식당칸에서 필요했던 효율적 공간사용은 모더니스트 건축가들에게 있어, 그들에게 맡겨진 소규모 주거프로젝트의 주방 공간을 정의하는데 교훈을 제공했다.

20세기 초, 디자인 모더니즘의 이론적 토대는 영국에서 미국으로 그리고 유럽대륙으로 이동했다. 그것은 미국에서 등장한 병렬적인 아이디를 수렴했으며 조각가 헨리 그리노(Henry Greenough)의 글로 예증되었다. 그의 짧은 논문 '형태와 기능(Form and Function)'에서, 그는 엔지니어에 의해 달성된 단순한 미학을 찬양했다.[14] 그의 동료였던 최초의 모더니스트들과 마찬가지로, 그는 사회적 디스플레이로서의 디자인에 대한 불안에 부분적으로 응답하는 생각을 진화시켰다. 그는 '패션은 너무 오랫동안 존재해 왔고, 우리에게 거부할 수 없을 뿐 아니라 그로부터 탈출하기 어려울 정도로 강력한 영향력을 행사하고 있다… 나는 패션을 진행되는 것처럼 보이려는 정지의 필사적인 노력으로 생각한다'라고 주장했다.[15] '형태는 항상 기능을 따른다. 그것이 법이다'라는 시카고 건축가 루이스 설리반의 유명한 말은 건축과 디자인의 합리적인 방법론을 찾으려는 미국의 탐색을 더욱 강화시켰다.

유럽 본토에선, 비슷한 생각이 20세기 초 독일공작연맹 및 오스트리아 공작연맹의 회원들에 의해 표현되고 있었다. 그 상황에서 가장 강력하고 영향력 있는 연구 중 하나는 오스트리아의 아돌프 루스(Adolf Loos)의 '장식과 범죄(Ornament and Crime)'였는데, 이 연구에서 저자는 전에 볼 수 없었던 강도와 열정으로 장식을 거부했다. 루스는 장식의 거부를 통해, 인류가 점점 문명화가 되었다고 주장했고, 가장 성숙한 사회는 가장 단순한 형태로 대표되고, 그 원리를 개발하는 것은 건축가와 디자이너의 책임이라고 주장했다.

그는 '자신을 문신하는 근대인(The modern man who tattoos himself)'은 범죄적이거나 타락적이라고 쓰고 있다. '장식은 노동력을 낭비하고 따라서 건강을 해쳤으며 항상 그래왔다'라고 주장했다.[16] 그의 연구는 여권신장 건축 역사학자인 베아트리츠 콜로미나(Beatriz Colomina)의 연구대상이 되어 왔는데, 그녀는 루스가 비록 자신의 인테리어 디자인이 그 자신의 말과 일치하지 않았지만 그의 글에서 예측할 수 있었던 것보다는 훨씬 더 복잡하고 감각적인 것이었음을 보여주었다.[17]

20세기 들어, 건축가와 디자이너들은 그들의 출발점으로 자연세계와 개인주의에 초점을 맞추는 것을 버리고 기계생산의 합리주의를 취하는 좀 더 객관적인 공식을 찾으려 했다. 그 두 가지 방법 사이의 대비가 아르누보 운동의 두 얼굴에 반영되었다.[18] 즉 그 곡선적인 표현에서, 아르누보운동은 자연의 꼬불꼬불한 형태를 추구하는 한편, 네오플라토닉주의에 의거한 직선적인 디자인을 이야기하고 있는데, 예를 들어, 본질주의자들은 자연을 근거로 하는 기본적인 형태를 '의자다움'의 본질과 결합하는 방식으로 접근하고 있었다. 그와 같은 디자인에의 접근방식은 1917년 네덜란드의 게리트 리트펠트(Gerrit Rietveld)가 그 유명한 '레드블루체어(Red-Blue chair)'를 만들어냈을 때 정점에 이르렀다. 요제프 호프만, 찰스 레니 매킨토시, 오토 바그너와 그 외 다른 사람들의 작품들도 같은 방향으로 한 걸음씩 내딛고 있었다. '모든 모던 형태가 근대 인류에게 잘 맞춰지려면 새로운 재료와 함께 우리 시대의 요구에 부합해야 한다'라고 말한 바그너는 이미 기능주의의 수용을 보여주고 있었다.[19]

19세기 개인주의와 20세기 집단주의 사이의 충돌은 1914년 벨기에 건축가-디자이너인 앙리 반 데 벨데(Henry Van de Velde)와 독일 외교관 헤르만 무테지우스(Herman Muthesius) 사이에 벌어진 대립의 형태로 극에 달했다. 반데 벨데는 이미 아르누보의 원기능주의(proto-functionalist)와 조화를 이루는 몇몇 생각을 지지한 바 있다. '실용성이 아름다움을 만들어 낼 수 있다'라고 주장한 반면, 또한 '장식과 형태는 장식이 형태를 결정한 것처럼 보일 정도로 친밀하게 나타나야 한다'라는 생각을 유지하고 있었다.[20] 그는 형태의 근원으로서 자연을 거부하면서 사물 자체의 내부구조의 표현에 초점을 맞춘 개체상징주의(object symbolism) 이론을 발전시켰다.

무테지우스는 반 데 벨데가 말했던 추상에 대해 강력히 자기주장을 펼쳤는데, 벨기에 건축가인 반 데 벨데와는 달리 그는 산업규격화와 대중을 위해 개인을 희생하는 원칙을 믿고 있었다. 그의 생각에 개개인적 아티스트는 없었다. 그는 대신 모두를 위한 잘 디자인된 대량생산 제품의 가용성을 추구했

그림 4.3 | 스틸러 슈즈Stiller Shoes를 위한 루치안 베른하르트Lucian Bernhard의 포스터, 1907-8 (courtesy of the Poster Collection, Zurich Museum of Design)

다. 두 사람 사이의 활발한 논쟁은 오래 전부터 모더니즘 디자인의 지지자에 대한 근본적인 딜레마로 남아 있었던 것을 정확히 지적하고 있었다. 즉, 기계의 아이디어를 핵심적인 은유로 사용하는 근대적인 미학을 개발하거나, 모든 사람이 모더니티의 혜택을 누릴 수 있도록 상품의 광범위한 가용성을 촉진하는 기계 생산을 위한 디자인을 표현하고 있었다.

　1914년, 모더니즘 건축으로부터 파생된 아이디어가 충분히 형성되었고 디자인을 위한 그 함축적 의미도 명확하게 표현되었지만, 그 당시, 상업적 디자인 영역에는 아직 침투되지 않았다. 상업적 맥락에서 아이디어가 표현되지 않았다기보다는 영역이 더욱 구체적이지 않았다고 말할 수 있다. 예컨대, 실내장식 분야에선 가정인테리어와 개인적 아이덴티티 개발 사이의 관계성에 대한 아이디어가 형성되고 있었지만 대부분의 경우, 편중되게 인기

여성잡지의 독자들을 향하고 있었다. 초기 그래픽디자이너 역시 작업에 적
용할 수 있는 원칙을 제공할만한 과학적 이론을 찾기 시작했다(그림 4.3). 패
션디자이너는 시장의 작동방식에 익숙하고 직관적인 감각을 가지고 있었지
만, 대부분 이론적 논쟁에는 뛰어들지 않았다. 예를 들어 무대세트디자인 및
매장 윈도디스플레이와 같은 전문 분야에서의 아이디어는 실천의 영역과
직접 관련되어 개발되었지만, 그 중 어느 분야의 아이디어도 모더니즘 건축
에서 발산된 20세기 지배적인 디자인 담론과는 경쟁할 수 없었다.

모더니즘의 패권

데 스틸(De Stijl) 운동의 출발점을 가구디자인에 관련짓자면, 편안함을 위
한 것도 아니고, 권위를 위한 것도 아니고, 우아함도 아니고, 일반적으로 승인된
목공작업의 원리에 따른 합리적인 조립을 위한 것도 아닌 단순하게 '디자인되어
진' 최초의 의자를 만들어 내는 데 있었다.[21]

20세기 초 모더니즘 건축과 디자인을 뒷받침해 준 이론적 논쟁의 심화
가 양 대전 사이에 있었다. 특히, 1920년대에 몇몇 중요한 센터에 본거지를
둔 많은 진보적 건축가, 장인, 장식미술가들이 문화적 모더니티와 기술적 변
화의 맥락에서 그들의 작업에 대해 논의하고 있었다. 대부분의 논의는 회화
와 조각에서의 전위적인 움직임이 모던건축이론에서 발생한 합리주의 사고
(여기서 모더니즘이라 일컫는)에 합류하여 하나의 운동을 형성하는 유럽에서
일어났으며, 그것은 20세기 나머지 기간을 비롯해 현재까지도 디자인을 지
배하고 있다. 앞서 보았듯이, 모더니티는 기차역, 교량, 비행기, 자동차와 같
은 물질적 표현과 더불어, 산업생산의 토대라고 믿고 있는 합리주의로부터

영감을 받았다. 무엇보다도 모더니티는 객관성, 총체성, 보편성과 실용성의
개념을 세상에 알렸다. 모더니즘은 정치적, 사회적, 기술적, 그리고 미학적
맥락에서 작동되었으며 그 지지자들은 비이성적이고 여성화되었다고 믿었
던 물질적 모더니티의 얼굴을 가진 상업문화를 거부하면서 연합했다.

　전반적으로 모더니즘 건축 및 디자인에 관해서는 광범위하게 기록되고
있다. 그 중 폴 그린할(Paul Greenhalgh)은 그의 책, '모더니즘과 디자인
(Modernism and Design)'의 서문에서, 모더니즘은 크게 1914-1929년 사이와
1930년대 두 개의 역사적 단계를 가지고 있으며, '첫 번째 단계는 기본적으
로 아이디어의 집합으로 디자인이 어떻게 인간의 의식을 변화시킬 수 있으
며 물질의 조건을 향상시킬 수 있는지에 대한 비전'이었고 '두 번째 단계는
아이디어보다는 스타일에 치중'했다고 설명했다.[22] 1930년대는 기계미학이
국제적으로 보급되어 세계적으로 환경과 내부공간에 진입한 시기로 볼 수
있다. 또한 그 시기는 원래 모더니즘이 만들어냈던 민주주의 신념에 반대하
는 이념을 포용했던 독일과 이탈리아에서 정치체제에 의해 모더니즘이 이
용되었던 때였다. 모더니티의 명확하게 서술된 규칙은 어떤 이념이 지지하
든 권력주의 지배의 효과적인 도구가 되었다.

　윌리엄 모리스(William Morris)의 방식에서 보면 모더니즘의 한 면은 사회
적, 정치적 이상주의와 밀접하게 연결되어 있다. 20세기 초부터, 시각, 물질
및 공간 문화는 유럽 전역에 확산된 급진적 정치 활동에 중요한 역할을 했
다. 예를 들어, 1917년 러시아혁명 후에 그래픽디자이너들이 볼세비키
(Bolsheviks)에 의해 주도된 선전 캠페인에 참여했고, 혁명이 발발하자 블라
디미르 타틀린(Vladimir Tatlin), 알렉산더 로드첸코(Alexander Rodchenko), 카지
미르 말레비치(Kasimir Malevich)와 같은 아티스트와 디자이너의 손에서 만들
어진 건축과 의상, 제품은 중요한 변화의 메신저가 되었다(그림 4.4). 많은 러
시아의 아방가르드 예술가, 디자이너와 건축가가 물질문화의 세계에서 전에

그림 4.4 | 알렉산더 로드첸코Alexander Rodchenko가 디자인한 1925년 파리장식미술박람회의 소비에트관 노동자클럽 인테리어 (courtesy of the Society for Co-operation in Russian and Soviet Studies)

는 퇴영적이었던 사회에 모더니티를 주입시키는 기회를 가졌고, 그러한 맥락에서 이데올로기적 개념으로서 디자인을 정의하는 것은 매우 강력했으며 특히, 엘 리시츠키(El Lissitzky)와 같은 예술가들은 그들의 급진적인 아이디어를 명확히 표현하고 있었는데, 그는 산업용 인쇄 및 타이포그래피 구성에서 모양, 크기, 비율 및 구성에 대한 관심으로 페이지를 구축하는 정교한 접근방법을 개발해냈다. 이미지 및 기본적 형태요소에 대한 그의 구성주의적 접근방식은 은유적으로 새로운 사회의 아이디어에 적용될 수 있었듯이 디자인과 건축에도 쉽게 적용될 수 있었다.[23]

　사회적, 정치적 변화의 메신저로서의 믿음은 양 대전 사이 독일, 프랑스, 네덜란드 그리고 스칸디나비아 국가에서 개발되었던 모던디자인의 원리의 분명한 표현 속에 변함없이 남아 있었다. 디자인이 사회민주주의에 기여할 수 있다는 생각의 수용은 중산층 인테리어를 향해 자주 표현되었던 모더니스트 건축가들의 적대감을 설명하고 있으며, 그것은 또한 사회주택, 최소규모의 주거개념과 그에 대한 가구설비, 그리고 모든 사람에게 유용한 저렴하고 기능적인 상품제작에 있어 규격화의 역할에 대해 천명한 모든 국가에서의 공약을 이해하는데 기여했다.

네덜란드의 데 스틸(De Stijl) 운동은 그들 사이의 위계적 구분의 수용을 거부하면서 미술, 건축, 디자인을 받아들였다. 그 운동은 과거의 스타일은 시대에 뒤떨어졌으며 건축과 디자인은 중요한 사회적 역할을 해야 한다는 믿음으로 연합한 화가, 건축가 및 디자이너 그룹의 아이디어를 공유했는데, 피에트 몬드리안(Piet Mondrian), 테오 반 되스버그(Theo Van Doesburg), 빌모스 휘사르(Vilmos Huszar), 바트 반 데 렉(Bart Van der Leck,), J. J. P. 우드(J. J. P. Oud), 로버트 반트 호프(Robert Van't Hoff), 그리고 게리트 리트펠트가 이에 속했다. 그들은 그러한 역할이 삶을 바꾸는 힘을 가진 이미지와 인공물 및 환경에 있어 심미적 기능을 통해 실행되었다고 믿었다. 낸시 트로이(Nancy Troy)가 설명했듯이, '데 스틸 아티스트는 사회개혁의 대리인으로서 자신의 권리와 함께 심미성우위의 원칙을 고수하고자 노력했다.'[24] 과시적 소비에 대한 모더니스트의 거부와 데 스틸 창작물의 기하학적이고 단순한 컬러에서 비롯된 정화과정은 기본적으로 일용품으로부터의 해방을 가져온 사회적 과정으로 여겨졌다. 그 그룹을 묶어주는 접착제는 '데 스틸'이란 잡지로 1917년부터 1931년까지 간행되었으며 데 스틸 주창자들이 표현한 이론적인 사상들이 그 잡지를 통해 전달되었다. 그 사상들은 개별적인 것과 보편적인 것의 관계성에 대한 믿음, 미래의 사회적, 문화적 생활에 영향을 미치는 미술, 건축 및 디자인의 수용에 대한 신념을 포함하고 있었다.[25]

비록 국제적인 시야를 갖고 있긴 했지만, 데 스틸은 특히 네덜란드의 특수한 상황 속에서 태동했다. 네덜란드는 1차 세계대전에서 중립국의 위치를 채택했고 데 스틸의 주창자들은 계층 간의 구분을 허물고 계급 간에 공유할 수 있는 라이프스타일을 권장하는 환경을 제공하기 위해 노력했다. 폴 오버리(Paul Overy)는 게리트 리트펠트의 트루스 슈뢰더(Truus Schroeder)주택 인테리어가 어떻게 '미래를 위한 모델'로서 그리고 '나중에 공공영역으로 전환될 새로운 생활방식의 상징'으로 의도 되었는지를 보여 주었다.[26] 사회이상주의와 함께 모더니즘의 한 면을 묘사하는 물질성에 대한 수용에 있어, 몬드리안이나 되스버그같은 데 스틸의 멤버는 물질문화에 대해 좀 더 정신지향적인 접근방식을 수용했으며 이는 그들을 신지학(theosophy)*과 루돌프 스타이너(Rudolf Steiner)의 사상으로 이끌게 만들었다. 그들의 정신적 기풍은 바우하우스의 교사였던 바실리 칸딘스키(Wassily Kandinsky)와 요하네스 이텐(Johannes Itten)과 같은 모더니스트의 작품에서 공유되고 있었는데, 그들은 기술이 합리적 기반의 사고만큼이나 비합리적인 사고로서도 영감을 주고 있다고 생각했다.

스웨덴의 건축가와 디자이너들 역시 모던디자인과 사회민주주의 개혁 사이의 결합력을 이해하고 있었다. 스웨덴의 모던디자인운동의 뿌리는 19세기 공예의 전통에 두고 있으며 근대 민주주의와 연관되어 있다. 토착적인 장식미술산업이 그들의 사치스런 배경으로부터 벗어나는 동안 독일공작연맹(Deutscher Werkbund)의 영향으로 1차 세계대전 직후 스웨덴공예산업디자인협회(Svenska Slöjdforeningen)가 결성되고 그들은 사회주택이란 주제로 스톡홀름에서 전시회를 개최했다. 1919년 협회장인 그레고르 파울손(Gregor Paulsson)은 '더 아름다운 일상용품들(More Beautiful Everyday Things)'이란 제목의 엄청난 영향력을 지닌 책을 출간했다.[27] 그리고 1930년도 채 되지 않아

---

* 역자 주) 신지학(theosophy, 神智學): 보통의 신앙이나 추론(推論)으로는 알 수 없는 신의 심오한 본질이나 행위에 관한 지식을, 신비적(神秘的)인 체험이나 특별한 계시에 의하여 알게 되는 철학적·종교적 지혜 및 지식을 뜻함.

스웨덴 모더니즘의 만개가 다른 세계에 알려지게 되었다. 그 해 스톡홀름에 개최된 전시회는 파울손과 군나르 아스프룬트(Gunnar Asplund), 에스킬 순달 (Eskil Sundahl), 스벤 마르켈리우스(Sven Markelius)와 우노 아렌(Uno Ahren) 등 에 의해 기획되었으며 이는 3년 먼저 열렸던 스튜트가르트바이센호프 (Stuttgart Weissenhof) 전시회를 본 따 만든 것이었다. 독일의 기능주의미학이 적극적으로 수용되었으며 '기능은 아름답다'와 같은 슬로건은 그 행사에 참여 한 스웨덴 건축가들을 위한 구호가 되었다.[28] 1930년대 기능주의자(Funkis)와 전통주의자(Tradis)간의 투쟁이 있었지만 궁극적으로 기능주의자의 승리였다.

실제 사회적, 정치적 변화에 연결되는 것으로, 모더니즘을 뒷받침하는 합리주의와 이상주의의 두 가지 특성은 양 대전 사이 디자이너교육에서 분 명히 드러났다. 그 어디에도 독일의 바우하우스보다 더 체계화된 교육적 모 델의 도입을 통해 새로운 디자인언어를 만들어낸 곳은 없었으며 이 모델은 2차 대전 이후 다른 많은 국가의 디자인교육프로그램에 중요한 기초를 제공 했다. 바우하우스의 교장 발터 그로피우스(Walter Gropius)는 그의 책 '새로운 건축과 바우하우스(The New Architecture and the Bauhaus)'에서 '표준화'와 '합 리화'의 이중 원칙이 바우하우스 안에서 이루어지는 모든 것을 뒷받침하고 있다고 설명했다. 그는 '과거에 만들어진 단절은 우리가 살고 있는 시대의 기술문명에 해당하는 건축의 새로운 측면을 직시하게 만들었다'라고 주장 했다.[29] 이전의 데 스틸 아티스트와 디자이너들처럼 그로피우스도 새로운 유 형의 개발이 평등주의 사회를 위한 근본적인 필요조건이라고 인식했다. 또 한, 이전의 운동과 같이, 그는 모든 예술에 동등한 가치를 부여하는 비계층 적 사회를 달성하는 수단으로 디자인의 모든 갈래를 아우르는 기본적 통일 성을 추진했다.[30]

화가인 바실리 칸딘스키와 폴 클레(Paul Klee)는 바우하우스에 부임한 첫 해에 학생들에게 기본원리를 가르쳤다. 그들은 백지방식으로 작업했는데 이는 학생들이 과거로부터 가져오는 것이 아니라 라인, 컬러, 형태의 원료에서 추상적 이미지를 발전시키는 일련의 창의적인 방법을 통해 자신의 작업을 구축하는 것이었다.[31] 그러한 체계적인 정화과정은 학생들에게 새로운 문제에 대한 새로운 해결안을 찾을 수 있게 만들었다. 그로피우스는 나중에 '첫 번째 업무는 관습의 무거운 짐으로부터 학생들의 개성을 해방시키는 것이며 우리의 창의력의 자연스런 한계를 깨닫는 유일한 수단인 개인적인 경험과 독학의 지식을 습득하게 하는 것이다'라고 설명했다.[32] 예비과정 학생들은 돌, 금속, 나무, 점토, 유리, 섬유 작업을 할 수 있는 공예공작실들 중 하나에서 작업을 했으며 이 공작실들은 대량생산을 위한 실험실로 여겨졌다. 거기서 그들은 예비과정에서 습득한 지식과 기술을 적용시켜 의자나, 주전자, 전기조명, 벽걸이 장식과 같은 인공물을 디자인해 만들어냈다. 모든 사물들이 수작업에 의해 만들어진 점을 고려하면 수공예적인 방식이 수반될 수밖에 없었다. 하지만 그것들은 기본적인 구성요소로 만들어졌고 단순하면서도 장식이 없는 심미적 형태를 보여주었으며, 학생들의 창작은 대량생산 뿐 아니라 잠재적인 시제품을 위한 구체적인 상징이었다. 실제로 바우하우스에서 만들어졌던 많은 물건들이 1933년 국가사회주의자들에 의해 폐쇄된 이후에 대량생산에 투입되었다.

바우하우스는 '사물의 형태는 반드시 그 내부구조를 반영한다'는 기능주의 미학을 찬양했고 그것을 사물의 생산에 적용했다. 이론으로서 기능주의는 한동안 건축적 사이클 내에서 존재해왔고 대량생산제품에의 적용은 뒤처져 있었다. 아이러니하게도, 복잡한 소비지 기계디자인에 기능주의 원칙을 적용하는 것은 적절치 않은 것으로 증명되었는데 이는 산업적으로 만들어진 기계 및 전기제품의 복잡성은 바우하우스에서 수용된 공예기반의 아이디어를 복제 할 수 없었기 때문이다. 일련의 구성 원리로서, 기계미학과 기능주의 이론은 내부 구조를 드러내지 않고 은폐에 의해 단순하게 보여 지

그림 4.5 | 르 코르뷔지에Le Corbusier가 디자인한 1925년 파리장식미술박람회의 레스프리 누보L'Esprit Nouveau관 인테리어 (© FLC/ADAGP, Paris, and DACS, London, 2003)

도록 마감될 수 있는 진공청소기나 라디오의 몸체보다 단순한 나무의자와 은제주전자에 더 적절하게 적용되었다.

1957년, 에드워드 로버트 드 주코(Edward Robert de Zurko)는 '*기능주의 이론의 기원(Origins of Functionalist Theory)*'이란 책을 냈는데, 거기서 그는 모더니즘 디자인을 뒷받침하는 이상적인 미학 방법론의 다양한 근원을 설명했다. 그는 아름다움에 실용성을 연관시키는 시도가 고대, 중세, 르네상스, 18세기와 19세기에 근거를 두고 있다는 것을 보여주었다.[33] 피터 콜린스 (Peter Collins)는 그의 책 '*모던건축의 변화하는 이상(Changing Ideals in Modern Architecture)*'의 기능주의 분석 파트에서 기능주의 이론에 대해 상세하게 설명했는데, 그 또한 이 이론이 여러 가지 생물학적, 기계학적, 미식가적, 그리고 언어학적 유사성(analogies)을 가졌다는 것을 보여주었다.[34] 앞서 설명했듯이, 양 대전 사이, 기능주의가 그 적용에 있어 여전히 건축 뿐 아니라 수공예

기반의 생산에도 관련되어 있었기 때문에 산업디자인 세계에의 적용은 좀
더 문제가 많은 것으로 증명되었다. 결국, 실행에 대한 정보를 제공하는 규
칙이라기 보단 대부분 모던 디자이너들이 선호했던 단순하면서도 장식 없
는 기하학적 스타일을 위한 정당화였다.

　엔지니어는 모더니즘 내에서 자주 언급되는 참조의 대상이었다. 프랑스
의 모던건축가 르 코르뷔지에(Le Corbusier)에 의해 '고상한 야만인(noble
savage)'으로 표현된 엔지니어에 대한 묘사는 그를 추종하도록 하는 일종의
격려였다(그림 4.5). 그는, 엔지니어는 '경제법칙에 의해 영감을 받고 수학적
계산에 의해 지배되는 보편적인 법칙과 일치시켜 조화를 달성한다'라고 설
명했다.[35] 유럽의 진보적인 건축가와 디자이너들은 자신들이 기하학적인 미
학개발의 관점에서 전위적인 현대 미술가들과 계속적인 관계를 가지고 일
하고 있었는데, 엔지니어링 제품은 그들이 선호하는 미학을 위한 것이었고,
더욱 중요하게는, 문제해결을 위해 논리적인 경로를 추구하는 그들의 작업
프로세스를 위한 것이었다. 르 코르뷔지에는 나중에 같은 글에서 엔지니어
에 대한 그의 생각을 발전시켰다. 건축원리가 과거 스타일과 취향에 의존했
고 전향적이기 보단 후진적으로 진행되고 있는 반면 공학원리는 근본적으
로 혁신이라고 주장했다. 그러한 취향이 방정식에 들어가지 말아야 한다는
생각은 모더니스트가 공유한 두려움의 표시였다. 때때로, 그 두려움은 병적
으로 나타났는데, 이는 르 코르뷔지에가 과시적 소비에 대한 자신의 불안을
설명하는데 사용했던 언어, 즉 '너무 작은 방들, 쓸모없고 이질적인 사물들
의 집합, 그리고 오뷔송(Aubusson),* 살롱 도톤느(Salon d'Automne)** 스타일의

● 역자 주) 오뷔송(Aubusson): 수백 년 동안 프랑스 중부 오뷔송에서 제작된 고품질의 타피스트리 공예를 총
　칭하는 의미로 쓰여 지며 주로 커다란 장식용 벽걸이나 러그(rug)와 가구 장식품이 포함됨.
●● 살롱 도톤느(Salon d'Automne): 가을전람회란 뜻으로 살롱 내셔널(Salon National)의 보수성에 반발
　해서 만들어 졌으며, 회화 뿐 아니라, 조각, 장식미술 등 다양한 장르가 포함되며 매년 가을 파리에서 개최되어
　가을전람회라고 불림.

수많은 모조품들 위에 지배하는 역겨운 정신'과 같은 표현으로 입증되었다.[36]

모더니즘은 대부분 상업세계를 회피하고 있었으며 대신 갤러리, 디자인 학교, 선언문, 미술저널과 공예작업장 내에 남아있었다. 실현되는 대부분의 프로젝트는 게리트 리트펠트에게 있어 트루스 슈뢰더(Truus Schroeder), 르코르뷔지에에게 있어 마담 사부아(Madame Savoie)와 같이 부유한 클라이언트를 위한 것이었는데, 그 클라이언트들은 물질적, 공간적 형태에 진보적인 아이디어를 표현하려 노력하는 아티스트나 건축가, 디자이너들에게 오픈마인드를 가진 후원자로 행동하는 것을 행복하게 여기는 사람들이었다.[37] 이와 같은 계약은 제조업체와 일하는 디자이너가 경험하는 시장의 제약과 같은 부담이 없었다. 하지만, 불가피하게 그 당시 모더니즘의 이론적 한계를 서술한 순수주의자들에게는 수용되지 않았을 많은 디자인이 실행되고 있었다.

예를 들어, 실내 장식은 모더니즘의 한계를 거의 완전히 벗어나 운용되었다. 그것은 역사주의와 편안한 가정생활의 아이디어에 뿌리를 두고 엘리트 및 출세지향적인 청중을 겨냥했는데, 대부분의 모더니즘 규칙을 저버린 것이었고 순수주의자들에 의해 무시당했다. 가정인테리어에 합리주의의 영향은 거의 없었지만, 부엌 디자인에 있어선 크리스틴 프레드릭(Christine Frederick)의 과학적인 관리아이디어 적용의 형태로 나타났다. 그녀는 원래 디자이너라기보다는 가정상담자였으나 그녀의 접근방식은 1920년대의 에른스트 메이(Ernst May)의 프랑크푸르트 주택개발에서 그레테 쉬테-리호츠키(Grete Schütte-Lihotsky)가 아파트를 위해 창안한 작은 부엌에서 보여 졌듯이 과학적인 것이었다. 이 중요한 도시의 새집마련 프로젝트는 표준화된 수납장치 및 장비를 갖춘 작은 주방을 포함하고 있었다.[38]

디자인의 두 영역, 광고그래픽과 패션디자인은 모더니즘 건축과 제품디자인처럼 매우 이론화되고 이상화된 세계와는 달랐지만, 그 영향을 받은 몇 가지 징후를 보여 주고 있었다. 합리적인 정신보다 오히려 감성에 의해 작용된다는 것을 의식하며, 감성이 심리학의 법칙을 활용한다는 점을 어필하며 그 활동이 과학적으로 보이도록 노력했다.[39] 엘렌 마주르 톰슨(Ellen Mazur Thomson)은 1890년대 이후 광고의 효과를 측정하기 위한 많은 실험이 이루어졌다고 기록했다. 의상 분야 또한 그 기간 동안 개혁운동을 겪었다. 예를 들어 '남성 드레스 개혁당'이 1929년 영국에서 설립되었는데, 그들은 건강을 위한 드레스와 다양한 요구에 부응할 수 있는 드레스 종류의 다양성을 강조했다. 샌들이 구두보다 선호되는 한편, 목 부위가 개방된 셔츠와 함께 신체적 편안함이 중요한 역할을 했다. 인조 실크와 같은 새로운 재료가 남성의 전통 의상으로부터 불필요한 무게를 줄이기 위해 장려되었다.[40]

모더니스트의 디자인개혁은 19세기에 그 뿌리를 두고 있었지만 20세기

그림 4.6 | 1881년 런던의 패션잡지 Le Journal des modes에 소개된 미학적 드레스 (reproduced in Journal of Design History vol.7, no.2, 1994 by permission of Oxford University Press)

그림 4.7 | 발터 그로피우스Walter Gropius가 디자인한 바우하우스건물, Dessau, Germany, 1925/6
Photographer: Walter Funkat (© Bauhaus Archiv, Berlin)

전반까지 쇠퇴하지 않고 지속되었다. 그것은 물질 환경의 질을 향상시키려 했을 뿐만 아니라 사회와 시각, 재료와 공간 세계 사이의 새로운 관계를 구현하고 표현하려 했던 새로운 미학을 개발하려 했다. 모더니스트 캠페인을 뒷받침해준 강한 도덕적 의무는 아마도 모더니스트 개혁의 최우선적 특성이었을 것이다. 이것은 2차 대전 후에 태어났으며 '굿디자인'의 개념은 의심할 여지없이 그 유산이었다. 모더니즘미학에서 장식의 회피는 도덕성과 진실성의 감각을 유발시킬 것으로 여겨졌다. 모더니스트가 논쟁했던 사물이 만들어진 방법은 그 내부구조의 가시성을 통해 명백해야만 했다. 폴 그린할이 말했듯이 환상 또는 모든 종류의 위장은 거짓말과 동의어였다.[41]

앞서 본 바와 같이, 그 훌륭한 이상에도 불구하고, 모더니즘은 복잡한 사물의 디자인에 적용했을 때 그 한계를 가지고 있었다. 스타일을 넘어 이동하려는 의지와 사회를 전체적으로 관통해야만 한다는 신념에도 불구하고, 그 주창자들은 결국 그것이 상대적으로 적은 국제적 청중을 가졌으며 시장의 관점에서 볼 때 그것은 급속히 평범한 스타일로 축소되었다는 사실을 과소평가했다(그림 4.7). 그러한 운명을 피하기 위한 결단으로 그로피우스가 '바우하우스 스타일은 실패의 고백이었고 침체와 무기력으로의 회귀였을 것이다'라고 말했음에도 불구하고, 바우하우스로부터 등장한 모든 사물은 나중에 '모던'이란 강력하게 공유되어진 시각언어로 특징되는 스타일의 통칭적 동의어가 되었다.[42]

궁극적으로, 디자인에서 모더니즘의 한계는 그것이 갈망했던 보편적 수준을 달성하는데 있어 실패에 놓여 있었다. 저자가 '핑크색이기만 하다면: 취향의 성정치학(As Long As It's Pink: The Sexual Politics of Taste)'에서 설명했듯이, 모더니즘이 공공영역에서의 이론에 뿌리를 두고 있는 점을 감안하면, 비합리성 보다는 합리성을 강조하고, 상당히 여성적 활동분야였던 소비영역을 무시했으며 가정인테리어의 역할이나 공공영역의 작업 성향을 가지는 개인 분야를 경시하는 등 모더니즘은 명백히 성적으로 편향된 정체성을 지니고 있었다.[43]

저자의 한 마디: 모더니즘 건축은 가정영역에서 여성취향의 역할에 대한 종지부와 그러한 영향을 단번에 근절시키는 것을 암시했다. 여성들은 남성적 용어로 정의된 모더니티와 물질 환경의 형성과정에서 여성적 가치의 부활가능성을 최소화하려 했던 새로운 건축언어와 타협하면서 전문(남성)건축가와 디자이너의 손을 대체하고 있었다.[44]

하지만, 모더니즘의 한계는 성적 편견뿐이 아니었다. 인종과 계급과 같은 다른 문화적 범주 또한 근시안적이었다. 1930년대 모던건축과 디자인의 매력은 미묘한 메시지를 이해하는 백인 중산층 지식인에 한정되었다. 사회주택의 응용에서 볼 때 계급에 또 다른 계급을 부과하는 것으로 나타났는데 그것은 특히 가정생활의 맥락에서 매우 제한적인 시장 호소력을 가지게 만들었다.

하지만 모던디자인은 제한된 청중에도 불구하고 디자인 이론과 실천에 미친 그 이념은 필적할 대상이 없었다. 그것은 20세기 디자인의 가장 중요한 철학이 될 정도로 국제적으로 디자인 교육제도와 디자인에 초점을 맞춘 기관들을 관통하고 있었다. 따라서 그 영향력은 미묘하게 스며들고 있었으며 현대 세계에서 디자인과 사회 문화와의 관계에 대한 많은 토론을 계속 지배하고 있다.

5 아이덴티티 디자인하기^{Designing identities}

국가의 표현

1914년, 아이덴티티 형성에 있어 개인, 그룹, 기관 및 국가에 의해 사용될 수 있는 방법에 대한 세련된 합의가 등장했다. 크든 작든 모든 규모의 그룹들은 자신의 지위와 권한을 다른 사람들에게 알리기 위해 디자인된 인공물이나 이미지들을 사용하기 시작했다. 즉, 자신의 경제적, 정치적, 기술적, 또는 문화적 권위를 다른 사람에게 설득의 수단으로 사용하기 위함이었다. 기존 및 신흥국가들에게 있어 그들의 정체성을 형성하고 표현하며 자국민과 전 세계에 홍보하는데 있어 디자인만큼 훌륭한 수단은 없었다.

당시 국가 정체성과 디자인을 결합하기 위해 사용하는 전략은 기본적으로 두 가지였다. 그 전략들은 전통공예를 되돌아보고 현재의 상황을 감안하여 재착수하거나, 미래에 대한 확신과 함께 기계시대에 적합한 새로운 형태 개발을 제안하는 산업에 응용하는 미술프로그램을 포함하고 있었다. 필연적으로, 두 가지 전략은 종종 중복되고 있었으며 그들 사이의 경계는 점점 흐려져 갔다.

강한 민족국가와 그들 제국의 통합은 20세기 초 서구 선진국 역사에서 지배적인 테마 중 하나였다. 무엇보다도, 정치와 경제 집단으로서 국가를 강조하려는 욕망과 함께 패권을 장악하기 위한 다툼은 그들을 1914년 국제적 위기로 이끌었고, 그러한 선입견으로부터 흘러나온 강력한 문화적 정체성에 대한 인식은 그 국가에 거주하는 주민 대부분을 위한 것으로 그들 삶의 시각, 물질 및 공간 문화에 의해 형성되고 또한 반영되었다. 디자인과 국가재건프로그램 및 국제경쟁과의 동맹에 대한 이야기가 널리 기록되었고 이 기록들은 20세기 디자인의 가장 익숙한 설명을 곁들이고 있다. 니콜라우스 페프스너(Nikolaus Pevsner)의 '모던디자인의 개척자들(Pioneers of Modern Design)'은 디자인과 국가 간의 관계성을 강조했고, 피오나 맥카시(Fiona McCarthy)의 '영국디자인의 역사 1830-1970(A History of British Design 1830-1970)'과 같은 디자인역사의 글에서도 단일국가의 디자인 성과에 대해 초점을 맞추고 있었다.[1] 맥카시는 국가 정체성이란 그것을 동반하고 있는 시각, 물질 및 공간 문화와 분리할 수 없는 관계라는 것을 설명하고 있었다. 대부분 공식적인 기록으로부터 발췌를 기반으로 하는 그녀의 연구는 필연적으로 디자인의 공식적인 설명을 중요시했다.

존 헤스켓(John Heskett)의 '독일 디자인 1870-1918(Design in Germany 1870-1918)' 역시 국가 정체성에 대한 주제와 그 표현을 통한 국가의 스타일과 디자인의 이데올로기에 대한 탐색에 초점을 맞추고 있었다. 19세기 후반 독일의 통일은 박물관 및 응용미술학교 설립을 포함해 디자인 개혁을 위한 고도의 전략적 프로그램을 수반하게 만들었는데, 다른 나라의 모델 특히 영국과 프랑스를 모방했으며 전시회 개최(예를 들어, 1876년 뮌헨에서 개최된 독일 미술산업전시회), 전문잡지 발간(예를 들어, 실내장식(Innendekoration)이 1891년 다름슈타트에서 출간되었는데 이는 영국의 매우 영향력 있는 스튜디오(Studio)에 2년 앞선 것이었다)과 여러 다른 방식으로 정부기관 끌어들이기[2](예를 들어, 독일 산업을 위한 상설전시위원회를 내무부 안 에 설립) 등과 같은 것이 있었다.[3] 1900년 파리 만국박람회에 브루노 파울(Bruno Paul)과 베른하르트 판콕(Bernhard Pankok)이 디자인한 가정인테리어의 형태로 참가한 독일은 정부의 주도적인 참여를 보여주었다. 당시 영국과 프랑스는 그들의 제국주의적 힘을 일반인에게 공개전시하고 있었는데, 흥미롭게도, 독일이 공공영역 뿐 아니라 가장 친밀한 디자인 공간인 가정인테리어와 같은 민간영역도 신경 쓰고 있다는 것을 방문자들에게 보여주고 있었다.

이념에 근거한 시각, 물질 및 공간문화의 표현은 19세기와 20세기 그리고 현재까지 선진국에서 개최되고 있는 수많은 박람회에 특징을 부여하고 있다. 1851년 영국의 런던 하이드파크에서 열린 박람회를 시작으로 프랑스, 미국 및 다른 개최 국가들은 일련의 이벤트를 기획했다 – 프랑스용어론 만국박람회(universal exhibition), 미국용어론 세계박람회(world's fairs). 각각은 실현해야 할 각기 다른 아젠다를 가졌는데, 국내시장에서 취향의 개선, 경쟁국가와의 무역 강화, 하나의 가치 또는 브랜드 아래 국민의 통합역할을 하는 국가 또는 제국주의(경우에 따라)의 정체성 확립이었다. 폴 그린할(Paul Greenhalgh)의 '임시적 경치: 만국박람회, 대박람회 및 세계박람회 1851-1939(Ephemeral Vistas: the Expositions Universelles, Great Exhibitions and World's Fairs, 1851-1939)'는 그러한 엄청난 이벤트들에 대한 개관을 제공했는데 이는 해당 국가의 힘을 과시하는 것이라고 생각했던 신기술, 원자재와 제조상품 등에 초점을 맞추고 있었다.[4] 디자인은 장식미술품, 새로운 산업제품 및 엔지니어의 성과에 있어 핵심적인 역할을 했다.

영국은 산업변화의 시각, 물질 및 공간적 성과를 전시하는 첫 번째 국가 중 하나였다. 1851년 대영박람회(The Great Exhibition)는 광범위하게 기록되어졌고 다른 나라들로 하여금 따라 할 의무를 느끼게 히는 선례를 만들어, 미국에서 1853년, 1876년, 1893년, 파리에서 1867년, 이어서 1889년과 1900년, 이탈리아에서 1902년 박람회가 개최되었다. 19세기 말까지 영국은 많은 나라들의 마음속에 미술공예운동의 본고장으로 기억되었으며, 19세기 말에 많은 박람회가 개최되었는데 이는 세계의 나머지 국가들에게 영국디자인의 특징화를 이룬 강력한 디자인개혁의 수용을 전달하는 계기가 되었다.[5] 미술공예운동은 영국다움(Britishness)의 대명사로 인식되었고, 여러 나라에 디자인을 통해 근대국가의 정체성을 찾는 모델을 제공했으며, 영감을 얻기 위해 그들 고유의 공예의 근원을 찾게 만들었다.[6]

미술공예운동의 중요성은 영국에서보다 오히려 유럽대륙과 미국에서 더 크게 인식되었으며 국제적으로 여러 디자인운동의 등장을 자극했다. 아이러니하게도, 19세기 중반 빅토리아앨버트뮤지엄(Victoria and Albert Museum)과 전국에 걸친 디자인학교 체계의 설립을 포함해 디자인을 촉진하기 위한 알버트(Albert) 왕자의 노력에도 불구하고, 결국, 영국은 국가를 홍보하는 데 영향력 있는 모던디자인운동을 달성하는 데는 실패했다. 하지만 미술공예운동은 독일공작연맹 형성에 중요한 역할을 했고, C.R. 애쉬비(C.R. Ashbee)의 수공예길드(Guild of Handicraft)는 오스트리아의 비인공방(Wiener Werkstätte)의 직접적인 모델이 되었다. 비인공방은 1903년 요제프 호프만(Josef Hoffmann)과 콜로만 모저(Koloman Moser)에 의해 설립되었으며, 호프만이 '우리는 우리의 공방을 설립했다…비인공방은 수공예생산의 행복한 소음으로 둘러싸여 있으며 러스킨(Ruskin)과 모리스(Morris)의 정신을 믿고 있는 사람들에게 환영 받았다'라고 설명한 바와 같이, 공공연히 영국의 미술공예운동에 영향을 인정했다.[7]

독립국가로서 지위의 문제는 오스트리아-헝가리 제국과 관련된 국가들에겐 매우 중요했다. 월터 크레인(Walter Crane)은 헝가리를 여행했었는데 헝가리가 국가디자인정체성을 발전시키고 있는 것을 알게 되었다. 19세기 말 헝가리에서 설립된 괴델로공방(Gödöllo Workshops)은 미술공예운동에 기반을 두고 있으며 기본적으로 직조공예의 부활을 강조하고 있었다.[8] 헝가리는 근대 국가의 정체성과 전통적인 물질문화를 통합하기 위한 시도의 일환으로서 1872년 응용미술박물관과 1885년 응용미술협회를 설립했다.[9] 박물관은 오스트리아-헝가리의 황제인 프란츠 요제프(Franz Joseph)에 의해 개관되었다. 협회는 전시회를 조직하고 전문잡지출판에 초점을 맞추고 있었으며, 동일 선상에서 여러 다른 나라들은, 영국의 모델에 영감을 얻어 자신들의 미술산업프로그램을 추구하고 있었다.[10]

　체코슬로바키아 역시 디자인을 통한 국가 정체성 표현의 필요성에 반응했다. 세 개의 국제전시회가 1891년, 1985년 및 1898년에 프라하에서 개최되었고, 체코슬로바키아는 이웃국가들을 따라 잡기 위해 근대국가 정체성의 한 부분으로 디자인을 수용하는데 있어 발 빠르게 움직였다. 헝가리와 같이, 체코슬로바키아 역시 민속적인 전통을 되돌아보았고 자신들을 앞으로 투영했으며 도시의 근대성에서 영감을 얻는 것도 활발하게 진행 중이었다. 예를 들어, 유리 제조 분야에서, 얀 코쩨라(Jan Kotera)같은 선도적 아티스트들은 눈에 띄는 모던형태를 만들어냈다. 그 당시 유럽에서 대단히 고취되었던 종합예술(Gesamtkunstwerk)의 정신에 따라, 코쩨라는 실내장식 외에 섬유, 금속, 조명, 벽지, 장판 등에도 작업영역을 넓혔다. 근대시대에 맞는 작업을 보여주기 위해, 그는 또한 심지어 프라하의 전차와 링호퍼(Ringhoffer)사의 철도기차를 디자인하기도 했다.[11]

　하지만 미술을 산업에 적용해 국가의 정체성을 명시한 가장 영향력 있고 효과적인 노력은 독일에서 만들어졌다. 독일공작연맹(Deutscher Werkbund)의 활동은 많은 역사학자에 의해 기록되었는데 그들 중 조안 캠벨(Joan Campbell)과 루치우스 부르가르트(Lucius Burckhardt)가 주목할 만하다.[12] 페프스너는 독일공작연맹을 모던디자인 탄생을 설명하는데 있어 가장 핵심적인 촉매로 인식했다. 20세기 디자인의 진화에 대한 이해에 있어 독일공작연맹의 중요한 의미는 수공예를 지원하기 보다는 산업을 향한 노력이었다. 1907년 뮌헨에서 설립되었으며 그 목표는 단순히 '독일 제품의 디자인과 품질 향상'이었다.[13] 하지만 더 넓은 목표는 개선된 산업제조를 매개로 독일의 통일과 국가 정체성을 회복하고 국제시장에서 독일국가의 우수성을 주장하는 것이었다. 그것은 반세기 이전의 영국과 닮은 열망이었다. 하지만 차이점은, 독일은 그 프로그램을 세기전환기 모더니티의 맥락과 제휴했으며 당시 진보주의 성향의 제품미학을 찾을 수 있었다는 것이었다.

독일공작연맹은 기업가, 미술가, 건축가, 공예가 그리고 대량생산에 예술적, 경제적 측면의 결합 가능성에 관심 있는 사람들을 모으는 토론의 장 역할을 했다. 독일공작연맹은 건축가 페터 베렌스(Peter Behrens)와 아에게(AEG)사의 상당한 지지를 받았으며 이는 다른 나라들이 따라야 할 모델로서 떠받쳐졌다. 베렌스의 작업에 대한 프레데릭 슈바르츠(Frederick Schwartz)의 심층분석은 그의 작업이 그 당시 얼마나 혁신적이었고 엔지니어가 주도하고 디자이너가 따라가던 미국과 영국의 기업에 비해 AEG가 얼마나 앞서가고 있는지를 설명했다.[14] 초기에 공작연맹은 주로 강의, 전시회 및 출판활동들을 지원했다. 또한 제품의 디자인에 대량생산의 합리성 적용을 목표로 기계와 전기 및 운송수단제품과 같은 근대산업제품에 초점을 맞추었다. 공작연맹과 관련된 디자이너들 중 리하르트 리머슈미트(Richard Riemerschmid)는 티펜뫼벨(Typenmöbel)*의 아이디어를 개발하면서 좀 더 전통적인 분야인 가구에 새로운 규격화의 원칙을 적용하기 시작했다. 하지만 그것은 대부분 형태에 관해 합리성과 신플라토닉(neoplatonic) 사고가 적절한 것으로 간주되는 공공영역과 가정에 국한되었다. 문제의 소지가 많은 패션영역이나 시장수요 또는 소비자욕구에 대해선 관심을 두지 않았다. 하지만, 최소주거에 대한 개념은, 특히 연맹회원의 대부분을 차지하는 건축가들에게 중요한 관심사였다. 공작연맹은 기차역이나 공장 등과 같이 건축 환경의 스펙트럼에 있어 보다 기능적인 영역에서 가장 큰 성공을 이루었다. 공작연맹이 1912년 뉴어크(Newark)에서 순회전시를 가졌을 때, 전시회가 가져온 디자인문화는 당시

● 역자 주) 티펜뫼벨(Typenmöbel): 규격화된 가구

디자인을 국가프로그램으로 통합하기 위해 분투하고 있었던 미국에 엄청난 영향을 주었다.

1914년, 그 영향력이 한창일 때 공작연맹은 쾰른에서 대규모 전시회를 개최했다. 필연적으로, 이후 몇 년 동안 이벤트는 빠르게 확장되었고, 1920년대 그리고 이후까지 계속되었지만 20세기 초에 기록된 여세보다 결코 더 강해지지는 못했다. 하지만, 국가 경제와 문화의 한 측면으로 이해된 모던디자인의 선전시스템으로서 공작연맹은 커다란 족적을 남겼다. 이후 오스트리아공작연맹(Austrian Werkbund)이 1910년에, 스위스공작연맹(Swiss Werkbund)이 3년 후, 그리고 영국에서 디자인산업협회(Design and Industries Association)가 1915년에 설립되는 등 다른 나라에서 많은 유사 단체들이 설립되었다. 독일공작연맹은 디자인의 합리적인 모델로서 확고한 임무를 수행했으며 이는 20세기 중반 이후에 걸쳐 디자인교육과 개혁을 지배하려 했던 모던디자인의 철학을 가진 미학을 수반하고 있었다.

1914년에 이르기 전 수년 동안, 북유럽 국가들 또한 공예에 기반을 둔 모던디자인의 모델을 향해 움직이고 있었다. 데이비드 맥파든(David McFadden)은 그의 20세기 스칸디나비아 디자인의 개관에서 이들 국가가 수용한 이벤트와 전략에 대해 명확히 설명했다. 맥파든은 스웨덴, 덴마크, 핀란드의 국가 정체성 형성에 대한 공적인 개입과 그들의 시각, 물질 및 공간 문화와의 강력한 연관성에 대해 설명했고 아울러 전통적인 생산을 변화시키고 모던디자인의 개념을 수용하기 위한 그 나라들의 공예산업에서 사용된 전술들을 소개했다.[15] 스웨덴디자인협회(Svenska Sljödiföreningen)는 독일공작연맹 형성 시점 이미 60년 전부터 존재해오고 있었다. 그 북유럽 단체는 기계생산보다 오히려 수공예품에 전적으로 초점을 맞추고 있었다. 하지만, 협회 회장 그레고르 파울손(Gregor Paulsson)의 1912년 베를린 방문을 통해 독일 디자인개혁의 지식이 곧 스웨덴으로 들어갔다. 그는 공작연맹회원들과 논의를 통해 듣게 된 아이디어에 열광하며 귀국했다. 1917년, 스웨덴협회는 스톡홀름에서 미술산업전시회을 조직했는데, 독일에서 존재했던 동일한 사회민주주의 정신으로, 노동자의 단독주택 디자인을 강조했다. 전시는 협회의 미래 역할에 관한 논의를 자극시켰고 7년 후 공작연맹과 같은 선상으로 재편되었다.

　스웨덴협회는 순수미술가와 제조업체들을 서로 소개시켜주는 고용기관의 역할도 수행했다. 그러한 계획의 직접적인 결과로서, 스웨덴의 세라믹회사인 구스타브스베리(Gustavsberg)는 1916년 미술가 빌헬름 코게(Wilhelm Kåge)를 고용했고(그림 5.1), 이후 유리제조업체 오레포스(Orrefors)는 시몬 가테(Simon Gate)와 에드발드 할드(Edward Hald)를 맞아들였다. 탁월한 미술가로 훈련을 받았지만, 세 사람은 공예기술을 빠르게 습득했으며 곧 모든 생산

그림 5.1 | 구스타브베리Gustavsberg 세라믹회사의 접시제작, Stockholm, 1895 (courtesy of the Nationalmuseum, Stockholm, Sweden)

팀의 다른 멤버들과 긴밀한 협력으로 대량생산 상품을 위한 작업을 할 수 있었다. 그러한 시도는 20세기 스웨덴 디자인의 중요한 전환점이 되었고 그 것은 미술과 산업의 결혼을 의미했으며 이는 20세기가 진행됨에 따라 세계 무대에서 스웨덴의 정체성을 나타내는데 점점 더 중요한 역할을 했다. 스웨덴의 제조업이 전통적인 응용미술산업이었지만 그들은 제품의 미학이 적용 될 수 있는 혁신적인 실천프로그램을 추구했다. 그들은 1차 대전 후, 독일이 발전시켰던 완고한 합리주의와 기하학을 거부했고 대신에 좀 더 부드럽고, 보다 인간적이며, 장식적인 모던스타일을 발전시켰다. 스웨덴의 국내시장은 디자인을 통해 표현되었던 모더니티사상에 의해 탄력적으로 변화되었으며 국가의 강력한 중산층은 비교적 이른 시기부터 모던하고 민주적인 접근방 식을 수용하고 있었다.

덴마크와 핀란드 역시 그들의 국가 정체성과 그 안에서 역할을 하는 시 각, 물질 및 공간문화를 발전시키고 있었다. 제니퍼 오피(Jennifer Opie)는 핀 란드가 1890년대에 독일의 고전주의에 반발했고 국가스타일의 탐색에 있어 보다 낭만적인 성향을 수용했다고 설명했다.[16] 많은 다른 나라들처럼, 핀란 드도 1900년 파리만국박람회에 핀란드관을 설치했는데 이는 미래적이면서 과거적인 것을 동시에 보여주어 국가의 정체성을 나타내고 있었다. 헤르만 게젤리우스(Herman Gesellius), 아르마스 린드그렌(Armas Lindgren), 그리고 엘 리엘 사리넨(Eliel Saarinen)에 의해 디자인된 핀란드관은 당시 핀란드의 국가 정체성에 주입된 카렐리안(Karelian)* 의 전통에 많은 영향을 받은 형태언어를 나타내고 있었다. 주국의 이미지를 만들어내기 위힌 이 팀의 노력은 고유의 배경과 국제적인 모더니티에의 관련성 사이에서 벗어나지 않았으며 그들은 이듬해 재조직되어 핀란드문화에 기념비적인 국립박물관 설계공모에 당선

● 역자 주) 카렐리안(Karelian): 러시아 북서부 핀란드와 국경을 접하고 있는 공화국

되기도 했다.

덴마크는 공공연하게 독일과 동맹관계에 있었으며 신고전주의 이념과 강력히 연결하며 그 국가 정체성을 정의했다. 스칸디나비아의 이웃 국가들과 마찬가지로, 고유의 공예 전통을 찾으려 했고 가구 및 세라믹 제조에 그들의 에너지를 쏟아 부었다. 1888년 코펜하겐에서 북유럽산업전시회가 열렸는데 이는 파리와 런던에서 개최된 박람회와 경쟁하기 위한 것이었다. 그것은 국제무대에서 덴마크가 모더니티 표현을 통해 국가스타일 재건이 절실히 필요했다는 인식을 심어주었다. 다른 많은 나라들과 같이, 덴마크도 영국의 미술공예운동에서 많은 영감을 얻었으며, 금속공예가인 게오르그 옌센(Georg Jensen)과 같은 몇몇 디자이너들이 그 운동에 깊게 영향을 받았다.[17]

북유럽 국가들은 대량생산 산업의 성과에 근거하여 국가 정체성 탐색에 연관된 디자인개혁 프로그램에 착수했다. 비슷한 방법으로, 프랑스 또한 국제무대에서 활약할 수 있는 균일한 문화이미지와 정체성을 키우는 바탕으로 시각, 물질 및 공간 문화 영역 안에서의 성과를 활용하는 방법을 모색했다. 하지만, 프랑스는 근대민주주의 개념보다 전통적인 고급상품거래에 더 초점을 맞추고 있었다. 미술사학자 데보라 L. 실버맨(Debora L. Silverman)은 세기전환기 프랑스의 다양한 공예단체조직이 그들의 과거 성과를 희생하지 않고 앞으로 나아갈 수 있는 개혁 프로그램을 개발하는 방식에 대해 설명했다.[18] 1889년과 1900년의 전시는 프랑스가 그들의 제품을 세계에 보여주기 위한 중요한 무대였다(그림 5.2). 리사 티어스텐(Lisa Tiersten)은 장식미술의 제조가 당시 프랑스 문화의 중요한 측면이었고, 프랑스는 중상주의 국가로 19세기 말 소매업의 발달로 강력한 소비문화를 만들어냈으며 이는 또한 디자인이 취해야 할 방향에 강력한 영향을 미쳤다는 것을 보여주었다.[19] 봉마르셰(Bon Marché)백화점은 1900년 파리만국박람회에서 인테리어를 선보였는데, 이는 프랑스 문화가 특히 고급가구 제작과 같은 전통적인 사치품거래

와의 관계를 유지하고 있었으며 그러한 정체성에 기반을 둔 근대소비문화
를 형성하려는 것이었다. 프랑스는 다른 어떤 국가보다도 모더니티의 표현
을 통해 디자인 발전을 향한 접근에 있어 혁신적이었다. 아이러니하게도, 그
것은 독일에 의해 장려된 민주적 기계미학보다 대중취향 형성에 더 큰 영향
을 미쳤다. 실제로 프랑스는 개인과 국가 정체성이 함께 갈 필요가 있고 근
대적 국가성을 시민들에게 주입하기 위해서는 여성소비자를 타깃으로 하는
것이 중요하다는 사실을 이해한 첫 번째 국가 중 하나였다.

그 당시 미국의 국가 정체성은 수년간 이민의 물결을 통해 흡수된 다양
한 문화에 의존된 상당히 절충주의적인 것이었다. 유럽과 마찬가지로, 미국
역시 19세기 후반 여러 번의 대규모 전시회를 통해 디자인제품을 전시하였다.

1853년 뉴욕전시회는 1851년 영국 수정궁에서 열린 대영박람회의 미국
버전이었으며 거기서 미국은 예일(Yale)자물쇠와 콜트리볼버(Colt revolver)
권총과 같은 당시로선 최신의 기술들을 선보였다. 1876년 미국독립 100주

그림 5.2 | 1900년 파리만국박람회의 전기관The Pavilion of Electricity (courtesy of Paul Greenhalgh)

그림 5.3 | 콜럼비아박람회The Columbian Exhibition, Chicago, 1893 (Photographer C. D. Arnold, courtesy of the Chicago Historical Society)

년 기념으로 필라델피아에서 개최된 센테니얼박람회(Centennial Exhibition)는, 국가의 기술적 기교에 집중했다. 하지만, 1893년에 시카고에서 개최된 콜럼비아박람회(Columbian Exhibition)까지는 미국은 명확히 식민지 부활양식으로 간주되는 고전주의 형태에서 국가 스타일을 찾고 있었다(그림 5.3). 독일과는 달리 오히려 프랑스에 더 비슷하게 미국은 현재와 미래보다 과거로부터 국가스타일을 진화시켜 나갔다. 하지만, 1912년 뉴어크(Newark)에서 열린 독일공작연맹의 전시회는 독일과 비슷한 방법으로 미국을 끌어들이고 싶어 하는 소수의 반응을 이끌었다. 유럽 전통의 영향력으로부터 벗어나려는 미국의 정체성이 등장하기 시작했다. 특히 미국의 움직임은 고유의 토속적인 양식과 연결되어 있었던 미션양식의 가구와 같은 물질문화 속에서 나타났다. 세기 전환기에 미국의 정체성은 소비사회의 발전과 필연적으로 연결되어 있었으며, 그 시기 모든 대량발행부수 잡지, 백화점, 매장디스플레이, 광고 등과 같은 문화를 위한 장비들은 그들의 소비자를 '미국인'으로 만드는데 기여하는 '미국식'의 일환으로 보였다.

1914년까지, 디자인은 특히 유럽에서 서로 경쟁관계에 있는 많은 국가들의 정체성 형성과 소통에 분명히 커다란 역할을 했다. 그것은 국가 정체성을 통해 정부와 기업이 그들의 시민과 고객을 규명하고 또한 시민과 소비자들이 그들 자신을 정의할 수 있게 한 중요한 수단이었다.

기업문화와 국가

이 시대의 국가 정체성 작업은 모던하고 도시화된 첨단기술사회를 표현하는 새로운 수단이었다. [20]

역사학자 에릭 홉스봄(Eric Hobsbawm)은 양 대전 사이의 민족주의에 대한 자신의 글에서 두 가지 중요한 요소를 기억해야 한다고 설명했다. 그는 언론, 영화 라디오와 같은 모던 매스미디어의 부상이 '개인의 관심이나 국가에 의한 계획적인 선전을 위해 사용되는 것 뿐 아니라 국민의 이데올로기를 표준화하고 균일화하며 변화시키는 힘을 가지고 있었다'라고 주장했다. [21] 홉스봄이 그 당시에 비록 '디자인'이란 단어를 그의 목록에서 생략했지만, 산업대량생산의 대리인 그리고 다른 형태의 재생산물(사진, 인쇄와 같은)을 통해 디자인된 사물과 이미지 및 공간은 매스미디어의 중요한 구성요소가 되었다는 것을 알 수 있었으며, 사실, 표현으로서의 다양한 명시, 즉 이미지와 물리적인 사물 및 환경은 다른 어떤 매스미디어의 얼굴보다 훨씬 설득력이 있었다.

　양 대전 사이, 모던디자인은 국제고급문화의 영역에서 무시할 수 없는 존재로 여겨지는 강력한 문화적 힘이 되었다. 이것은 1932년 뉴욕현대미술관에서 열린 국제양식(International Style)전시회에서 정점을 이뤘다.[22] 하지만 동시에, 디자인은 산업과 소비자의 상업적 맥락에서 일상적인 관계를 발전시켰으며 결과적으로, 다소 다른 태도를 띠게 되었다. 각국들은 점차 디자인을 그 자신들을 위한 문화와 상업의 정체성을 확립하고 그들이 목표로 하는 대중관객에게 호소하는 수단으로 보면서, 디자인의 상업적 얼굴을 통해 그들을 정의하고 표현했다. 두 가지 방향을 동시에 보는 디자인의 결과로서, 즉 '모더니스트'와 '모더니스틱'으로 표현되는 두 가지 모던디자인의 양식이 등장했다.[23] 전자가 완전한 역사의 단절을 반영하고 국제적인 감각을 채택하고 있는 반면, 후자는 장식의 언어의 개발을 통해 과거의 지속성을 유지하고 현세로부터 영감을 얻는 것으로 각각 다른 나라에서 각기 다른 모습을 보여주고 있었다.

　프랑스 모던디자인의 상업적인 얼굴은 1925년 파리장식미술박람회에서 분명하게 나타났는데, 당시 주요 백화점이었던 루브르(Magasins du Louvre), 라파예뜨(Lafayettes), 플라스드클리시(Place de Clichy), 쁘렝땅(Printemps), 봉마르쉐(du Bon Marche) 등이 별도의 전시관을 선보였다(그림 5.4). 이미 설명한 바와 같이, 1900년 프랑스의 이미지는 고급제조업체와 강력한 소매문화에 의해 크게 좌우되고 있었다.[24] 1925년 전시회의 범위가 국제적이었고, 많은 모더니스트 디스플레이〔그 중 러시아 건축가, 콘스탄틴 멜니코프(Konstantin Melnikov)와 르 코르뷔지에(Le Corbusier)의 신정신관(Pavaillon de L'Esprit Nouveau)이 가장 눈에 띔〕가 있었으며, 이벤트는 당시 프랑스의 주요 장식가와 공예가인 슈에 에 마레(Süe et Mare), 장뒤낭(Jean Dunand), 앙드레 그훌트(Andre Groult), 모리스 뒤프렌(Maurice Dufrène) 등의 작품을 포함하고 있었던 백화점 전시에 의해 지배되었다. 그 전시실행자들은 희귀한 목재나 동물가죽 및 값

그림 5.4 | 에드가 브란트Edgar Brandt의 하늘의 문Gate of Honour, 1925년 파리장식미술박람회 (courtesy of the author)

비싼 재료를 선택했으며 이는 프랑스제국과 그 장식미술가들의 이국적 취향에 대한 관심을 반영하는 것이었다. 전반적으로 전시회는 모던디자인의 본산지로서의 국가 이미지를 반영했고 또한 부드러운 모더니즘의 특별한 표현방법을 수용했다. 후자는 '아르데코(Art Deco)'라는 이름으로 1930년대까지 인기가 있었던 스타일이었으며 매장 입구, 공장, 극장전면과 인테리어, 미국의 마천루 그리고 대량생산된 패션액세서리와 장식품 등에서 보여 졌듯이 엄청난 규모로, 대량 환경에 침투했다.

국가 정체성과 상업은 프랑스의 이벤트에서 서로 매우 밀접한 관계가 있었다. 태그 그론버그(Tag Gronberg)가 설명했듯이, 전시제목에서 산업(industriels)이란 단어를 가지고 있었지만 프랑스의 전시회를 특징지을 만한 어떠한 볼거리도 포함되어 있지 않았다.[25] 대신에 국가, 최소한 도시, 국가의 작은 세계가 매장윈도로 표현되었다. 소비에 대한 강력한 강조는 여성성의 지배에 의해 이루어졌다. 파리는 그 자체가 고급 패션의 고향과 같이 여성의 고급쇼핑의 중심지로서 특징지어졌으며, 프랑스는 모더니스트의 성과보다는 물질문화 측면을 통해 자기 자신을 표현하고 있었다.

1925년에 디자인은 고급스러운 내부 장식, 상업, 패션과 장식이 공존하는 세상을 환기시키는데 사용되었다. 태그 그론버그(Tag Gronberg)가 지적한 바와 같이, '고급 패션에 의한 정체성은 파리를 모더니티의 중심지로 홍보하는 중요한 수단이었고 결과적으로 프랑스는 다른 나라보다 앞서갈 수 있었다.'[26] 전시관의 인테리어디스플레이는 방문하는 소비적 대중에게 부르주아 수준의 탁월성을 제공했는데, 사이먼 델(Simon Dell)은 전시된 상품은 상품이라기 보단 그 자체가 정체성이었으며 1925년은 개인과 국가의 정체성이 생산을 통해서가 아니라 소비를 통해서 형성되는 중요한 순간이었다고 주장했다.[27]

건축 및 디자인 모더니즘이 미국에 영향을 미쳤지만, 미국의 토속적인 산업디자인운동은 상당히 다른 자기표현방식을 채택했으며 그것은 철학적 신념보다는 시장과의 실용적인 협상에 의해 만들어진 것이었다.[28] 스타일적으로, 그리고 이념적으로, 유럽의 성과는 많은 프로젝트들을 평가할 수 있는 황금규범을 만들어 냈다. 하지만, 많은 미국 디자이너들은 손안에 있는 문제로부터 올바른 해결안이 떠오를 수 있게 하는 것을 선호하며 다른 출발점을 가졌다. 폴 프랭클(Paul Frankl), 조셉 어반(Joseph Urban), 그리고 프레드릭 키슬러(Frederick Kiesler)를 포함하는 유럽의 망명자들이 양 대전 사이 구세계에서 비롯된 아이디어와 함께 미국으로 건너 왔다.[29] 실제로, 미국은 1925년 파리박람회에 전시를 하지 않은 몇 안 되는 국가 중 하나였는데, 아직 다른 나라에 자신을 보여줄 만큼 준비가 안 되었다는 것이 그 이유였다.

하지만, 미국과 마케팅의 관계는 강력하게 성장하고 있었다. 몇몇 사람이 그 발전에 중요한 역할을 했는데, 예를 들어, 1920년대 지그문트 프로이트(Sigmund Freud)의 조카인 에드워드 버네이스(Edward Bernays)가 비즈니스의 세계의 비이성에 관한 그의 삼촌의 아이디어를 설명하고, 그렇게 함으로써, 대량마케팅과 대량선전을 뒷받침하는 기본 전략들을 개발하는 데 도움을 주었다. 버네이스의 성공적 마케팅 중 하나는 공공장소에서 여성이 흡연하도록 설득하는 것이었고 이것은 하나의 여성해방의 행위였다.[30] 역사문학가인 레이첼 볼비(Rachel Bowlby)는 1930년대 백화점에서 판매원이 어떻게 고객의 잠재의식을 관통하고 전략적 판매기법을 활용하는지 훈련방법을 설명했다.[31] 1929년 크리스틴 프레데릭(Christine Frederick)의 '여성소비자에게 판매하기(Selling Mrs. Consumer)'는 그러한 사실을 입증했는데, 그녀는 소비에 있어 성의 역할에 초점을 맞추었고 여성의 비이성적 마음에 호소하는 방법이 그 과정의 가장 중요한 부분이었다.[32] 1932년, 로이 셸던(Roy Sheldon)과 에그몬트 아렌스(Egmont Arens)는 '소비자공학(Consumer Engineering)'이란 책을 펴냈는데, 거기서 제조업체들이 어떻게 소비자의 니즈와 욕구를 확인하고 그들의 제품을 통해 그 니즈와 욕망을 채워줄 수 있는 지에 대한 여러 가지 방법을 설명했다. '아티스트는 뒷문에서 온다(The Artist Comes in the Back Door)'라는 제목을 가진 한 챕터에서 예술이 어떻게 산업서비스에 다가올 수 있었는지를 설명했다. 저자의 말에 의하면, '이 겸손한 아티스트는 기계의 현실주의자였다. 그는 과다장식(geegaws and flourishes)을 버리고 단순하게 작업했으며 편리함, 합목적성, 청결함을 최고의 선으로 생각하며 이러한 특성에 미와 멋진 취향을 가미했다.'[33]

　　해당 아티스트들은 루즈벨트의 '뉴딜정책' 경제상황에서 제조업체들과 협력을 했다. 국가 정체성과 국가의 미래는 제조산업의 운명과 당시 성장한 대기업과 연결되어 있었고 그들은 디자인에 의존하고 있었다. 1939년 뉴욕 세계박람회만큼 제너럴모터스를 비롯한 포드(Ford), 크라이슬러(Chrysler), 듀폰(Dupont), AT & T, 웨스팅하우스(Westinghouse), 럭키스트라이크(Lucky Strike), 파이어스톤(Firestone) 등과 같은 미국의 대기업들이 스포트라이트를 받은 곳은 없었다(그림 5.5). 총체적으로 그들은 국가였으며 1939년 박람회를 방문한 대중들에게 그들은 자신의 가치를 전달하기 위해 디자인과 산업 디자인이라는 직업을 사용했다.

제너럴모터스의 '고속도로와 지평선(Highway and Horizons)' 전시회를 기획한 노먼 벨 게데스(Norman Bel Geddes), 박람회를 기획하고 포드자동차 전시, 미국철강전시, 미국정부건물의 국정리셉션룸을 디자인한 월터 도윈 티그(Walter Dorwin Teague), 그리고 크라이슬러에 기여한 레이몬드 로위(Raymond Loewy)와 같은 당시 선도적인 디자이너들의 작업에 대한 강조와 함께 이벤트는 잘 기록되어졌다. 이벤트의 기획자들이 무대감독을 디자이너

그림 5.5 | 뉴욕세계박람회 포스터, 1939 (© Queens Museum of Art, New York)

에게 요구하는 이유는 산업디자이너는 대중의 취향을 이해하고 대중적인 언어를 구사할 줄 알기 때문이었으며, 직업상 그들은 전통적인 양식과 솔루션을 무시하고 현재와 미래에 관해서 생각하기 때문에 박람회의 주제가 적절하게 표현되어야 하는 주요 전시를 기획하도록 디자이너를 투입하는 것은 매우 자연스러운 일이었다.[34]

미국의 전시에 사용되었던 모든 미적 특징은 자동차 스타일링으로부터 처음 등장해 가정과 사무기기로 마침내는 건축에까지 적용된 유선형이었다. 그것은 미래와 기술에 대한 자신감 그리고 물질세계의 제어에 대한 이미지를 불러 일으켰다. 이음새가 없고 장식 없는 형태는 모더니티의 진보적인 모델을 상기시켰으며 이는 미술과 산업의 협업에 의해 실현되었다. '미래 세계의 구축(Building the World of Tomorrow)'이라는 박람회의 주제는 행사의 미래지향적인 추진력을 나타냈으며, 미국이 세계에서 기술적으로, 경제적으로 그리고 사회적으로 가장 앞서고 있다는 것을 다른 나라들에게 보여주기 시작했다. 무엇보다도, 그것은 통일되고 차별되지 않는 감성적 대중으로서의 소비대중을 찾으려 했다. 워렌 서스먼(Warren I. Susman)의 말을 빌리자면, 그것은 교육과 현혹 양쪽 모두의 의도가 있지만 가장 중요한 것은, 국가의 문화를 발견할 수 있는 기본정서를 형성하기 위해 계급, 민족의 분열과 좌우의 이념적 구분을 제거하려는 의도'였다.[35] 모던디자인은 표현의 수단 뿐 아니라 나중에 '미국의 생활방식'이라 불리어진 사회문화적 현상을 만들어 내는 수단으로도 사용되었다.[36]

1939년 이벤트에서, '과거의 화려함'을 등장시키는 전시를 통해 자기를 과시한 영국의 방식은 기술을 통해 자기 이미지를 집약적으로 보여주며 미래를 환기시키는 미국과는 거리가 멀었다. 영국의 방식은 한쪽 발은 가문의 화려함을 보여주는 과거에 단단하게 디디면서 보수적 정체성을 다른 나라들에게 보여주는 것이었다. 영국은 양 대전 사이 많은 박람회를 개최하고 또

참가했지만, 모든 전시의 주제는 식민지에 관한 것이 지배적이었다. 예를 들어, 1924년 대영제국박람회는 같은 기간 다른 많은 박람회와 같이 무역을 강조하는 한편, 다양한 아프리카의 미술이나 공예품들이 주로 전시되었다.[37] 그러한 물건들이 국제모더니즘의 모던디자이너들에게 대안적 영감을 제공할 것이라고 생각했다.[38] 전반적으로, 영국은 모더니즘에 대한 양면적인 접근방식을 채택했고, 대륙에서 등장한 진보적인 모던디자인양식으로는 오직 상대적으로 비중이 적은 개인주택과 공공주택의 계획만을 포용하였다.[39] 대신에, 전시회를 통해 국가로서의 자신을 표현할 때, 영국은 신화와 같은 토착적 전통을 자주 불러들였다. 데보라 라이언(Deborah S. Ryan)은 데일리메일의 이상적인 가정 전시회(Daily Mail Ideal Home Exhibition)에 관한 연구에서 진보적인 가사의 효율성에 대한 아이디어가 조지언(Georgian)과 튜더(Tudor)왕조 양식의 주택과 함께 공존하는 것을 보여주었다.[40] 프랑스의 아르데코(Art Deco) 양식과 미국의 유선형의 영향이 또한 전시에서 보여 졌는데, 그것은 주로 여성소비자 관람객을 겨냥한 것이었다.

　그와 같은 것은 소비문화의 힘이었으며 양 대전 사이 어느 나라도 그들 자신을 소비문화에 대해 진보적이라 보지 않았다. 하지만 그러한 이미지를 자신의 국민들에게 보여주길 원하지 않았으며 그들은 그 나라의 제조상품을 통해서 그 자신의 이미지를 나타내려고 노력했다. 그 정체성을 만드는데 있어 디자인과 풍부한 뉘앙스를 지니는 의미들이 핵심적인 역할을 했으며, '이상적인 가정 전시회(The Ideal Home Exhibition)'는 상업적 아젠다와 교육을 결합하여 모던과 향수적 전통 사이를 맴도는 영국다움의 전형을 홍보한 것이었다.

　1930년대 박람회에서 자신을 표현하기 위해 효과적으로 디자인을 사용한 나라는 독일과 이탈리아와 같은 파시스트 국가였다. 영국과 마찬가지로, 두 나라도 각각의 국가 정체성을 만들어내기 위해 국제모더니즘과 전통의 혼합을 수용했다. 독일이 자동차, 세라믹 및 금속 제품의 생산에서 현대 산업미학인 폴크(volk: 민중)정신을 결합시킨 반면, 이탈리아는 공예 전통의 강력한 과거와 미래를 향한 진보적인 접근방식으로 국가를 특징지으려는 생각을 전달하기 위해 신고전주의적 과거와 국제모더니즘에 주목했다(그림 5.6 및 5.7).

다른 많은 국가들이 자신의 국민과 다른 국가들에게 자신의 표현수단으로 박람회 전시를 활용했으며 그러한 전시는 점점 더 세련되어져 갔다. 산업화된 어느 나라도 배타적으로 보여 질 수 없는 점을 감안하면 모더니즘의 국제적인 메시지는 국가가 자신을 홍보하는 방법에 중요한 역할을 했지만 그 국가 자신의 고유한 특성을 유지하기 위해선 신중한 균형잡기가 필요했다. 예를 들어, 1919년에 보헤미아(Bohemia), 모라비아(Moravia), 슬로바키아

그림 5.6 | 페르디난트 포르쉐Ferdinand Porsche의 폭스바겐 자동차디자인, 1936-7 (© Volkswagen AG)

그림 5.7 | 밀라노 트리엔날레의 미술궁전Palazzo dell'Arte, Milan, 1933 (© Archivo Fotografico, La Triennale di Milano)

(Slovakia), 그리고 루데니아(Ruthenia)가 합쳐 민주국가로 새롭게 형성된 체코슬로바키아(Czechoslovakia)와 같은 국가들은 국제무대에 진입하고 그 자신과 국민들에게 현대국가의 정체성을 만들기 위해 모더니즘을 적극 수용했다. 뚜렷이 구별되는 정체성을 만들어내기 위해서는 국제양식과 토속적 양식이 잘 어우러져야 했다. 데이비드 엘리엇(David Elliott)은 '젊은 공화국의 열망은 새로운 미술, 건축, 그리고 디자인에 대한 욕구에 반영되었고 그것은 사람들에게 쉽게 접근할 수 있으며 시골과 도시거리의 토속적 언어로부터 영감을 이끌어냈다'고 설명했다.[41] 체코슬로바키아는 광범위하게 구성주의(Constructivism)와 초현실주의(Surrealism)에 의존했지만, 그 또한 자신만의 모던디자인운동을 발전시키고 있었다.

　체코무브먼트라 불렸던 데벳실(Devetsil)은 요제프 하블리첵(Josef

Hablicek)과 안토닌 헤이툼(Antonin Heythum)의 입체파 세라믹과 카렐 타이게 (Karel Teige)의 실험적 타이포그래피 등을 수용했다. 데벳실이 비록 대량생 산 세계에는 뛰어들지 않았지만 모더니티를 표방한 진보적인 디자인운동을 통해 체코슬로바키아를 근대세상에 끌어들이려는 시도에서는 그 잠재적 가 능성이 엿보였다. 필연적으로, 국가의 다른 얼굴이 민속적인 생산에 의해 나 타났고 컷글라스는 국제박람회에서 지속적으로 보여 졌으며 이는 상당히 독특한 새로운 공화국의 정체성을 표현하고 있었다. 하지만 국가가 1948년 스탈린의 지배에 굴복하면서 체코 모더니즘은 갑작스러운 종말을 맞이하게 되었다.

1939년까지, 미국은 중앙통제국가와 전체주의 국가에서와 같이 디자인 을 이데올로기적 통제도구로 유지하기 보다는 민간기업에 디자인을 통합시 키는데 있어 가장 앞서 있었다. 하지만, 기업디자인이 매우 강력해지고 있다 는 징후가 다른 나라에서도 나타나고 있었다. 예를 들어, 영국에서는 쉘 (Shell)사가 포스터를 사용해 회사의 서비스를 매우 효과적으로 홍보하는 한 편, 이탈리아는 올리베티(Olivetti) 타자기회사가 이전 독일의 아에게(AEG)가 그랬듯이 강력하고 고품질의 회사이미지를 만들어내기 위해 디자이너를 사 용하는 방법을 이해하고 있었다. 이탈리아는 1930년대 전제국가였음에도 불구하고 카밀로 올리베티(Camillo Olivetti)가 국제무대에서 활동하고 있었으 며, 그는 미국을 방문해 헨리 포드를 만났고 그의 타자기와 사무기계에 특히 9천대의 휴대용 타자기에 미국식 제조기술을 구현시켰다.[42] 디자인은 곧 그 의 상업적 성공공식에 추가되었다. 디자인 전략을 구현하는 첫 번째 사업으 로, 카밀로의 아들인 아드리아노(Adriano Olivetti)는 산티 샤빈스키(Xanti Schawinsky)를 포함한 다수의 바우하우스 졸업생을 고용했으며, 당시 이탈리 아의 선도적인 건축가인 마르첼로 니촐리(Marcello Nizzoli)를 제품디자인에 합류시켜 모던한 회사건물과 그래픽 및 제품디자인을 실행하게 했다. 결과

는 전후 국제적으로 강한 영향력을 만들어 낸 모던한 기업으로서의 정체성
이었다.

1930년대 말까지, 디자인은 기업이 그들의 상품을 소비하도록 또는 국
가가 자신의 권위를 인식하도록 다른 사람을 설득하는데 사용되는 도구가
되었다. 디자인은 경제와 정치 모두를 선전하는 매체로서 엄청난 잠재력을
가지고 있었다. 디자인은 또한 소비자의 욕구를 만족시키고 정체성 형성의
형태로 제품이나 이미지를 수용하도록 격려하고 자극하는 힘을 가지고 있
었다.

하지만 설득의 힘과 정체성의 제공은 다 같이 국가에 대한 충성을 고무
시키려는 정권에 의해 이용될 수도 있었다. 라디오방송과 다른 대중매체와
는 달리 디자인은 디자이너에 의해 이미 코딩되어 있는 상품과 이미지의 의
미가 다층적 방식으로 기능할 수 있었기 때문에 다른 디자이너에 의해 또
다시 재현될 수 있으며 매장원도나 인쇄된 페이지 또는 광고캠페인의 맥락
에서 몇 배로 증폭된 기능을 발휘할 수 있었다. 양대 전쟁 사이 많은 국가와
기업들은 디자인이 설득하는 힘을 가지고 있는 사실을 충분히 인지하고 다
양한 상업적 또는 이데올로기적 목적을 이루기 위해 디자인에 의존하고 있
었다.

PART 2

디자인과 포스트모더니티; 1940-현재

Design and postmodernity;
1940 to the present

6 소비적 포스트모더니티 ^{Consuming Postmodernity}

모더니티의 꿈

1954년 영국에선, J.B. 프리슬리(J.B. Priestly)가 미국 방문에서 돌아와 명명했던 복합적이며 당시 만연하고 있던 현상의 개념인 '애드매스(Admass: 대량광고)'의 도래를 위한 조건이 갖추어지고 있었다.[1]

1945년 이후 몇 년 동안 디자인은 모더니티의 메신저로서 전 세계적으로 증가하는 인구의 삶을 관통하고 있었다. 필연적으로, 전시에서는 대량소비의 일시적 감소가 있었으며 고쳐 가면서 오래 사용하는 미덕이 더욱 강조되었었다. 그러나 1940년대 후반부터 50년대까지, 소비는 폭 넓은 사회영역에 걸쳐 사람들에게 개인이나 그룹의 정체성을 나타내는 주된 형태가 되고 있었다. 결과는 시장에서 취향 표현의 민주화였으며 특히 가정에서 가구, 가전 기기, 의류, 자동차 등과 같은 제품구매의 돌풍 속에서 명백했다.

새로운 소득수준은 사람들로 하여금 그들의 물질적 여건과 사회적 위치를 개선하고자 하는 동기부여가 되었다. 결국, 그러한 새로운 기대는 유럽의 많은 국가들이 새로운 국가 정체성을 확립하는 추진력이 되었다. 즉, 시장에서 제안된 새로운 라이프스타일이 개인소비를 통해 표현되었지만, 그것은 또한 국가가 모던하고 자유스런 새로운 민주주의 국가로 정의되는 데 기여했다.

영국과 유럽에 대한 몇몇 연구는 1940년대와 1950년대 양안을 강타한 '미국화'란 새로운 현상에 대해 기술하고 있다.[2] 미국화는 소비의 새로운 모델을 가져왔는데, 지역에 따라 조건이 다르긴 했지만, 필연적으로 빅토리아 데 그라치아(Victoria de Grazia)가 말한 것처럼, 국가와 시장 사이에 매우 다른 관계, 계급 계층화의 다양한 양태, 권리와 의무 그리고 시민권에 대한 다른 개념에 의해 영향을 받았다.[3] 예를 들어, 소비에트연방(USSR)시절, 즉 소련을 비롯한 동구권 국가들에게 소비는 그 안에 강력한 요구 성분을 가지고 있었고 제공된 상품의 범위는 극히 제한적이었다. 그럼에도 불구하고, 미국의 모델은 유럽에서 상당한 영향력을 발휘하고 있었다. 여성운동가 이나 메르켈(Ina Merkel)은 심지어 동독(GDR)까지도 결국엔 영향을 받았다고 주장했는데, 메르켈은 서구에서 나온 아이디어가 점차적으로 동독에 침투되면서 대립이 발생했다고 설명했다. 즉, '동구에서 노동의 신성함을 주장하는 사회주의적 평등론으로서 빵과 주택이 가장 중요했던 한편, 서구에서는 전후 경제적 성공에 따른 경제적 신분상승의 경험으로부터 사회적, 문화적 분화가 발전되고 심화되었다.[4]

하지만, 영국, 독일, 이탈리아와 같이 더 부유했던 자본주의 유럽 국가에서 소비는 일상생활에서 점점 더 큰 역할을 담당하게 되었다. 강력한 사회민주주의 전통을 가진 스칸디나비아국가들이 뒤를 이었으며 미국식에 문화적 혐오감을 가지고 있던 프랑스는 미국스타일의 헤픈 소비의 영향에 저항하려 했지만 단지 부분적으로만 성공했을 뿐이었다. 2차 대전 이전에 보통시민에 영향을 주기 시작했던 미국의 소비모더니티는 전후 유럽을 휩쓰는 거대한 파도가 되었다.

미국화는 새로운 차원의 유물론을 동반했다.[5] 경제학자 J. K. 갈브레이스(J.K. Galbraith)는 1958년 그의 연구 '풍요로운 사회(The Affluent Society)'에서

그림 6.1 | 켄우드Kenwood사의 스티모마틱Steam-o-Matic 다리미 광고, 1950s (© Kenwood Ltd)

미국에 영향을 준 새로운 소비주의에 대해 설명했으며, 최근 에리카 카터 (Erica Carter)와 같은 역사학자들이 1950년대 독일의 소비주의에 대한 설명에 있어 미국화가 유럽국가에 끼친 영향에 대해 주시했다.[6] 대량 소비는 당시 몇몇 저술가들에 의해 호되게 비판을 받았는데, 예를 들어, 영국의 레이몬드 윌리엄스(Raymond Williams)는 1958년 '문화와 사회(Culture and Society)'에서 미국경험의 모방에 내재된 위험에 대해 기술했다.[7] 그는 대중문화의 장점에 대해 여러모로 심각한 의문을 표명했던 전쟁 이전의 프랑크푸르트 학파 구성원의 불안감을 반향하고 있었다.[8]

리처드 호가트(Richard Hoggart)와 함께 1970년대 영국에서, 문화 연구로 알려진 학문의 창시자 중 한 사람이었던 윌리엄스는 대량생산제품을 포함하는 대중매체가 전통문화의 손실 및 표준의 침식을 의미할지도 모른다는 것을 두려워했다. 그는 '축구나 서커스 같은 것보다 끝없이 혼합적이고, 무차별적이며, 근본적으로 지루한 반응으로 우리를 이끄는 텔레비전 같은 대중문화가 진정한 위협이 않을까?'라고 기술했다.[9] 그는 또한 매스미디어에서 매우 특별한 역할을 하는 것으로 광고를 강조했는데, '어떤 의미에서', 경험을 명확히 하기 보단 의도적으로 혼동하게 하는 일종의 조잡한 예술이라고 설명했다.[10]

영화, TV, 잡지, 광고 및 대량생산된 제품 자체와 같은 매스미디어는 수많은 라이프스타일을 전파하는 수단이며 이는 소비를 통해 가능한 것들이었다.[11] 이들 중 대부분은 디자인의 영향을 받는 열망들을 부추겼다. 당시 이상적인 모던으로 언급되던 '현대적인' 가정은 매스미디어를 통해 널리 소통되고 있었고, 특히 자신의 집을 소유하지 않았거나 그 정도 규모의 소비를 할 기회를 가지지 못했던 신혼부부들의 염원으로서 전통적인 가정을 대체하고 있었다(그림 6.1).

현대적 가정의 미국 버전은 유럽에서 방영된 '아이 러브 루시(I love Lucy)'*와 같은 인기 TV 프로그램을 통해서도 전파되었다. 영국에서는 TV 프로그램을 위해 디자인되었던 세트의 스타일이 등장했으며[12] 특히, 그와 같은 스타일은 미국과 유럽의 인기 있는 여성잡지의 페이지를 가득 채웠다. 엘리자베스 윌슨(Elizabeth Wilson)은 당시 '우먼(Woman)'잡지의 편집장이었던 메리 그리브(Mary Grieve)가 모던라이프와 맞물려있는 여성과 소비 사이의

• 역자 주) I love Lucy(왈가닥 루시): 1950년대 미국에서 선풍적인 인기를 끌었던 흑백 시트콤으로 주인공 루시와 그녀의 남편인 리키의 일상을 담아낸 내용으로 우리나라에서는 1970년대에 '왈가닥 루시'란 이름으로 방영된 바 있음.

밀접한 연관성을 이해하고 있었다고 설명했다.[13] 처음으로 주택을 구입하고, 집안을 현대적인 가구로 꾸미며, 주방은 새로운 기계제품으로 채우고, 대형 냉장고(이국적인 명칭과 새로운 색상의), 그리고 새로운 자동차의 구입은 새로운 소비자들에게 있어 2차 대전 후 그들 자신을 정의하는 가장 중요한 수단으로 표현되었다. 하지만, 미국의 사회학자 데이비드 리스만(David Riesman)은 그의 유명한 1950년 '고독한 군중(The Lonely Crowd)'에서 대량사회가 팽창함에 따라, 개인들은 점차 소외되어가고 있다고 설명했다.[14] 필연적으로, 매스미디어는 대량생산된 시각, 물질 및 공간문화의 한 부분으로 소외화 과정에 중요한 역할을 했다.

전쟁 전 시대 기술지향적이었던 잡지는 소비자 중심의 'Do It Yourself' 잡지로 변모했으며 부부가 함께 찬장을 만들거나 벽지를 뜯어내거나 하는 그림의 표지를 보여주고 있었다. 종종, 아내는 남편의 사다리를 붙잡고 있고 남편은 드릴로 벽에 구멍을 뚫고 있는 모습의 사진이었다. 단란한 가정의 이야기가 널리 퍼졌으며 이는 전후 핵가족의 중요성을 확인하는데 도움이 되었다. 하지만 그것은 또한 핵가족과 같은 가족단위의 고립화를 더욱 공고히 하는데 기여했으며 전통적인 커뮤니티의 상실을 초래했다. 점차적으로, 주기적인 유행 속에서 소비와 참여를 통해 자기정체성이 형성되었다. 영국에서는 그 과정에서 디자인의 중요성과 전후 새로운 사회와 정체성을 구축하려는 국가의 전략적 역할에 대해 존 뉴슨(John Newson)이 교육을 주제로 작성한 한 정부 보고서에서 다음과 같이 명시하였다:

"우리의 디자인 기준은 위대한 상업국가로서 지속되는 한, 기능적으로 무의미하고 심미적으로 적합하지 않은 것을 거부하고 기능에 맞고 아름다운 것을 요구할 수 있는 소비자 교육에 달려 있다. 구매자로서 여성은 그 손에 이 나라 미래 삶의 표준을 쥐고 있다. 만약 그녀가 무지에 의한 구매를 한다면 우리 국가의 표준은 저하될 것이다."[15]

소비가 영국 미래의 핵심으로 간주되었고 그 당시 현대양식(contemporary style)에 대한 선호를 의미하는 취향에 대한 교육이 필요하다는 것이 명확했다. 뉴손이 명확히 밝혔듯이, 소비에 대한 주요 책임은 여성에게 주어졌다. 국내시장이 양질의 모던디자인으로 확대된다면 외국과의 무역이 개선될 것이라는 믿음과 함께 1944년 소비취향의 교육에 초점을 맞춘 연립정부상무성에 의해 영국산업디자인협의회(British Council of Industrial Design)가 설립되었다. 하지만, 남성 역시 당시에 소비자였다. 프랭크 모트(Frank Mort)는 그의 영국 신사복 소비에 관한 연구에서, 대중문화에 수용된 의상과 라이프스타일 액세서리 속에서 모던남성의 특정이미지가 명시되는 것에 대해 약술했다. 당시 틴에이저 콘셉트의 등장에 대한 연구는 특히 테디보이즈(Teddy Boys)*와 모즈와 락커스(Mods and Rockers)족**과 같은 젊은 남성의 하위문화 그룹 범위에 진입을 제공한 중요 항목들을 설명하고 있었다.[16] 의심 할 여지 없이 노인 역시 조용히 소비를 하고 있었다. 특히 새로운 소비자들에게, 모던제품 및 이미지의 소비에 대한 강조와 함께, 디자이너는 그에 맞는 적절한 형태를 만들어내는 시각적 능력을 소지한 존재로 인정되었다. 이에 대한 여러 문헌 중 토마스 하인(Thomas Hine)의 '파퓰럭스(Populuxe)***'는 당시 미국 물질문화의 풍요로움에 대해 상세한 설명들을 제공하고 있다.[17] 이 시대는 분명히, 개인적 소비선택의 주류를 이루었던 특히, 가정용품과 자동차 영역의 소비자를 유혹시키는 형태의 탐색에 극단적으로 상상력이 발휘되었던 시대였다.

● 역자 주) 테디보이즈(Teddy Boys): 1950년대 중·후반에 대두한 청소년 하위문화로, 1901-10년, 에드워드 7세 통치기의 패션을 모방한 것이 특징임. 에드워드 7세의 애칭인 '테디(Teddy)'에서 명칭이 유래함.

●● 모즈와 락커스(Mods and Rockers)족: 1960-70년대 영국에서 상충했던 젊은이들의 하위문화로서 당시 언론은 모즈와 락커스가 젊은이들에 대한 도덕적 공황을 촉발시켰으며 민중의 악마로 분류되었음.

●●● 파퓰럭스(Populuxe): 1950-60년대 미국에서 유행했던 소비문화와 미학으로 popular와 luxury의 합성어임.

고급문화 차원에서 모더니즘의 시각적이고 이데올로기적인 언어가 아직 남아 있긴 했지만, 그러한 것은 모던형태의 복합성으로 급속히 나타나기 시작한 디자인된 상품과 이미지를 위한 시장의 확장이었다. 대중적 모더니즘의 개념이 할리우드영화, 광고, 통속소설, 대중음악으로 대표되었던 대중문화의 다른 현대적 표현으로 나타났다. '수준 높은'과 '수준 낮은' 문화 간의 차이점이 문화비평가들에 의해 논의되었고, 테오도르 아도르노(Theodor Adorno)와 막스 호르크하이머(Max Horkheimer)가 '안전하고 규격화된 제품은 자본주의경제의 거대한 수요를 이끌어냈다'라고 표현한 것은, 많은 사람들에 의해, 근대사회의 유감스런 현상으로 여겨졌다.[18] 하지만 다른 사람들, 즉 1950년대 런던현대미술원(London's Institute of Contemporary Arts)에서 결성된 인디펜던트그룹(Independent Group)의 멤버들에게 대중문화의 등장은 그들에게 새로운 에너지와 심미적 풍요성을 가져다주었으며, 시장의 가치를 공개적으로 수용하는 새로운 감성의 포스트모던으로 향하는 길로 그들을 이끌었다.[19]

하지만, 1950년대 소비와 디자인에 대한 모든 설명이 사람들의 생활에 낙관론을 동반하는데 모더니티가 영향을 주었다고 주장하지는 않는다. 예를 들어, 역사학자 쥬디 아트필드(Judy Attfield)는 그녀의 연구 '*프램타운의 내부: 할로우 하우스 인테리어 1951-1961(Inside Pramtown: A Study of Harlow House Interiors, 1951-1961)*'에서 모더니티의 비전이 소비자에게 어떻게 영향을 미쳤는지 냉정한 시각으로 살펴보았다. 그녀는 할로우에 입주한 노동계급여성들이 심각한 지역사회교류의 상실을 겪었으며 주방은 그들의 주택 전면에 위치해 항상 내려다보이기 때문에 참을 수 없었다고 설명하고 있다.[20] 아트필드의 사례연구가 사회주택에 초점을 맞춘 반면, 다른 연구들은 더 많은 선택이 수행되고 만족감의 경험이 더 큰 의류품목의 소비를 주시했다.

리 라이트(Lee Wright)는 스틸레토힐드슈즈(stiletto-heeled shoes)*가 그러한 경우라고 주장했다. 라이트는 그것이 많은 여성들이 처음으로 모더니티의 세계와 만나는 수단으로 보여 질 수 있었으며 '여성성의 표현은 파워를 의미할 수 있다'라고 주장했다.[21] 1970년대의 많은 페미니스트 글들이 시장에서 여성들의 소극성을 비판했지만 라이트는 여성소비에 보다 호의적인 접근으로 1950년대를 되돌아보았다.[22] 이전 세대의 페미니스트와 라이트의 포스트-페미니즘 사상 간의 논쟁은 전적으로 디자인된 인공물의 의미전달 방식에 달려있었다. 페미니즘이 단순히 이념적인 현상의 협상 불가한 상징인가 아니면 여성의 삶에 의미를 주는 힘의 기수 역할을 할 수 있는가라는 질문이 주어졌다. 1970년대 페미니즘이 물체가 상품으로서 하나의 이데올로기적 역할을 한다고 보는 네오마르크스주의 역사변화관점을 보인 반면, 라이트는 시각, 물질 및 공간 문화가 사회 및 문화와 상호작용할 수 있는 방법의 이해에 있어 보다 더 다원론적이고 비이데올로기적이라고 보았다.

기호학적 용어로, 디자인된 인공물이 부동기표로서 행동하고 상황에 따라 그 의미를 변경하는 능력에 대한 유사한 논쟁이 문화이론가 딕 헵디지 (Dick Hebdige)에 의해 제기되었다. 모터스쿠터 베스파(Vespa)에 관한 그의 글에서, 1940-50년대 이탈리아에서 자전거를 대체하기 위해 개발된 운송수단의 작은 물체가 어떻게 주류문화의 인공물에서 1960년대 영국 하위문화 그룹인 '모드족'의 시각적 아이덴티티로서 중요한 상징적 역할을 했던 문화 개체로 변환 되었는지를 설명했다(그림 6.2).[23] 전후 초기 물질적 상품소비에 의해 형성된 정체성은 매우 성별화되어 있었다. 2차 대전 중 남성들과 구별되지 않는 많은 역할을 하면서 얻은 여성의 해방경험은 전후 시기 남성, 여성의 급속한 성적 변경으로 분리된 영역의 이념에 반전을 제공했다. 영국에

● **역자 주)** 스틸레토힐드슈즈(stiletto-heeled shoes): 스틸레토는 '소검·단검'이란 뜻으로, 그와 같은 검을 연상케 하는 높고 가느다란 힐을 특징으로 한 여성화

그림 6.2 | 코라디노 다스카니오Corradino D'Ascanio가 디자인한 피아지오Piaggio사의 베스파Vespa 모터스쿠터, Italy, 1946 (courtesy of Piaggio)

서 그 반전을 뒷받침하는 최우선적 동기는 국민을 재구축하고 안정적인 상태로 재건하여 국민들로 하여금 적극적으로 참여하게 만드는 필요성과 연결되어 있었다. 다른 차원에서, 그것은 개별 소비의 확대와 국제무역에서 영국의 지위를 향상시키기 위한 대규모 전략 촉진수단의 일부였다.

광고 및 영화의 이상화된 이미지에서, 1950년대는 고도로 여성화된 시대로 묘사되었는데, 이 시기에 주부는 매력적인 여주인처럼 보이고 제품들은 다양한 컬러로 장식되었으며 이는 기능적인 도구로서라기 보다 미적인 라이프스타일 표시로서의 역할을 강조한 것이었다. 예를 들어, 여성 드레스의 영역에서, 1948년에 파리 패션에서 제시된 크리스챤 디올(Christian Dior)의 '뉴룩'은 대중매체에서 널리 다뤄지고 활발하게 복제되고 있었다. 좀 더

길어지고, 허리를 조이는 것으로 완성되는 이상적인 여성의 이미지를 강조한 여성성이 당시 여성소비자들에게 제공되었는데 이는 그들이 주부와 어머니가 되어 가정으로 돌아가는 것을 권장하는 것이었다. 또한 화장품 및 식품용기의 가정방문판매가 당시 매우 인기가 있었다. 후자는 여성의 사회생활과 경제교류를 결합하는 미묘한 전략이었다. 이는 교외생활의 고립을 극복하고 즐거움과 아름다움 및 주부다운 효율성의 개념에 소비의 아이디어를 결합시킨 것이었다.[24] 과장된 여성의 이미지는 새롭게 등장한 많은 소비재에 의해 강화되었으며, 여성적인 파스텔톤 색상의 주방용품(설거지 그릇과 음료용 비커와 같은)은 가정영역에서 여성의 센스를 권장하는 새로운 시각적 풍경의 형성에 중요한 역할을 했다.

당시 성과 청소년의 정체성에 대한 강조는 상당부분 그것을 피할 수 없었던 마케팅 분야 사람들과 디자이너들의 협동적인 노력의 결과였다. 제조업체들은 그들의 제품이 소비자들과 더 많이 만날 수 있도록 만들기 위해선 마케팅과 디자인부서의 크기를 늘려야했다. 남성 및 여성, 그리고 젊은 사람들이 종종 타깃이 되었다. 예를 들어, 라디오 영역에서 남성들을 위해선 사이즈가 크고 테이블에 놓는 모델이 제공된 반면 여성들을 위해선 가볍고 휴대가 가능한 모델이 제공되어 주방에서도 불편 없이 그들이 가사업무를 수행하면서 사용할 수 있도록 하였다. 또한 1950년대 말엔, 청소년들이 자신의 침구 밑에 숨길 수 있는 소형 트랜지스터라디오가 출시되었다. 스타일링의 결정은 성별소비패턴에 대한 전제에 근거했는데 이러한 전제는 스타일링을 결정하는 데 중요한 요소로서 역할을 했다. 예를 들어, 크롬 도금된 모습과 복잡한 계기판을 갖춘 미국 자동차의 디트로이트 미학은 하이파이 장비에서 면도기에 이르기까지 남성을 목표로 하는 제품에 소개되었다. 점점 더 디자이너들은 시장의 문화적 니즈로 본 것에 대해 반응했고 그에 맞게 제품을 차별화시켰다.

많은 새로운 진화가 소매 분야에서 일어났다. 예컨대, 전후 시기 백화점은 또 다른 변화를 겪었는데, 백화점은 계속 중산층 소비자의 요구를 충족시키는 한편, 덜 부유한 고객도 환영했으며 신용대출을 사용하도록 권장했다. 영국에서는 많은 소매업체들이 종종 산업디자인협의회 등과 같은 기관과 협력하여 그들의 상품에 현대적인 특징을 보여주는데 많은 노력을 기울였다. 소비자는 점점 단순히 모던디자인의 개념 뿐 아니라 좋은 모던디자인, 다른 말로 하면, 그들이 쇼핑할 때 권장되는 좋은 취향을 접하게 되었다.

어떤 면에선, 19세기 중반 이후 가장 강력한 디자인 개혁정신은 급속히 확대된 소비에 대한 반응이었다. 사회질서를 위협하는 통제되지 않은 시장과 관련된 나쁜 취향에 대한 두려움이 국제적으로 경험되고 있었다. 이에 대응하여, 미국에서는 뉴욕현대미술관(MoMA)이 소비자를 교육하기 위한 목적으로 '굿디자인'이란 타이틀을 가지고 일련의 전시회를 개최했다. 영국에선, 산업디자인협의회가 대중매체와 협력해 메시지를 전달하는가 하면, 덴마크에선, 국가디자인개혁기구인 덴페르마넨테(Den Permanente)가 모더니티와 결탁된 공예기반의 굿디자인 모델을 대중이 이해할 수 있도록 교육하기 위해 소매 아웃렛들을 오픈했다.[25]

미국식 설득의 기술이 대서양을 건너 빠르게 이동하면서 광고는 확대된 소비의 맥락에서 새로운 국면을 맞이했다. J. 월터톰슨(J. Walter Thompson)과 같은 미국의 광고회사는 영국에서 활동했으며, 펜타그램(Pentagram)의 설립자 앨런 플래처(Alan Fletcher)를 비롯한 몇몇 영국의 그래픽디자이너들은 영국토양에 맞는 사업을 시작하기 전에 미국에 머물면서 '미국의 방법'을 배우기도 했다. 1950년대 그래픽디자인에 한쪽 발을 유지하고 있던 미국의 산업디자이너 레이몬드 로위(Raymond Loewy)는 자신의 미국기반 회사의 지점을 파리에 설립했다.

1945년 이래 미국과 유럽에서 그 진화를 지배했던 소비와 디자인의 그

그림 6.3 │ 마리 퀀트Mary Quant의 드레스 디자인, 1960s (courtesy of the author)

림에 극적인 변화가 있었다. 당시 고급문화와 연결되었던 디자인이 대중문화의 힘에 도전을 받고 있었으며 결과는 모더니즘 가치에 대한 광범위한 위기였다. 성별보다 나이가 소비의 지배적인 문화범주로 등장하게 되었다(그림 6.3). 그러한 변화는 모더니즘의 첫 번째 근본적인 수정을 가져오게 만들었으며, 소비문화와 디자인의 관계성이 가장 중요한 면이라는 인식을 키웠다. 그 결과, 많은 디자인 관련기관들이 그 사실의 의미를 인식하고 그들의 활동을 뒷받침하는 가치에 대해 검토하기 시작했다.

소비문화와 포스트모더니티

1960년대에 발생한 모던디자인의 가치에 대한 위기는 디자인과 문화와의 관계성에 새로운 국면을 만들어냈으며 이는 오늘날까지 지속되고 있다. 사실, 문화 그 자체는 다른 사회적, 문화적 집단을 포용하는 것으로 재정의 되었고 그들의 가치와 태도를 표현하는데 주력했다. 문화와 디자인에 대한 새로운 정의 안에서, 디자인은 모더니즘의 한계를 넘어 더 실용적이면서 시장지향적인 접근 방식을 포용하는데 집중했다. '포스트모더니즘'은 그와 같은 변화에 근거를 두고 있었다.[26] 새로운 운동의 초기 지지자 중 하나인 건축가 로버트 벤투리(Robert Venturi)는 "나는 '양자택일'보다는 검정색과 흰색, 가끔은 회색, 검정색 혹은 흰색 등과 같은 '양쪽 다'의 개념을 좋아한다"라고 했다.[27] 포스트모더니즘은 지금까지 고급문화를 대중문화로부터 분리했던 노선에 의문을 가졌으며, 성별, 섹슈얼리티, 인종 등에 의해 정의된 주변의 목소리를 중앙으로 가져오는 방법을 찾고 있었고, 제한적이며 구식으로 보여 지는 기준에 의한 가치평가를 거부했다.[28] 일부의 경우, 문화의 포괄적 정의의 수용은 모든 가치를 전복시킬 수 있는 심각한 위험이 있었으며 많은 포스트모던 이론가들은 그것을 위협으로 간주했고 그것이 노출시킨 위험을 규명하려 노력했다.[29]

모더니즘 건축의 부산물로서 형성되어 이상주의적이고 정치적으로 동기부여가 되기도 했으며, 생산기반적이었던 디자인 개념은 1970년대에 소비, 광고, 마케팅, 브랜딩 그리고 아이덴티티 창조와의 연계성에 대한 새로운 강조와 더불어 대체되기 시작됐다. 그 변화는 슈퍼스튜디오(Superstudio), 아키줌(Archizoom) 등과 같은 몇몇 급진적인 이탈리아의 건축그룹과 그 외 다른 그룹들에 의해 컨셉츄얼한 작업으로 나타났는데, 그것은 파리의 패션 하우스보다 오히려 거리로 부터 영감을 받은 하위문화 복식으로, 과거에 대한 대중적 관심의 폭넓은 확장으로의 이동이었으며, 양식의 부활과 문화유산산업의 성장에 의해 명시되었다. 대량생산 산업의 범위에서 벗어나 일하는 것을 선택한 유럽 및 미국의 생산자그룹에 의해 특징지어진 공예부흥 역시 당시 만연한 절충주의를 표현하고 있었다.

가정영역에선 1960년대 이상적인 가정으로 여겨졌던 크롬도금되고 공상과학에서 영감을 받은 듯한 사물과 공간들이 소나무재료로 대체되었고 아르누보로부터 아르데코와 1950년대에 인기 있는 스타일까지 과거양식부활의 소용돌이는 미래를 표현했던 종전의 미학적 실행을 뒤바꾸어 놓았다. 21세기 초 경기침체의 맥락에서 양식의 부활은 많은 소비자로 하여금 2차대전 직후의 양식과 더불어 검소와 호황의 사고방식을 다시 방문하도록 격려했다. 하지만, 그러한 새로운 상황에서, 비록 검정 가죽과 크롬도금을 사용한 소파가 사회 이상주의라기보다는 세련된 삶의 지표가 되었을 지라도 복고양식은 미니멀양식 인테리어에 지속적으로 밀착되어 있었다.

1960년대로 돌아가면, 소비자는 이미 시장에서 모더니즘을 단지 선택적 양식으로 보기 시작한 모더니스트 패러다임에 대한 변화가 이미 진행되고 있었다. 실제로, 어떤 관점에서 보면, 모더니즘은 모던디자인의 역사에서 간주곡으로, 취향과 고급스러움을 민주화하고 최대한 고객에게 모더니티의 개념을 전파하려는 디자인의 임무를 방해하는 막다른 골목으로 보여 질 수 있다. 하지만, 1970년대 포스트모더니즘의 영향은 모더니즘을 지배적 위치에서 추방시킨 것처럼 보였다.

그 변화에서, 미디어는 필연적으로 점점 증가하는 소비자들에게 더 많은 정보를 배포하는 강력한 역할을 했다. 증가하는 미디어와의 상호작용은 사회소통의 전통적 방식을 파괴시키는 한편, 소비자가 가능한 넓은 범위의 라이프스타일에 접근할 수 있도록 해주었다. 그 어느 때보다도 디자인과 디자이너는 매스미디어와 동일 선상에 서 있었으며 제공되는 수많은 라이프스타일 구축에 있어 더욱 중심적 역할을 하게 되었다. 디자인은 점점 상품과 이미지 그리고 공간으로서 제조와 관련된 초기의 근원은 희미해지고, 점점 즉흥적인 메시지를 전달하며 마케팅과 브랜드창출에 더욱 밀접하게 연결되고 있었다. 동시에, 디자인의 민주화는 디자이너의 서명과 정체성에 크게 의존하는 제품을 포함해 다양하고 세분화된 시장을 만들어내는데 기여했다. 디자이너 자체가 브랜드로 전환되는 것은 브랜드판매의 힘이었으며 그들의 이름이 점점 대량생산 상품에 개인주의를 주입시키는 방식으로 사용되었다.

1980년대와 1990년대, 디자이너브랜드 청바지는 부가가치를 높이고 높은 가격을 매기기 위한 수단으로 디자이너 이름의 휘장을 달게 되었는데 그 중 대표적인 예로 글로리아 밴더빌트(Gloria Vanderbilt), 조르지오 아르마니(Giorgio Armani), 지안니 베르사체(Gianni Versace), 캘빈 클라인(Calvin Klein)과 도나 카란(Donna Karan) 등이 있었다. 표준화와 개별화가 공존 할 수 있다는 메시지는 소비자의 선택이 감정과 즉흥적인 반응에 의해 지배되고 있다는 세계에서 흔히 나타나고 있었다. 그 중에서도, 독일의 포스트모던 문화비평가 W. F. 하우크(W. F. Haug)는 '기술적으로 생산된 인공적인 모습에 매료되어 영향을 받는 사람들에 대한 지배'에 우려를 나타냈다.[30] 그의 관점에서, 디자이너문화는 선진경제자본주의의 또 다른 얼굴로 설명되고 있었다.

1980-1990년대를 통해, 그 중심에 디자인이 있는 소비문화는 쇼핑에서 관광까지 일상생활의 많은 분야에 영향을 미쳤고, 문화유산, 박물관, 테마공원과 쇼핑몰 방문에서 유명브랜드 패션아이템 구매까지 광범위한 여가활동을 수용하고 있었다. 도심지가 테마파크를 흉내 내고 쇼핑몰이 판타지 환경으로 변화함에 따라 디자인된 경험으로부터 실제를 구별해내는 것이 점점 힘들어졌다. 예를 들어, 쇼핑몰 내에서 디자인은 전반적인 인테리어와 방향지시 표지판으로부터 개별적인 매장의 인테리어와 그 안에 디스플레이 되는 사물과 그 포장 및 브랜드 아이덴티티 등에 이르기까지 그 공간적 외

그림 6.4 | 영국 켄트Kent에 있는 블루워터The Bluewater 쇼핑몰, 1999 (© Peter Durant/arcblue.com)

관 뿐 아니라 콘텐츠까지도 결정한다(그림 6.4).[31] 디자인된 시각, 물질 및 공간 문화에 대한 편재와 거대한 힘의 실현은, 포스트모던 소비문화의 복잡한 특성과 작용성을 찾고자 했던 장 보드리야르(Jean Baudrillard)와 움베르토 에코(Umberto Eco)와 같은 문화비평가들에게 그 주제에 대한 의견을 표현하게 만들었다.[32] 그들은 항상 공개적으로 디자인의 개념을 인정하지 않았지만, 그들의 아이디어는 디자인의 효과에 의해 크게 자극되어졌다.

1970년대와 1980년대 그리고 1990년대, 쇼핑활동은 가장 핵심적인 포스트모던의 경험이었다. 그것은 다수의 문학작품으로 하여금 일상생활에서 시각, 물질 및 공간 문화에 의해 이뤄진 중요한 역할을 인정하도록 강요하는 데 영감을 주었다.

또한, 19세기 말과 20세기 초, 백화점에 관한 다수의 기록이 나타났는데, 쇼핑을 여성의 중요한 활동으로 강조하고 있었다. 1990년대에는, 남성성이라는 주제를 가진 일련의 책들이 그러한 맥락에서 균형을 이루며 나타나기 시작했다. 앞서 보았듯이, 프랭크 모트(Frank Mort)의 1996년 책은 1980년대 영국에서 사람들이 소비를 통해 자신의 정체성을 생성했던 방법에 초점을 맞추었다. 그는 직접적으로 디자인 회사들과 디자이너들을 언급했는데, 그 래픽디자이너인 네빌 브로디(Neville Brody), 패션스타일리스트인 레이 페트 리(Ray Petri)와 언론인들 중 줄리 버칠(Julie Burchill)과 로버트 엠스(Robert Elms) 그리고 그 외 광고업자와 마케팅전문가를 지목했다. 모트는 그들 모두 가 시장에서 젊은 남성의 아이덴티티를 만드는데 핵심적인 역할을 했다고 생각했다.[33]

같은 기간에 발표된 소비에 대한 다수의 다른 연구 또한 아이덴티티 형 성에 있어 디자인의 중요한 역할을 다뤘다. 예를 들어, 조앤 엔트위슬(Joanne Entwhistle)의 '*파워드레싱(Power Deressing)*'과 '*커리어우먼의 구축 (Construction of the Career Woman)*'은 패션 디자이너, 랄프 로렌(Ralph Lauren) 과 도나 카란에 초점을 맞추었는데[34] 그들의 옷은 의상자체가 아이덴티티를 생성하게 하는 것이라기보다는 그들의 옷과 달라스(Dallas)와 같은 TV프로그 램에서 등장하는 의상 사이의 중재였다. 예컨대, 두툼한 어깨 패딩과 같은 옷 자체의 물리적인 디테일은 잠재적 의미들을 제공하는데 단지 중재의 맥 락에서 그러한 의미들은 착용자에게 명확한 아이덴티티를 부여하게 한다. 언어적 유추를 사용하기 위해서는 단어들이 고정된 의미를 포착하기 이전 에 문장 속에 포함되어야 한다. 이 연구는 10년 전에 인공물은 두 가지 차원 에서 작동 할 수 있다고 설명했던 딕 헵디지의 연구에 기반을 두고 있다.

1980-1990년대까지, 디자인은 매스미디어와 같이 광고 및 마케팅에 의 존하는 공정의 일부로서 이해되어 왔다. 그들과 밀접하게 관련되어 상품, 이 미지 및 공간과 함께 시각적, 기능적으로 소비될 수 있는 구체적인 아이덴티 티를 생성할 수 있었다. 그러나 그것은 정적인 과정이 아니었고 소비자가 지 속적으로 자신을 다시 정의하려 하는 한 영원히 유동적인 것이었다. 일단 욕

구불만이 나타나면 그것은 다른 것으로 대체되었다. 이 프로세스가 비록 19세기 말 소스타인 베블런(Thorstein Veblen)에 의해 기술된 사회경제적 시스템을 기반으로 하고는 있지만, 트리클다운(trickle down)* 의 모방에 대한 그의 생각은 포스트모던 시대를 특징짓는 점점 복잡해지는 사회형태와 시장의 다양성으로 더욱 복잡해졌다.

　1990년대 초반, 사회심리학자들은 상품문화와 더불어 개인의 아이덴티티 형성에 대한 문제를 거론하기 시작했다.[35] 예컨대 메리 더글러스(Mary Douglas)와 배런 이셔우드(Baron Isherwood)와 같은 인류학자의 뒤를 이어 피터 K. 룬트(Peter K. Lunt)와 소니아 M. 리빙스턴(Sonia M. Livingstone)이 제시한 전제는 사람들이 '시각적이고 안정적인 문화부류를 만들기 위해' 상품을 필요로 한다는 것이었다.[36] 1990년대를 통해 현대문화의 분석가들은 상업적 관행의 맥락에서 뚜렷한 연구의 대상으로 디자인을 이해하려 노력했다. 어떤 면에선, 디자인이 대중매체와 이미지 및 아이덴티티 표현의 영역 속으로 혼합되어감에 따라, 디자인의 콘셉트를 따로 분리하기가 어렵게 되었다. 폴 뒤 게이(Paul Du Gay)의 소니 워크맨에 대한 작업(그림 6.5)과 실리아 루리(Celia Lurie)의 나이키 트레이너 작업은 디자인 콘셉트를 브랜드의 구성요소로서 배치하고 물질적인 상품은 과정의 명시로서 정의했다.[37] 소비와 디자인의 관계에 또 다른 관점이 지그문트 바우만(Zygmunt Bauman)의 글에서 명료하게 표현되었는데, 그는 쇼핑을 통해 소비자가 획득한 기술에 대한 전문지식들은 그들이 일상용품이 담고 있는 복잡한 기술과 재료에 대한 이해가 없다는 사실에 부상역할을 한다고 주장했다. '판매되는 것'은 제품 그 자체의 직접적인 사용가치 뿐 아니라 특정 라이프스타일의 응집적 구성요소로서 상징적인 중요성을 갖는다.[38] 우선, 그들이 소비자를 유혹하는 시각적 언

● 역자 주) 트리클다운(trickle down): '넘쳐흐르는 물이 바닥을 적신다'는 뜻의 경제 용어로, 즉 부유층에서 서민층으로 경제의 흐름이 이루어짐을 의미함.

The Sony that broke the sound barrier.

Until Sony introduced the Walkman (a stereo cassette player about the size of a cassette), there was no way to hear quality sound reproduction this good unless you bought a ticket to Carnegie Hall, or sat home with an expensive component stereo.

Unfortunately, it was impossible to ski, jog, roller-skate or take a walk in a concert hall or your living room.

That is why on November 1, 1979, the Walkman took a historic step forward by combining incredible sound with total portability. What followed can only be described as a Sonic Boom.

Now people everywhere are taking their music with them, even if they're going nowhere fast. THE WALKMAN

SONY
THE ONE AND ONLY

그림 6.5 | 소니 워크맨Sony Walkman 광고, Japan, 1979 (© Sony United Kingdom Ltd)

어를 만들어낸 것을 감안하면 그의 논쟁은 디자이너가 상품과 소비자 사이에 핵심적인 인터페이스를 제공하고 있다는 것을 암시하고 있다.

브랜드의 개념이 거의 한 세기에 걸쳐 존재해 왔지만, 특히 1980년대에 세계적으로 그 개념이 활성화 되었다.[39] 특히 의류와 패션 액세서리 분야에서 두드러졌는데, 나이키(Nike), 리복(Reebok), 베네통(Benetton) 및 스와치(Swatch)와 같은 제조업체의 로고는 상품 자체와 더불어 그들이 상징하는 라이프스타일을 의미하는 것이었다. 브랜드는 디자이너패션 분야에서 오랫동안 중요한 역할을 해왔다. 코코 샤넬(Coco Chanel)이 1920년대 설립되었고 뒤이어 조르지오 아르마니(Giorgio Armani), 랄프 로렌(Ralph Lauren), 캘빈 클라인(Calvin Klein), 이세이 미야케(Issey Miyake) 등이 그들의 마케팅 아이덴티티를 강화하기 위해 개발한 향수 및 다른 라이프스타일 액세서리에 자신의 이름을 붙이기 시작했다. 나오미 클라인(Naomi Klein)이 2001년 글로벌브랜드 주제에 대한 베스트셀러 책에서 설명한 바와 같이 마이크로소프트(Microsoft)나 타미 힐피거(Tommy Hilfiger), 그리고 인텔(Intel)과 같은 새로운 종류의 기업의 운영을 설명할 때 '이들 기업이 본질적으로 생산하는 것은 물건이 아니라 그들 브랜드의 이미지다'라고 소개했다. 그들의 실질적인 작업은 제조에 있는 것이 아니고 마케팅에 있는 것이었다.[40]

20세기 후반 가장 성공적인 디자인 관련 브랜드 만들기 중 하나는 가정용 전자제품의 발명가이자 제조업자인 제임스 다이슨(James Dyson)에 의해 이루어졌다. 그의 작업은 진보적이고 효과적인 기술을 제안하면서 그만의 독특한 구매포인트와 제품브랜드를 만들어내는 것으로 1930년대 제품디자인의 문화적 영향력의 아이디어와 밀접한 관계가 있었다.[41] 다이슨은 시각적으로 바람직한 인공물을 매우 강력한 브랜드와 결합시켜 그 아이디어를 여러 단계 더 발전시켰다. 하지만, 1990년대의 모든 브랜드 실천 중 가장 세련된 것은 아마도 우수성과 탁월한 취향의 표시로서 '익명'정책을 채택한 일본회사 무지(Muji)일 것이다. 브랜드의 부재는 무지 제품이 시장의 상업주의에서 벗어났다는 생각을 만들었는데, 그것은 과소비에 대해 커져가는 대중의 우려에 영리하게 대응한 세련된 생각이었다.

향수, 의류, 식품 및 제품이 모두 브랜드화 되는 동안, 1980년대와 2000년대 초반 관광객 소비를 위해 제공되는 특히, 레저사이트와 같은 장소가 브랜드화 되는 확장된 아이디어가 등장했다. 수 십년 앞서 미국의 테마파크인 디즈니랜드(Disneyland)에 의해 개척된 플레이스브랜딩(place-branding)이 점

그림 6.6 ｜ 파리 디즈니랜드의 잠자는 숲속의 공주성 (© Sony United Kingdom Ltd)

차 확산되고 있었다(그림 6.6). 초기 예에서, 디즈니의 명칭 사용은 사실상 공들여 만든 놀이공간에 적용되었는데, 이 공간은 디즈니 만화영화 시청자들에게 익숙한 매우 특별한 경험을 상기시키며, 매력, 마법, 유머, 재미, 어린아이 같은 순진 그리고 기쁨으로 특징되어진 공간이었다. 브랜드 이미지는 상상의 2차원 세계를 실제 공간에서 현실화 시키는 것으로 꼼꼼하게 유지되었다. 디즈니랜드는 브랜드와 디자인 모두에 있어 거대한 규모로 실행된 것으로 현재까지 레저경험디자인에 엄청난 영향을 미치고 있다.

　디즈니랜드 현상은 시각적인 것으로부터 물질적인 것으로, 상상으로부터 현실 재창조의 가능성을 나타냈다. 이와 같이, 여태까지 현실에서 환상을 만들어왔던 일반적인 문화의 프로세스를 반전시켰다. 과거에 행해졌던, 즉 실제공간을 모방했던 무대세트의 전통적인 관행의 반전은 포스트모던 플레이스브랜딩의 핵심적인 특징이 되었다. 라스베가스의 카지노로부터 영국 시골의 주택인테리어, 도시의 재개발지역, 다양한 이국적 지역에 건설된 야자수로 둘러싸인 수영장을 갖춘 대규모 호텔단지까지, 20세기 말과 21세기 초의 많은 레저환경의 건설에서 플레이스브랜딩이 나타났다. 이와 같이 많은 건설된 공간이 그랬듯이 상상에서 현실로 옮겨오면서 지역의 기후가 경험의 필수조건인 경우를 제외하곤 지역위치의 특이성은 크게 상관이 없었다. 포스트모던 레저사이트 방문자는 거의 전 세계 어디서나 있을 수 있다. 경험의 지리적 유연성의 새로운 느낌은 방대한 수의 사람들이 2차원이든 멀티미디어 기술의 도움에 의한 가상공간에서이든 다양한 모의경험을 할 수 있는 인터넷에 의해 더욱 촉진되었다. 브랜드화된 실제나 가상공간의 인기가 증가함에 따라 모더니즘이 주장했을 법한 디자이너가 반드시 합리적인 문제해결자일 필요가 없고 오히려 사용자와 감정이입하고 그들을 위한 경험을 창조할 수 있는 실무자로서 '경험 있는 디자이너'가 출현하게 되었다.

20세기의 후반 30년과 21세기 첫 10년 동안 가장 눈에 띄게 디자인되고 활발하게 소비된 경험은 문화유산산업을 위한 것이었다. 디즈니랜드의 경우와 같이, 그 현상의 뿌리는 매스미디어에 두었으며, 이번에는 어린이만화가 아니고, 성인 TV와 영화의상드라마에 두고 있다. 문화 산업은 로버트 휴이슨(Robert Hewison)의 연구주제였으며, 패트릭 라이트(Patrick Wright)의 '옛날 국가에서 거주(On Living in an Old Country)'와 더 최근엔 라파엘 사무엘(Raphael Samuel)의 '추억의 극장(Theatres of Memory)' 등이 있다.[42] 이 세 개의 텍스트는 모두 영국에서뿐만 아니라 미국, 유럽, 극동 지역에서 특히 강하게 나타난 경향에 초점을 맞추고 있는데 과거의 향수에 대한 희구를 다루고 있다. 예를 들어, 에블린 워(Evelyn Waugh)의 '다시 가본 브라이즈헤드(Brideshead Revisited)', 존 골즈워디(John Galsworthy)의 '포사이트가의 이야기(The Forsyte Saga)', 더 최근엔 줄리안 펠로우즈(Julian Fellowes)의 '다운튼 애비(Dounton Abbey)'와 같이 웨스트런던의 교외를 무대로 하고 있는 TV드라마버전에서 전달되어진 바와 같이 대부분 낭만적인 비전이었다. 낡은 산업 인프라구조가 쇠퇴함에 따라, 그러한 향수적 제의에 대한 대중의 열광적인 수용에 의해 박차가 가해졌으며, 영국은 새로운 국가이미지를 만들어내기 위해 과거를 재현하는데 많은 노력을 기울였다. 실내장식가 존 파울러(John Fowler)가 내셔널트러스트(National Trust)*와 함께 한 작업을 통해 1950년대 시작된 활동으로, 기품 있는 집의 새단장부터 관광객의 시선을 끌기 위한 산업시설의 개조에 이르기까지, 영국은 선별된 과거의 재건을 경험하고 있었다.[43] 요크에 있는 요빅 바이킹센터(Jorvik Viking Center)로부터 아이언브리지 계곡박물관(Ironbridge Gorge Museum), 리버풀의 알버트부두의 보수공사와 폴 매카트니(Paul McCartney)와 존 레논(John Lennon)이 어린 시절 보냈던 집까지, 영국은 기억유발의 통로를 만들어내고 있었다. 그것은 디자인에 대한 모더니스트의 비전과는 거리가 멀었지만 매우 중요한 것이었다. 한편 휴이슨과 라이트 모두 이 현상을 쇠퇴하는 국가의 표시로 이해했고 특히 라이트는 그가 소위 '영국 사회에 퍼져 들어가는 문화 조작'이라고 일컬으며 이를 지적했다.[44] 하지만, 퀸란 테리(Quinlan Terry)가 계획한 경관과 공공구역이 완벽히 조화를 이루는 리치몬드어폰테임즈(Richmond-upon-Thames)와 같이 신고전주의 양식의 새로운 건축이나, 뉴질랜드의 로토마하나호수(Lake Rotomahana)에 설치한 테라스의 개조와 같이 자연 그 자체의 확장과 같은 프로젝트들은 많은 건축가와 디자이너들에게 새로운 도전을 의미했다.[45]

기억의 극장을 만들어내는데 사용될 디자이너와 건축가의 상상력은 지난 20세기 후반과 21세기 초반 그들의 문화적 역할의 중요한 측면이었다.

런던의 사이언스뮤지엄(Science Museum)과 빅토리아앨버트뮤지엄(Victoria

● **역자 주)** 내셔널 트러스트(National Trust): 자연보호와 더불어 역사적 유산을 보존하기 위한 민간단체로 영국에서 시작되었음.

and Albert Museum)에서 새로운 디스플레이 방식을 제시했던 런던 카손만 (Casson Mann)의 전시 디자이너들은 불티나게 섭외를 받았으며, 밀레니엄 기념행사는 전 세계 디자이너의 방대한 작업을 이끌어냈다(그림 6.7). 경험디자인에 대한 강조는 디자이너의 많은 다른 역할에 영향을 주었으며 그에 따라 디자인프로세스는 포스트모더니티의 상황들과 공고히 연결되었다. 궁극적으로 경험디자인의 강조는 문화적 변화를 가져왔으며 이는 점점 세상을 실제와 가상을 구별하기 힘들게 만들었다. 디즈니랜드와 라스베가스의 경관은 세계적으로 쇼핑몰과 도심의 환경에 스며들었으며 이는 소비자들이 쇼핑을

그림 6.7 | 런던 그리니치에 있는 밀레니엄돔The Millennium Dome, London, 2000 (© Finbar Good)

왔는지 아니면 레저여행을 왔는지 알 수 없게 만들었다. 움베르토 에코(Umberto Eco)의 '하이퍼리얼리티(hyperreality: 극사실주의)' 개념은 포스트모던 세상의 많은 일상생활에 필수조건이 되었고 디자인의 역할은 그 안에 연루되어 있었다.[46]

광고 및 매장윈도디스플레이로부터 실제와 가상적 경험을 만들어내기 위한 제품 그 자체의 물리적 조작에 이르기까지 디자인은 포스트모더니티의 소비문화에 쉽게 흡수되고 있었다. 사실, 그것은 새로운 조건의 핵심에 있었으며 그 전략은 본질적으로 그것의 끝단에 맞춰져 있었다. 모더니즘 내에선, 제품이 건축가에 의해 만들어졌던 반면〔예를 들어, 르 코르뷔지에(Le Corbusier)는 자기 집의 공간에 맞도록 자신의 의자를 디자인했다〕 포스트모더니즘 내에선, 그 과정이 변형되었으며 제품은 건축가들의 일시적인 기분으로부터라기 보단 소비자의 욕구와 정체성으로부터 발산되었다. 예를 들어, 디즈니랜드와 쇼핑몰에서, 의미는 환경자체의 개별적인 구성요소에 의해서 보다 자극과 욕망의 성취에 의해 더 많이 생성되었다.[47] 이것은 초기 모더니스트들에게 완전한 환경의 범위를 직시하게 영감을 준 종합예술(Gesamtkunstwerk)의 재작업으로 볼 수 있다.

포스트모더니즘 이후의 상황에서, 디자인은 경험을 위한 배경막을 제공했고 당시 전면에 섰던 많은 디자이너들은 디스플레이나 이미지메이킹, 공간디자인과 온라인 인터랙션에 능숙해 있었다. 모더니즘의 영웅이었던 제품 및 가구디자이너는 20세기 초 디자인운동의 유산으로서 역할을 담당했던 고급문화 아이콘의 제작자로 기억되며 대체되었다. 모더니즘은 오로지 격상된 문화수준에서만 살아남을 수 있었으며, 영국의 월페이퍼(Wallpaper)잡지와 선데이(Sunday)신문의 부록과 같은 고급스러운 라이프스타일 잡지의 지면을 통해, 시각, 물질 및 공간문화의 이상적이고 열망적인 면들이 계속 제공되었다. 제조업체는 점점 새로운 시장을 개척하기 위한 마케팅을 펼쳤는데, 시장은 지리적 정체성, 계급, 성별, 나이보다는 점점 글로벌한 취향의 문화, 라이프스타일의 가치와 개성의 유형에 의해 정의되고 있었다. 제품을 대체한 브랜드와 경험으로서 디자인은 관광에서 쇼핑까지 모든 경험의 일부가 되었다. 20세기 말, 세계 인구의 다수가 그들의 그룹과 개인의 정체성을 형성함에 따라 디자이너들은 시각, 물질, 공간 및 실험적 환경의 창조자로서의 중요한 역할을 발견하게 되었다.

21세기 초, 소비자의 입장에서 볼 때, 소비를 통해 자신의 사회적 위치와 정체성을 확립하기 위한 디자인 상품에 대한 시장의 수요나 욕망은 사라지지 않았다. 하지만, 디자인을 단지 자본주의를 위한 도구로 보기 보단 사회나 환경을 개선하기 위한 도구로 만들어야 된다는 필요성이 점점 가시화되었다. 그러한 맥락에서 시각, 물질 및 공간문화의 소비를 향한 비판적 태도를 수용한 합리적이고 책임성 있는 새로운 소비자가 등장했다. 한편, 어떤 면에선 그러한 새로운 접근방식이 모더니스트의 프로젝트의 환생으로 보여질 수 있으며 다른 한편으론 포스트모더니즘에 의해 가능하게 된 규제완화를 통해 나타났다고 볼 수 있다. 1970년대 초반, 빅터 파파넥(Victor Papanek)의 '*실제 세계를 위한 디자인(Design for the Real World)*'의 출판은 디자이너가 사회적 책임의식을 발전시켜야 하고 사람들의 욕구(wants)와 필요(needs)를 구별해야 한다는 생각을 확립하게 만들었다.[48] 파파넥은 또한 그들이 제3세계의 필요에 관심을 가져야 한다고 제안했다. 21세기 초반까지, 그의 아이디어는 전 세계적으로 반향을 일으켰고 디자인프로젝트는 경제적 이익을 위한 욕망에 의해서라기 보단 사회적 이상에 의해 수행되어야 했다. 많은 경우, 새로운 접근방법은 여태까지 그랬던 이미지와 사물 및 공간의 창조보다 오히려 네트워크와 시스템에 디자인을 입력시키는 데 집중했다. 예컨대 2002년 이후, 에치오 만치니(Ezio Manzini)와 프랑스아 제구(François Jégou)는 '*지속가능한 솔루션에 대한 신흥사용자 수요(Emerging User Demands for*

Sustainable Solutions)'라는 제목의 프로젝트를 같이 수행했는데, 그 프로젝트
는 지역의 창조적 공동체들과의 작업을 포함하고 있었으며, 상호 지원그룹,
폐기된 땅에서 공동정원을 만드는 그룹, 그리고 다른 사람들이 아무런 금융
교류 없이 서로에게 서비스를 제공하며 생산자와 사용자 사이의 중개인을
배제하는 것을 기반으로 직접 네트워크에 접속할 수 있게 했다. 모든 경우에
있어 디자이너의 과업은 '사회혁신을 통합하고 보다 쉽게 많은 사람들에게
홍보 할 수 있는 시스템'을 디자인하는 것이었다.[49] 이 프로젝트는 디자이너
의 능력을 적용하는 새로운 응용프로그램으로, 사용자를 향한 감성과 결합
된 혁신적인 사고를 필요로 했고 시각, 물질 및 공간적 결과물을 필요로 하
지 않았으며 오히려, 사회적 지속가능성과 지역 정체성을 만들어내는 것이
주된 목적이었다.

　하지만, 디자인의 몇 가지 예는 여전히 시각적 및 물질적 제품과 관련을
맺고 있었다. 예를 들어, 병원 환자의 존엄성을 향상시키기 위해 영국의 디
자인위원회가 지원했던 프로젝트는 새로운 병원 가운, 커튼과 벽 사이에 개
폐식 장막, 높은 차원의 프라이버시를 제공하는 조립식 화장실과 환자의 정
보가 인쇄된 테이블덮개 등을 포함하고 있었다. 환자의 문제와 요구에 대한
상당한 양의 연구가 그 프로젝트에 토대를 마련했고 그 결과를 널리 알렸
다.[50] 같은 원리가 '범죄방지 디자인'이라는 타이틀로 런던의 센트럴세인트
마틴스미술대학(Central St Martins College of Art and Design)에서 수행되었다.
목표는 주택의 블록 및 주차장 등과 같은 도시 공간에 실질적인 개입을 통
해 범죄를 최소화할 수 있는 방법에 대해 생각하는 것이었다. 한 프로젝트는
도난 방지를 위한 도시의 자전거 거치대 리디자인에 초점을 맞추고 있
었다.[51]

　'인클루시브 디자인(inclusive design)'이란 개념이 또한 이때 등장했다. 인
클루시브 디자인은 사회적 디자인을 근거로 하는 이념에 뿌리를 두고 있으

며, 노인이든 장애자이든 또는 여러 가지 이유로 인해 사회적으로 소외된 사람들과 같이 예외적인 필요성을 가진 사용자들이든 그들의 요구를 감안하지 않는 디자인은 탄생되지 말아야 된다는 가정 하에 작동되고 있었다. 이 연구는 예외적인 요구사항을 지원하는 것이라도 역시 더욱 표준적인 요구사항을 만족시켜야 한다는 가정에 근거를 두고 있다.

하지만, 경기침체로 정의된 21세기의 첫 10년 동안, 사실상 소비의 위기는 보류되었다. 개방적인 시장에서 라이프스타일과 정체성을 구입하고자 하는 부모의 욕구에 대응하는 젊은 세대는 상품을 재활용하고 폐기를 방지할 수 있는 전략을 개발했다. 이베이(e-Bay), 카부트세일(car boot sales), 자선매장, 빈티지 의류와 상품 공급업체들이 전통적인 매장의 형태에 도전하는 한편 의류교환 모임이 흔해졌다(그림 6.8). 많은 제조업체들은 광범위한 환경재해의 공포에 반응했고 '녹색' 라벨을 붙인 그들의 제품으로 마케팅을 시도했다. 그와 같은 접근방식은 재료나 제품재활용 또는 지구생태계에 손상을 주지 않는 재료로 만든 제품과 '공정거래'를 고려한 제품이란 확신과 같은 여러 가지 가능성을 내포하고 있었다. 1990년대에 이 분야에 대한 중요한 연구가 진행되는 동안 정부와 제조업체들이 지속가능성과 도덕적인 소비와 같은 이슈를 만들어내는데 디자인이 중요한 역할을 할 수 있다는 징후가 있었다. 그 즉각적인 결과 중 하나는 상품판매의 편의주의적인 수단으로서 그들 자신을 현재 소비자의 감성과 같이 정렬시킨 회사들에겐 새로운 마케팅 기회를 제공했다는 사실이다.

지속가능성에 대한 도전에 있어 디자인 주도의 많은 호의적인 반응이 있었는데, 이는 효율적으로 에너지와 자원을 사용하는 건물, 제품 및 생산 시스템에 대한 디자인이 필요하다는 인식의 증가와 연결되어 긍정적인 환경, 경제, 그리고 사회적 효과를 만들어냈다. 지구를 보호할 수 있는 유일한 물질로서 생분해성 물질이 제품에 사용되어야 한다는 생각을 옹호하는 '요람

그림 6.8 │ 런던의 한 빈티지 옷 가게, London, c. 2000

에서 요람'디자인이 자주 논제로 등장했으며, 많은 디자이너와 제조업체들
이 그와 같은 생각을 수용했다.

　예를 들어, 1930년대 이래 찰스 임스(Charles Eames)의 가구디자인을 제
조해온 미국의 허먼밀러(Herman Miller)사는 특히 지속가능한 디자인을 일찍

부터 수용하고 있었다. 이러한 노력들은 제품디자인 뿐 아니라 건물디자인
에도 나타났었는데 그 중 윌리엄 맥도너(William McDonough)가 설계한 미시
간주 홀랜드에 있는 그린하우스가 대표적이다. 제품디자인 영역에서, 허먼
밀러사는 내구성, 혁신성, 그리고 품질에 초점을 맞추었으며, 특히 1950년대
부터 많은 디자인클래식을 생산해온 것에 대해 자부심을 가지고 있었다. 또
한 에너지 절약의 필요성과 제품포장의 축소, 그리고 분해 및 재활용성을 강
조했으며, 초기 미국 무기 제조업체의 제품에서와 같이 표준화된 부품을 사
용하여 수리, 반복사용 및 재조립의 용이성을 가장 중요시했다.[52]

스포츠 신발과 의류 생산업체인 나이키(Nike)를 포함한 다른 디자이너제
품 제조업체들도 지속가능성을 수용했다.[53] 허먼밀러사와 마찬가지로, 그 회
사들도 폐기물을 줄이고 작업에 있어 환경에 부정적으로 미치는 영향을 감
소시키는 재료 선택에 집중했다. 예를 들어 나이키는 2010년 남아프리카 월
드컵 때 100% 재활용이 가능한 폴리에스터 축구유니폼을 생산했는데 나이
키 자체의 홍보자료에 의하면 매립지에서 1천3백만 개의 플라스틱병을 줄
이는 효과를 냈다고 한다.

지속가능성의 수용은 20세기를 통해 디자인된 상품의 모양이나 기능을
넘어서 생산과 소비의 총체적 시스템을 다시 생각하게 만들었다. 이와 비슷
하게, 소비자의 취향과 인식의 변화가 제조업체의 생산과 마케팅 판매방식
에 직접 영향을 미쳤던 산업화 초기로의 귀환과 같은 데자뷰의 느낌이 있었
다. 21세기 초 소비자가 지구의 고갈자원에 대해 점점 더 문제의식을 가지
게 됨에 따라, 책임 있는 제조업체들은 디자인을 포함해 총체적으로 그들의
작업을 다시 생각하기 시작했다.

지속가능성의 의제는 세계적, 지역적 맥락에서의 생산에 대해 재조명하
는 역할을 했다. 실제로, 세계화에 대한 교정수단으로 지역주의의 모든 문제
가 21세기 초기에 첨예하게 부각되었다. 사회적 지속가능성의 개념은 지역

환경과 지역사회의 재생에 대한 필요성을 강조했다. 이어, 새로운 특정위치에 대한 주목은 인공물과 자연 사이의 새로운 관계성을 이끌었으며 건축가와 디자이너는 새로운 방식으로 후자를 포용하기 시작했다. 그런 맥락에서 조경은 새로운 중요성을 가졌으며, 건물의 내부와 외부 사이에 존재하는 경계를 흐리게 하는 생각이 폭넓게 논의되었다. '녹색 지붕'은 건물을 보다 생태학적으로 효율성 있게 만드는 보편적인 수단이 되었다. 모더니스트가 장소에 대한 특정 개념에서 건축을 분리시켰던 반면, 환경에 대한 새로운 인식을 가진 건축가와 디자이너는 그 결합을 재확립하기 위해 노력했다.

21세기 첫 10년까지, 소비자와 디자이너 모두는 의식하지 못할 정도로 그들을 변화시키는 새로운 도전에 직면했고, 그들과 생산 및 소비와의 관계를 다시 정의하게 되었다. 그 새로운 관계는 과거보다 사회적 열망, 취향 및 라이프스타일에 있어 덜 영향을 받고 있는데, 새로운 도전이란 그들의 생산 및 소비와의 관계를 정의한 과거의 모순을 넘어 디자인이 새로운 평화적 동맹관계에서 같이 일할 필요가 있다는 사실을 의미했다. 그것은 디자인이 18세기 공장에 도입된 분업 내에서 출현한 이래 최초의 급진적인 도전으로 대표되었다.

7 테크놀로지와 디자인:

새로운 동맹Technology and design: A new alliance

풍요로운 재료

2차 대전 이후, 소비자는 지속적으로 디자인의 혁신을 요구하고 있었으며, 기술 변화의 속도는 그것을 가능하게 만들었다. 대부분 미국에서 나온 새로운 생산기술들은 산업제조방식을 체계화하는 데 상당한 영향을 주었다. 시장의 취향과 욕구에 맞춰 수정됨에도 불구하고 대량생산은 소비자들이 감당할 수 있는 가격으로 가능한 많은 양의 제품을 소유할 수 있다는 확신을 주는 보편적인 수단이 되었다. 게다가, 기술은 새로움에 대한 소비자의 강화된 욕구와 저렴한 생산수단을 충족시킬 수 있는 새로운 재료의 추구점에서 디자인과 합류했다. 디자이너들의 작업은 그러한 새로운 재료가 적절하고 바람직한 형태와 의미를 이끌어 냈다는 확신을 주기 위해 계속되었다.

1945년 이후 서방 세계에서 새로운 단계의 산업 확장의 시작과 20세기 후반과 21세기 초기의 강력한 특징이 된 기업세계화(corporate globalism)에 대한 강화가 있었다. 그러한 현상은 제너럴모터스(General Motors), 듀폰(Dupont)과 제너럴일렉트릭(General Electric)과 같은 20세기 초에 형성된 대규모의 미국기업의 병합과 확장 그리고 그들의 증대되는 유럽진출로 특징지어진다. 전쟁기간 동안 많은 새로운 기술혁신이 일어났다. 듀폰의 사내 간행물이 설명했던 바와 같이, 전쟁 중 개발에 기반을 둔 회사 내 변화는 지연되어 왔지만 전후 미국은 새로운 니즈를 가지게 되었고 새로운 수요를 만들어낼 수 있었다. 듀폰은 그러한 수요를 충족시키기 위해 집중했으며 프로그램은 확장된 시장을 채우기 위한 전쟁 전 공장시설의 현대화와 제조설비의 확장을 포함하고 있었다. 또한 전쟁에 의해 지연되었던 새로운 프로세스와 제품을 개발하기 위한 시설도 포함되어 있었다.[1] 전후, 듀폰은 '올론'이나 '데이크론'과 같은 새로운 합성직물의 개발 및 제조로 이동하고 있었고, 1941년에 출시되어 이미 익숙해져 있던 '나일론'과 같은 합성직물의 개발과 제조에 본격적으로 뛰어들었다. 이러한 경험은 제너럴모터스, 포드(Ford)와 크라이슬러(Chrysler)를 포함하는 많은 다른 자동차 생산업체들에 의해 반복되었고, 또한 타파웨어(Tupperware Corporation)와 제너럴일렉트릭과 같은 대규모 가정용품제조업체도 뒤를 이었다. 비록 그 제품들은 표준화된 대량생산의 개념으로 생산되었지만 기업의 성장 방향은 소비자가 요구하는 방향, 즉 시장에서의 다양성을 추구하기 위해 점점 디자인 주도적으로 변해갔다. 한 예로, 1957년, 어느 한 미국 가구제조업체는 20가지의 표준소파와 18가지의 러브소파 그리고 39가지의 의자를 시장에 내놓았다.[2] 필연적으로, 제품들은 모던에서 전통적인 스타일에 이르기까지 다양했다. 많은 기업들이 그들 제품의 행선지로 일반 시장을 직접 겨냥했지만 그 중 제너럴일렉트릭, 웨스팅하우스나 크라이슬러와 같은 기업은 군대와 계약을 맺기도 했는데 이는 그들에게 부가적으로 경제적 안정을 제공했다.[3]

같은 기간 유럽에 자회사를 설립하는 미국기업이 증가하고 있었고, 대규모 유럽기업들이 크게 번영의 시기를 맞았으며 또한 많은 대규모 신규기업들이 유럽에 출현했다. 1945부터 1950년 사이 기간은 전쟁 중 많은 피해를 입었던 독일, 이탈리아, 그리고 영국과 같은 국가들이 왕성하게 산업재건을

한 시기였다. 전쟁기간 동안 생산은 제한되었고 전쟁을 위한 노력의 일환으로 디자이너들의 기술은 전쟁물품을 디자인하는 데 사용되었다. 예를 들어, 영국은 많은 디자이너들을 정보부에 고용해 선전이나 홍보에 그들의 그래픽과 화술표현기법을 활용했다. 그 결과 종전 후 많은 디자이너들은 전쟁 중 자신들이 연마한 기술을 평화적 맥락에서 즉시 응용할 준비가 되어 있었다.

전후 유럽의 산업재건은 마셜플랜(Marshall Plan)의 일환으로 유입된 미국 자금에 의해 가능했었다.[4] 마셜플랜에 따라 미국은 유럽의 병약한 산업인프라를 회복시키는 데 많은 돈을 쏟아 부었는데 이는 무역파트너를 만드는 것과 더불어 공산권에 대한 방어의 수단이기도 했다. 따라서 필연적으로, 그 금융제국주의는 실용적이며 또한 이데올로기적 의미를 가지고 있었다. 미국의 협동조합주의 모델은 유럽으로 하여금 20세기 초 헨리 포드(Henry Ford)에 의해 확립되고 알프레드 P. 슬로안(Alfred P. Sloan)에 의해 수정된 제조원리를 활용할 수 있는 대규모의 대량생산센터를 만들어내게 했다. 예를 들어, 이탈리아에서는 피아트(Fiat)나 올리베티(Olivetti)와 같은 회사들이 미국회사를 모델로 공장을 운영했으며, 제너럴일렉트릭과 웨스팅하우스와 같은 전기제품 분야의 거대기업들은 그들의 유럽 자회사들을 키워나가고 있었다. 독일에서 아에게(AEG)가 계속해서 발전하고 있었고 보쉬(Bosch)와 같은 새로운 회사가 승승장구하고 있는 동안 네덜란드에서는 필립스(philips)사가 등장했다.

미국의 산업 및 기업모델의 유럽진출은 팽창하는 시장을 겨냥한 제품의 유형이나 특성 그리고 제조에 디자인이 통합되는 방식에 영향을 미쳤다. 가정용 기계나 자동차 분야에선 혁신적 방식인 금속프레싱과 같은 생산기술이 공유되었다. 직접적인 결과로서, 유선형의 미학이 유럽으로 전수되었다. 상이한 계급구조와 취향문화에 따라 변화하는 유럽 각국의 문화적 변수는 미국의 제국주의적 양식을 변경시켰다. 예를 들어, 이탈리아에서는 크롬도금된 표면디테일로 치장된 미국의 압축성형 금속제품의 과함이 보다 더 부

그림 7.1 | 피아트Fiat 생산 라인, Torino, 1930s (© Archivio Storico Fiat)

드럽고 덜 정교하며 보다 더 조각적인 접근으로 제품에 적용되었다.

페라리(Ferrari)를 위한 바티스타 피닌파리나(Battista Pininfarina)의 자동차 디자인과 네키(Necchi)사를 위한 마르첼로 니촐리(Marcello Nizzoli)의 재봉틀 디자인 '미렐라(Mirella)'는 유선형 형태에 대한 이탈리아의 세련된 해석으로 요약될 수 있으며, 어떤 면에선, 구근모양의 자동차 모양보다는 오히려 현대 조각과 더 많은 공통점을 가지고 있었다.[5]

한편, 전후 유럽은 미국의 자본과 기술 그리고 기업문화를 수용하긴 했지만, 그들은 고유한 공예기반의 소규모 산업을 발전시켜나가고 있었다. 그런 현상은 특히 이탈리아에서 두드러졌는데, 이탈리아는 직물, 가구, 도자기, 유리 그리고 금속제조업에서 공예의 뿌리 깊은 기초를 두고 있었다. 1950년대와 1960년대에 이탈리아의 많은 기업들이 그들의 생산을 현대화시켰던 반면, 소규모로 국제적인 틈새시장을 겨냥해 고급문화제품을 디자인하고 만들어내는 기업들이 있었다. 이 같은 문화적 생산 모델은 공예기술에 첨단기술제조방식을 접목시키고 예술의 확장으로서 디자인을 강조하고 있었는데 이는 나중에 스페인이나 일본과 같은 나라들에 의해 모방되었다. 이탈리아와 마찬가지로 그런 나라들은 높은 안목을 가진 고객들에게 부가가치를 지니는 상품을 제공하기 위해 디자인을 제조에 연결시켜야 하는 도전에 직면해 있었다.[6]

1950년대 유럽의 제조산업 대부분은 미국 시장을 목표로 하고 있었다. 프랑스와 이탈리아의 고급 패션과 이탈리아의 장식제품, 특히 세라믹은, 거의 모두 미국 소비자를 목표로 생산되었다.[7] 1951년 '작업 중인 이탈리아 (Italy at Work)'라는 제목의 전시가 이탈리아제품 홍보를 위해 미국의 여러 미술관을 순회하면서 개최되었는데, 비슷한 맥락으로 스칸디나비아 디자인의 대규모 전시가 1954년과 1957년 사이에 미국을 순회하면서 개최되었다.[8] 유럽의 예술과 디자인산업은 대부분 저렴하고 대량생산된 원주민의 도자기가 주류를 이루었던 미국시장의 틈새를 채우고 있었다. 1950년대 이탈리아의 세련되고 고급스러운 자동차는 미국에서 비록 틈새시장이긴 하지만 열광적인 그들의 고객들을 찾아냈다. 거의 10년 동안 북미는 그러한 일등상품들을 위한 시장이었으며 이는 이탈리아나 스칸디나비아국가들로 하여금 공예기반의 제조방식에 기반을 둔 고급문화, 고급품질의 디자인을 발전시킬 수 있게 만들었다. 유럽의 모든 생산품 중 가장 고급스러운 프랑스의 옷은 캐나다에서 매장을 찾아냈다.[9] 패션전문가 도라 밀러(Dora Miller)는 '프랑스의 의류산업은 미국의 자동차산업과 같이 국가경제에 매우 중요한 위치를 차지하고 있다'라고 설명했다.[10] 1950년대 후반, 유럽은 미국에서 유럽의 모던하고 럭셔리한 장식적 상품이 경제적 잠재력이 있다는 것을 인식했고, 그에 맞춰 생산, 디자인, 그리고 유통의 단계를 체계화했다. 십년 후엔, 유럽공동체가 결성됨에 따라 같은 상품에 대한 유럽내수시장이 등장했고 미국으로의 수출은 그 만큼 상대적으로 덜 긴급한 것이 되었다. 결과는 이탈리아 (특히 밀라노), 스웨덴, 덴마크, 핀란드, 독일을 중심으로 한 강력한 모던유럽 디자인운동의 출현이었다.

1945년 이후 기술과 디자인 사이의 관련성의 한 측면이 유럽으로 수출 하는 노하우와 관련되어 있었던 반면, 다른 측면은 새로운 물질의 등장에 의 해 나타난 지속적인 도전과 관련되어 있었다. 전쟁기간은 특히 플라스틱, 금 속, 목재 기술과 같은 분야 그리고 그 재료들을 함께 결합하는 분야에서 많 은 발전이 이루어졌다. 미국에서는, 1940년대 건축가이자 디자이너인 찰스 임스(Charles Eames)가 핀란드출신 디자이너인 에로 사리넨(Eero Saarinen)과 함께 디자인한 가구에 새로운 목재 가공기술과 결합방법을 활용했다. 전쟁 기간 동안 임스는 미 해군으로부터 다리 부목 시리즈를 만드는 일을 위임 받아 일을 하는 동안 적층목재 성형을 실험했었다. 디트로이트의 목재회사 에반스프로덕트(Evans Products)와 함께 그는 성형 합판으로 만든 틀것을 생 산했다. 아서 J. 풀로스(Arthur J. Pulos)는 그의 책 '미국 디자인의 모험(The American Design Adventure)'에서 합판이 당시 엄청난 수요와 함께 임시 주택 의 영역으로 이동하는 방법에 대해 언급했다.[11] 임스는 처음엔 에반스프로 덕트와 작업하면서 그의 실험을 발전시켰고 이어서 허먼밀러(Herman Miller) 와 작업했는데 1946년 그는 고무완충기를 이용하여 용접된 금속봉 지지대 에 본을 뜬 베니어합판을 부착해 만든 것으로 묘사되는 그의 유명한 적층목 재의자의 제조로 정점에 이르렀다.[12] 사리넨과 함께 개발한 고도로 혁신적 이고 현대적인 가구의 미학은 다음 10년 동안 스칸디나비아, 영국 그리고 이탈리아 등에서 광범위하게 모방되었다.[13] 새로운 성형기술의 사용을 통해 가구는 대량생산될 수 있었고 학교교실이나 홀, 그리고 강당을 채우면서 공 공영역으로 빠르게 이동되었다.

플라스틱 또한 전쟁기간과 직후 계속 변환되어갔다. 셀 수 없을 정도로

많은 합성 물질 가운데 폴리에틸렌, PVC 및 폴리스티렌 등이 이미 일상생활
에 진입한 합성물질의 목록에 추가되었다. 새로운 가능성에 대한 다양한 문
화적 반응이 나타났다. 예를 들어, 클레어 캐터롤(Claire Catterall)이 설명했듯

그림 7.2 | 가정에서의 플라스틱, 1940s (courtesy of the author)

이, 영국에서는 '매끄럽고, 유선형에 반짝거리는' 것으로 보여 지는 새로운 물질에 상당히 거부감이 있었다.[14] 하지만 이탈리아에서는 새로운 합성물질에 더욱 열광적이었으며, 1950년대 말과 1960년대 당시 선도적인 건축가와 디자이너들 중 비코 마지스트레티(Vico Magistretti), 마르코 자누소(Marco Zanuso), 조 콜롬보(Joe Colombo)는 플라스틱 의자에 대한 많은 실험을 수행했다. 그들은 ABS와 같은 물질의 비천연성을 이용하여 밝은 적색, 흑색과 백색을 포함하는 자극적인 컬러를 사용했다(그림 7.3). 1960년대 후반의 반디자인운동(Anti-Design Movement)과 연계된 몇몇 이탈리아 디자이너들은 모더니즘의 딱딱하고 정적인 형태를 극복하기 위한 노력으로 부드러운 플라스틱, 폴리우레탄폼과 같은 물질을 선택했다.[15]

　디자인 역사에 대한 다수의 연구는 당시 모더니티의 대중적 이미지 구축에 있어 중요한 역할을 강조하며 전후 시기에 새로운 재료의 영향과 그 문

그림 7.3 │ 비코 마지스레티의 'Studio 80' 테이블(1967)과 'Selene' 의자(1968), Italy, 1967-8 (ⓒ Vico Magistretti)

화적 영향에 초점을 맞추고 있었다. 예를 들어, 영국에서 합성섬유 카펫의 출현에 대한 주디 아트필드(Judy Artfield)의 1944년 연구는 사물이 변화와 새로움을 수용하는데 있어 거부감을 갖는 보수적 산업의 '문화적 힘의 물질적 표현'으로 보여 질 수 있는 방식에 초점을 맞추고 있었다.[16] 그녀의 연구는 카펫거래에 있어 양털로 짠 전통적인 카펫에 대립되는 합성섬유 카펫에 대한 수용이 아주 더디게 나타났다는 것을 강조하고 있다.

사만다 파일(Samantha Pile)의 가구디자인에 있어 라텍스폼(latex foam)에 대한 반응의 연구에서도 영국의 새로운 소재에 대한 비슷한 경계가 관찰되었다. 그녀가 설명한 것처럼, 비록 그것이 영국에선 즉각적인 디자인혁명을 예고하지는 않았지만, 고무의 새로운 형태가 현대적 편안함을 나타내는 새로운 미학을 만들어 낼 수 있을 것이라 이해했던 스칸디나비아와 이탈리아에서는 열광적으로 수용되었다. 파일이 지적했듯이 부피와 무게를 줄이는 라텍스폼은 이탈리아 디자이너들과 제조업체에 매우 매력적인 것이었는데, 이는 당시 그들이 현대추상조각에 영감을 받은 새로운 가구의 미학을 찾고 있었기 때문이었다. 한편 가정에서 모더니티의 좀 더 부드러운 버전을 선호했던 스칸디나비아에서도 플라스틱은 적극적으로 사용되었다.[17]

1999년 앨리슨 클라크(Alison Clarke)는 타파웨어에 의해 제조된 미국의 폴리프로필렌 식품용기개발에 대한 연구에서, 당시 소재, 디자인, 사회, 그리고 문화가 서로 합의점을 찾았던 복잡한 방법에 대해 기록했다. 클라크는 제품의 아이콘적 의미는 제품 그 자체만으론 이해되기 어려웠으나 가정에서 모더니티의 여성적 모델 안에 자리를 구축하는데 기여했던 광고와 마케팅 및 유통의 방식에 의해 쉽게 이해될 수 있었다고 설명했다.[18] 그녀의 말에 의하면, '타파웨어는 물질문화의 역사적 특수성의 대표적 예이며 연관된 사회적 관계와 문화적 신념의 중재'였다.[19] 따라서 그 물질의 신규성은 사회문화맥락의 일부로서 의미 있는 역할을 수행하게 되었다. 논란의 여지가 있지만, 그것이 모더니티와 효율성을 표시하는 만큼, 폴리에틸렌의 새로움은 타파웨어의 성공에 있어 중요한 요소였으나, 클라크가 지적했듯이, 비록 사물 그 자체는 합리적인 제품에서 감성적인 선물로 변화될지라도 그 물질적인 의미는 생산으로부터 소비에 이르기까지 일관된다는 확신을 가진 제조업자에 의해 크게 좌우되었다. 타파웨어 용기의 미학은 1950년대 미국 사회, 특히 교외 여성소비자의 모든 꿈과 열망을 담을 수 있는 중립적인 빈 그릇으로서 역할을 충분히 했다. 나일론 스타킹에 대해서도 같은 얘기를 할 수 있다. 그들은 거의 눈에 띄지 않음에도 불구하고, 그 안에 높은 수준의 유토피아를 담고 있었다. 수잔나 핸들리(Susannah Handley)의 '나일론: 인공의 패션 혁명(Nylon: the Man-made Fashion Revolution of 1999)'은 듀폰의 전후 성공적인 나일론생산 진출에 초점을 맞추고 있었다(그림 7.4). 새로운 재료로 만든 스타킹은 전쟁기간 동안 자기표현을 박탈당했던 많은 여성소비자들에게 매력적인 모더니티의 비전을 가져다주었다.[20]

새로운 물질은 전후 초기에 강력한 의미와 그 시대의 낙관주의를 전달하는 능력을 가지고 있었다. 대량시장 차원에서 볼 때, 새로운 물질은 집중적인 마케팅, 마케팅 및 창의적인 유통 시스템과 더불어 소비자의 욕구와 욕망을 표현하기 위해 사용되었을 때 가장 성공적이었다. 따라서 나일론과 타파웨어 식품용기는 매력적이고 효율적인 주부이자 안주인의 이미지를 통해 전달된 모더니티의 메신저로 여성소비자에게 수용될 수 있었다. 대량생산 기술과 화려한 색상으로 정의된 그들의 새로운 형태는 빠르게 일상환경에 진입했다. 하지만, 그들이 일상생활에 진입함에 따라, 그들은 디자인 개혁자들의 시선에 노출되었고, '키치(kitsch)'로 설명되는 뒤처진 물질문화의 세계에 추가되었다.

새로운 물질에 관심을 가지는 굿디자인의 개념은 디자이너에 의해 제공되는 새롭고 현대적인 미학을 가질 때까지 기다려야 했다. 앞서 언급한 이탈

그림 7.4 | 듀폰Dupont 잡지에 소개된 나일론드레스를 입은 신부, 1946 (© Hagley Museum and Library)

리아 의자에 덧붙여, 역시 이탈리아 회사인 카르텔(Kartell)은 지노 콜롬비니 (Gino Colombini)와 협력으로 눈에 띄는 플라스틱 양동이와 레몬스퀴저를 만 들었는데, 이는 '스틸레인두스트리아(Stile Industria)'와 같은 세련된 잡지의 부록에 소개되었으며 이들은 평범한 가정용 도구라기 보단 예술작품으로 보여 질 정도로 조형성이 뛰어났다. 평범한 제품이 새로운 차원의 의미성을 갖는 것은 모던디자인에 의해 부여된 부가가치의 표시였으며, 미적 조작을 통해, 저렴한 상품이 새롭고 현대적이며 고급스러운 제품으로 변신할 수 있음을 의미했다.[21]

스칸디나비아에서는 스테인리스스틸제품이 은제품을 대체했다. 덴마크의 건축가이자 디자이너인 아르네 야콥센(Arne Jacobsen)은 스텔톤(Stelton)에 의해 생산된 그의 유명한 '실린더라인(Cylinda Line)' 제품시리즈에서 고도로 실용적인 현대적 재료를 사용했다. 그 시절, 오랫동안 공예에 뿌리를 두고 있던 유리와 같은 다른 재료 또한 새로운 기술에 의해 변모되기 시작했다. 미국에서 '파이렉스(Pyrex)'라는 상표로 탄생되고 코닝(Corning)에서 제조된 오븐용 유리식기는 1921년에 처음 판매되었는데 1950년대 전 세계적으로 광범위한 판매가 이루어졌다. 타파웨어와 나일론 스타킹과 마찬가지로, 파이렉스도 오랫동안 제품을 바람직하게 만드는 다양한 방법을 모색한 끝에 여성들에게의 어필을 통해 대량시장을 찾게 되었다. 그러나 역사학자 레지나 리 브와슈치크(Regina Lee Blaszczyk)에 따르면, 파이렉스의 성공은 결국 실험적인 주방을 설정하고 부엌에서 주부들에게 파이렉스의 우수한 품질을 설득하는 데 성공한 여성 가정경제학자 루시 M. 몰트비(Lucy M. Maltby)의 덕택이었다고 했다. 몇 개의 파이렉스 제품을 리디자인한 그녀의 실험결과는 미적인 어필보다는 오히려 제품의 성능을 개선시키려 한 것이었다.[22] 브와슈치크는 20세기 중반 미국에서 주문 생산되고 여성소비자에게 판매된 도자, 유리제품에 대한 그녀의 연구에서, 당시 시장에서 볼 때, 제품은 남성 산업디자이너의 개입보다는 소비자로서의 권한과 함께 패션중개인에 의해 생산자에 연결되어 가정용 액세서리디자인을 수행했던 몇몇 여성디자이너의 개입에 의해 더 성공적이었다고 주장했다.[23]

1970년까지, 더욱 많은 새로운 재료 및 제조기술이 많은 일상세계의 얼굴을 변모시켰다. 이러한 새로운 재료와 제조기술들은 일상생활의 질을 향상시키고 스스로 소비자로서의 권한을 부여하면서 여전히 기술의 힘을 신뢰하는 청중에게 더 나은 세계를 제공하고자 한 현대의 유토피아적 언어를 구사하고 있었다. 필연적으로, 변화에 대한 문화적 응답은 과거에 다른 사람들이 했던 투자의 정도에 따라 다양하게 나타났다. 디자인은 기술이 적절한 메시지를 전달하고 있다는 것을 확신시키는 데 중요한 역할을 했다. 앞서 보았듯이, 디자인은 기술과 각각 다른 시장에서 다른 방식으로 상호작용을 했다. 그것은 대량시장과 관련하여 생산적인 맥락의 부분이었던 다른 모든 활동과 나란히 공존했다. 하지만, 민주화가 발전함에 따라, 고급문화를 추구하는 디자이너들은 키치의 범주로부터 격리된 새로운 재료로 만들어진, 소위 상품을 위한 정통 미학을 공식화하며, 부가가치를 가지는 네오모던의 형태를 적용하려 노력했다. 1970년대까지, 대량생산 재료로 기호수준을 복원하고자 한 모더니즘의 두 번째 물결이 면밀히 검토되고 있었고 특히 단단한 플라스틱과 금속과 같은 특정한 새로운 소재와의 동맹에 많은 관심이 모아졌다.

기술과 라이프스타일

1970, 80, 90년대 소비문화에 대한 강조는 디자인이 생산 및 기술 혁신과 지속적으로 유지해온 중요한 관계를 무색케 하는 경향이 있었다. 라이프스타일과 더불어 소비자와 디자인된 제품, 브랜드, 레저 환경, 그리고 다른 경험과의 관계에 대한 집중은 기술보다는 시장에 더 초점을 맞추고 있는 것을 의미했다. 그럼에도 불구하고, 20세기 말까지, 첨단기술은 사회문화적 의

미와 사람들의 생활경험에 엄청난 기여를 하며 상품, 이미지, 공간이 만들어 지는 방식에 중요한 역할을 했다. 실제로, 세기전환기에 등장한 수많은 새로 운 전자 제품들은 기술적 혁신 덕분이었으며, 정보, 통신, 엔터테인먼트 등 의 분야에서 사회를 발전시키는 기술의 힘에 대해 새로운 확신을 주었다.

1970년대 서구시장에 일본의 많은 첨단기술소비제품이 진입했다. 하이 파이 장비와 카메라와 같은 정교하고 복잡한 전자제품들은 소니(Sony), 샤프 (Sharp), 캐논(Canon), 도시바(Toshiba), 히타치(Hitachi) 등의 일본회사에서 자 동화된 생산시스템에 의해 만들어지고 있었다. 필연적으로, 그 제품들의 외 관은 하이테크놀로지의 환경을 반영하고 있는데, 예를 들어, 거실로 향한 새 로운 하이파이 장비는 거실로 향했음에도 불구하고 복잡한 컨트롤패널과 다수의 노브 및 스위치로 우주왕복선의 내부를 떠올리게 하며 편안한 가정 생활 보다는 높은 수준의 성능과 기술적 기교를 제안하고 있었다.

블랙과 실버로 명백히 남성적 유물로 대표되던 기술적 유토피아는 자신 의 모습을 통해서 뿐 아니라 그 다양하고 새로운 기능을 통해서 표현되고 있었다. 더 이상 단순히 시간을 알리는 시계가 아니라 스톱워치와 알람기능 을 가지는 시계가 등장했다. 모더니즘이 선포한 것처럼 기능에 의해 그 형태 가 결정되고 하나의 기능을 수행하는 하나의 사물에 대한 생각으로부터 벗 어나는 중요한 변화가 20세기 말과 21세기 초에 가속화되고 있었다. 그 기 간이 끝날 무렵, 단순하고, 평평하며, 네오모던의 직사각형 플라스틱, 그리 고 패브릭 커버를 가진 태블릿으로 텔레비전, 라디오, 전화기, 타자기, 하이 파이시스템, 사진첩, 그리고 주소록 등 셀 수 없이 많은 기능을 결합한 애플 (Apple)의 아이패드(iPad)가 등장했다. 월드 와이드 웹(www)의 링크를 통한 그 겉보기에 평범한 인공물의 엔터테인먼트, 정보통신 가능성은 전례를 찾 아볼 수 없이 엄청난 것이었다. 가장 중요한 것은, 그것이 보여 지는 모양보 다 무엇을 하는 것이냐가 그 제품에 대한 인기를 결정했으며 그것은 또한 기능을 생각해내는 디자이너에 대한 재정의를 이끌어 냈다.

그러나, 1970년대로 돌아가서 보면, 그러한 변화가 그 때 이미 일어나고 있었다. 일본에서 나오는 제품들이 기술의 힘에 대한 믿음을 표현하고 있다는 사실은 그들에게 모양을 제공하는 산업디자이너의 개입 때문이었다. 그들의 첨단기술 미학은 직장을 넘어 레저 환경과 개인적인 영역을 급속도로 변환시키고 있었다. 70, 80년대의 최신 유행적이고, 첨단기술적인 네오모던의 미학은 뉴욕을 기반으로 활동하는 디자인 비평가들인 존 크론(Joan Kron)과 수잔 슬레신(Suzanne Slesin)에 의해 쓰여 진 책에서 영원성이 부여되었으며 렌조 피아노(Renzo Piano)와 리처드 로저스(Richard Rogers)의 보부르센터(Beaubourg Centre)*로부터 노먼 포스터(Norman Foster)의 홍콩상하이뱅크(Hong Kong Shanghai Bank)에 이르기 까지 당시 많은 건축물들을 특징지었다.[24] 그것은 건물의 구조적인 구성요소의 시각성 그리고 서비스에 의해 특징지어진 자의식이 강한 언어가 되었다. 런던에 기반을 둔 가구디자이너 론 아라드(Ron Arad)는, 그의 몇 가지 가구디자인에서 같은 언어를 채택했는데 그 중 대표적인 것으로 스카폴딩클램프(scaffolding clamps)**로 만든 선반시스템이 있다. 직장과 공공 영역으로부터 파생된 언어의 전이는 가정영역으로 침투되어 많은 사람들의 일상생활에 기술을 끌어들였으며 비록 단순히 스타일적 측면이긴 하지만 20세기 중반 모더니스트의 이상주의에 대한 새로운 실행을 제안하고 있었다. 적어도 어느 면에선 정치적, 경제적으로 황폐했던 1970년대를 지나 1980년대의 호황기로 사회를 이끌었던 기술의 능력에 대해 광범위한 믿음이 있었으며, 이는 합리주의가 최소한 문화적 복잡성에 대한 해독제가 될 수 있으리라는 초기 모더니스트의 믿음을 대표하는 것

● 역자 주) 보부르센터(Beaubourg Centre): 지역의 이름을 따서 보부르센터로 불리고 있으나, 일반적으로 퐁피두센터로 더 알려짐.
●● 스카폴딩클램프(scaffolding clamps): 건축공사에 높은 곳에서 작업할 수 있도록 설치하는 임시가설물을 스카폴딩이라 하며 이를 체결하는 도구를 클램프라 함.

이었다. 1980년대 하이테크 혹은 '레이트모더니즘(late modernism)'으로 불려 진 것은 과소비의 대안이라기 보단 또 다른 선언이었다.

일본의 기술에 대한 수용은 복잡성의 시각적 언어를 통해 표현되었으며 이는 사회가 따라갈 수 있는 용량 이상으로 진보된 기술지식을 제안하는 것이었다. 그것은 또한 새로운 행동패턴을 만들어냈다. 이에 관해 그 어느 것도 1982년 시장에 출시된 휴대용 카세트테이프 녹음기인 소니(Sony)의 작은 워크맨(Walkman)보다 두드러지게 영향을 준 것은 없었다.[25] 사용에 있어 테이프 홀더와 연결된 이어폰과 같은 작은 구성 요소는 몸체의 기술적 확장이었고, 작은 사이즈와 휴대성은 사용자에게 행동의 자유를 제공했으며, 이는 그때까지 실현 가능하다고 상상하지 못했던 것이었다.

첨단기술과 고급 소비문화의 결합은 기술과 문화 간의 인터페이스가 적절하게 구현되도록 제품을 포장하는 역할을 했던 디자이너에게 또 다른 도전을 제공했다. 1980년대 이후, 그와 같은 도전은 개인과 공공 영역에서의 전통적인 행동패턴을 변화시킨 새로운 기계장치에 의해 여러 차례 나타났다. 워크맨으로부터 이동전화기(그림 7.5), 노트북 컴퓨터, 디지털 카메라, 휴대용 CD플레이어에 이르기까지 예전엔 실내에서 수행되었던 일들이 거리나 공공장소에서 수행되는 능력의 확장에 의해 일과 여가의 세계는 변화되고 있었다. 결과적으로, 음악 감상, 도시 거리의 활보, 그리고 지하철에서 착석과 같은 행동들은 알아볼 수 없을 정도로 변화되었다. 특정 활동에 전념되는 공간이 있다는 생각, 즉 전화기를 위한 가정의 현관 혹은 타자기를 위한 사무실, 하이파이 시스템을 위한 거실이나 침실과 같은 생각 또한 점차적으로 불필요해졌다. 21세기 초까지, 새로운 기술이 개인과 공공의 일상생활에 깊숙이 스며듦에 따라 많은 새로운 행동들이 나타났다. 예를 들어, 소셜네트워킹은 개인이 즉시 큰 그룹의 사람들에게 메시지를 보내고 즉시 그들과 상호작용할 수 있음을 의미하는데, 즉 사람들은 화면에서 새로운 관계를 형성

그림 7.5 | 노키아Nokia 휴대폰, Finland, early 2000s (courtesy of Nokia UK)

하고 그들은 언제, 어디서나, 무엇이든 즉시 정보에 접근하고 그들이 어디서든 언제든 원하는 책을 읽을 수 있다. 결과는 여행 및 레저 활동에 관련된 사람들이 주위에 존재하는 즉각적인 물리적 세계보다는 자신의 휴대전화나 아이패드를 통해 무슨 일이 벌어지고 있는지 기술적인 소통에 더 초점을 맞추고 있는 공공생활의 새로운 형태였다. 그와 같은 행동의 변화는 데이비드 리스먼(David Riesman)이 반세기 이전에 설명했던 '고독한 군중'에 새로운 차원의 아이디어를 가져왔다.[26]

닐 포스트만(Neil Postman)은 1993년에 출판된 *테크노폴리: 기술에 굴복한 문화(Technopoly: The Surrender of Culture to Technology)*'에서 기술의 패권에 대한 자신의 불안감을 표현했다. C. P. 스노우(C. P. Snow)의 유명한 1959

년 강의 '두 *문화와 과학혁명*(The Two Cultures and the Scientific Revolution)'을 참조하자면, 스노우가 언급했던 두 문화, 즉 인문학적 문화와 과학적 문화가 두 개의 다른 분야에 존재하는 것이 아니라, 패권을 위해 서로 투쟁하고 있 다고 주장했다. 포스트만은 '기술은 일단 승인되면 그것은 설계된 대로 작동 한다'라고 설명했다. 그는 또한 '우리의 임무는 디자인이 무엇인가를 이해하 는 것이며, 이는 즉 우리가 문화에 새로운 기술을 인정할 때엔 우리는 눈을 크게 뜨고 신중하게 그 기술을 수용해야 한다'라고 주장했다.[27]

1970년 이후 기술과 문화 사이의 관계가 점점 더 복잡해짐에 따라 포스 트만의 경고는 더욱 의미심장해졌다. 그것은 새로움을 향해 지속적으로 탐 색하는 문화에 대해 그 탐색의 결과를 이해하는 게 필요하다는 경고의 소리 였다. 디자이너에 대한 도전은 사회가 기술 영역에서 일어나고 있는 급격한 변화를 따라 잡을 수 있도록 기술과 문화 사이의 가교 역할을 하는 것이었 다. 그것은 여러 가지의 형태를 취하고 있었다. 가장 간단한 수준에서 보면, 컴퓨터와 같은 기계를 보기 좋고 그것들이 사용되는 환경에 조화롭게 어울 리도록 만들려는 산업디자이너의 작업에서 명백히 보여 졌다.[28]

캘리포니아의 실리콘밸리에 본사를 둔 애플컴퓨터 회사는 독일의 디자 인 컨설턴트회사인 프로그디자인(Frogdesign)을 고용했고, 나중에 영국 디자 이너 조나단 아이브(Jonathan Ive)를 고용해 그들의 기계를 더욱 사용자친화 적으로 만들며 이와 같은 목표를 실행하는데 있어 가장 앞서 나갔다. 다른 면에선, 사용자친화적은 3차원적 물체인 하드웨어 뿐 아니라 가상의 공간에 서 작동되며 사용자와 인공물 간의 인터페이스를 제공하는 비물질적인 소 프트웨어에도 적용되었다. 1980년대 이후에 일어난 디지털 및 인터넷 기술 의 거대한 진보는 사용자와 인공물의 관계에 혁명을 일으켰다. 20세기 초기 로 거슬러 올라가면 진공청소기의 몸체디자인은 내부 작동구조를 감추기 위한 것이었으나, 21세기에는 천으로 씌워진 직사각형의 작은 패드가 복잡한 전자소프트웨어 프로그램을 수용할 수 있어 사용자에게 다양한 기능을 제공하고 있다.

그러한 맥락에서 디자이너의 역할에도 엄청난 변화가 일어났다. 과거의 시각화와 유형화하는 솜씨는 가상의 공간과 건축체계, 그리고 능률적이고 효과적이며 즐거운 유용성을 창조하는 능력으로 대체되었다. 그러한 필요성은 시스템 및 인터페이스 디자인의 개발을 이끌었으며 시스템개발은 주로 엔지니어들에 의해 유지되었고 인터페이스디자인을 위해선 디자이너들이 인체측정학과 인간공학적 훈련이 필요했다. 가장 중요한 것은, 새로운 디자이너는 기술적 능력 뿐 아니라 복잡한 기계와 사람의 감정적인 관계까지도 이해해야만 했다.

21세기 초반, 시스템 디자인은 급격히 성장하였다. 그 영향은, 소비자와 기업 모두에게 미쳤는데, 소비자에겐 컴퓨터게임과 같은 제품이 점점 중요해졌고, 기업에겐 생산방식에 있어 능률성과 효율성을 높이기 위한 디지털 정보와 커뮤니케이션시스템이 관건이었다. 시스템 구축은 3차원 공간디자인의 세계로부터 그 모델을 가져왔으며 그것을 가상공간의 세계로 변환시켰다. 그러한 비물질화의 과정은 디자인을 위한 디지털 혁명의 핵심에 놓여 있었으며, 사물로부터 스크린기반의 활동에 초점을 맞춘 미디어디자인에 대한 강조와 함께 시작되었다. 모든 정보의 공유와 소통의 형태로부터 획득한 디지털시스템과 함께 가상현실은 일과 놀이와 같은 일상에 토대를 둔 많은 사람들에게 지배적인 힘으로 여겨지게 되었다.

시스템디자인의 개발은 초창기에, 주로 사용보다는 생산에 중점을 둔 초기 대량제조업체가 그랬던 것처럼 엔지니어에 의해 주로 수행되었다. 하지만, 빠르게 사용자들이 컴퓨터게임의 플레이어이든 직업적으로 컴퓨터작업에 종사하는 사람들이든 간에 그들의 작업에 있어 편안함을 느끼게 하고 심지어 그들의 활동에 있어 즐거움을 발견할 수 있도록 해야 한다는 것이 명확해졌다. 인터랙션디자인은 시스템디자인의 효율성을 사용자의 맥락으로 가져갔으며 그를 사용하는 사람들과의 의미 있는 관계를 만들어 내기 위해 시스템의 구조와 동작에 초점을 맞추었다. 필연적으로, 그 활동은 엔지니어들의 능력 외에 심리학자, 사회학자, 인간공학 전문가, 건축가, 제품디자이너, 무대디자이너, 순수미술가 등 많은 다른 사람들의 능력을 필요로 했으며 그들은 자연스럽게 그 중심으로 끌어들여졌다. 디자이너는 또한 이동기기 및 비 전자제품 뿐 아니라, 서비스와 이벤트 프로젝트에도 참여했다. 그에 대한 훈련은 가상 및 물리적 세계 사이의 복잡한 관계를 이해하고 실무자들이 이야기와 시나리오를 만들어 낼 수 있도록 하는 것이었다. 마지막 요구사항으로 스토리보드를 만들어 낼 수 있는 일러스트레이터, 애니메이터, 그리고 영화 제작자의 능력이 강조되었다. 시각화는 그런 맥락에서 보이지 않는 것을 보이게 하는 중요한 수단이었으며, 시각의 중요성은 가상 및 개념의 중요성과 결합되었고, 한편 물질성과 실제 공간은 점점 더 그 중요성이 축소되어 갔다.

21세기가 진행됨에 따라, 가상세계와 물질적인 인공물과 환경 모두에서 사용자 인터랙션의 지각적, 경험적 그리고 감성적 측면에 대한 중요성이 더욱 커졌다. 공감을 지니는 디자인의 개념이 사용자 요구의 더 깊은 이해를 위해 광범위하게 논의되고 있다. 하지만 소비자 연구에 대한 강조와 함께 연관된 문제 중 하나는 그 접근방식이 미래보다는 현시점에 초점을 맞추는 경향이 있다는 것이었다. 따라서 사용자의 요구에 공감각적이고 직관적인 접근방식(그러한 니즈의 본질을 이해하기 위한 광범위한 연구가 수행되었다)과 미래의 요구 사항을 상상해내는 디자이너의 능력에 의존하는 것 사이에 균형이 모색되었다. '참여의(participatory)', '경험의(experiential)', '상호작용의(interactive)', '개방된(open)'과 '협력적인(collaborative)'과 같은 용어가 새로운 접근방식을 설명하기 위해 등장했다.[29]

그림 7.6 | 애플Apple의 백설공주Snow White IIc 컴퓨터, 1984 (© frogdesign inc.)

1984년으로 돌아가서, 프로그디자인이 애플을 위해 디자인한 '백설 공주 (Snow White)'컴퓨터는 사용자 친화적인 모습으로 깔끔하면서 시각적으로 즐거운 작은 기계를 만들어내려 한 초기 시도의 대표적인 사례이다(그림 7.6). 컴퓨터 단말기의 내부 작동장치를 집어넣을 상자를 만들어야 되는 심 각한 제약을 감안하여 디자이너는 어떻게 몸체 곡선의 반경과 라인, 그리고 컬러에 기여할 수 있는가에 집중했다. 애플은 또한 소비자가 구매 결정을 하 는데 있어 사물로서의 느낌과 성능이 동일하게 중요하다는 것을 의식하며 컴퓨터자체의 사용자친화적 요구에 주목했다. 이후, 1990년대에는, 조나단 아이브와의 협업을 통해 그 생산라인을 더 발전시켰는데 그것은 전자제품 이 라이프스타일의 사물로 변형되는 일련의 디자인결과를 낳았다.[30] 아이브 에 의해 디자인된 휴대용 미디어플레이어인 아이폰(2001)과 아이팟(2007)(그 림 7.7), 그리고 스마트폰과 노트북 컴퓨터의 기능을 결합한 태블릿 컴퓨터 아이패드(2010)는 21세기 초까지, 애플사의 안정적인 스테디셀러제품이 되었다. 그 이전까지는 기계 자체가 사용자친화적인 것과 기계가 탑재한 기능 중에 후자가 더 강조되었었다. 기계의 응용프로그램을 활성화시키기 위해 사용된 애플의 세련된 터치스크린과 시각언어는 사용자의 불편을 최소화하기 위해 디자인되었으며 그것은 기계기능의 기술적 기교였으며 점점 증가하는 이 같은 새로운 조합은 소비자들을 감동시켰다. 2011년에 다양한 컬러로 출시된 아이패드2는 제품이 여전히 라이프스타일의 선택일 뿐 아니라 새로운 형태의 커뮤니케이션과 엔터테인먼트를 제공되고 있다는 것을 다시 한 번 강조하고 있었다. 하지만 점점, 그들의 제품디자인 콘텐츠는 그들의 정교한 시스템과 인터페이스디자인에 의해 훨씬 더 중요해졌으며 궁극적으로 그들의 욕구를 결정지었던 것은 인터페이스디자인이었다.

컴퓨터는 지금까지 그래픽디자이너에 의해 수행되었던 많은 역할들을

그림 7.7 │ 조나단 아이브Jonathan Ive가 디자인한 애플의 아이팟iPod, 2005

필요 없게 만들고 변형시켰다. 어떤 면에선, 어도비포토샵(Adobe Photoshop) 과 같은 소프트웨어 패키지의 출현은 이전에 잘 훈련된 그래픽디자이너의 영역이었던 일들을 가능한 많은 사람들이 할 수 있게끔 만들었다. 또 다른 면에선, 인터넷의 급격한 확장은 웹 디자인과 같은 새로운 디자인의 전문영 역을 만들었으며 특히 중국, 인도 등과 같은 개발도상국에서 광범위한 활동 이 이루어졌다. CAD의 도래 또한 많은 디자이너들 특히 건축가와 제품디자 이너가 과거에 일상적으로 행했던 방법을 바꿔놓았다. 초기에, 많은 제품과 건물의 모양은 그 설계와 제조과정의 제약을 받았고 수많은 곡선적인 제품 과 건물이 그 결과로 나타났다. 그러나 CAD 프로그램은 점점 더 정교해지 고 심미적 제약을 덜 받게 만들었다.

20세기 후반과 21세기 초반의 디지털혁명은 디자인프로세스 자체의 변 형 외에도 제조방식 또한 변형시켰으며 특히, 이는 세계시장에 더 많은 다양 한 상품이 진입할 수 있게 만들었다. 포드주의의 대량생산으로부터 데이비 드 하운쉘(David Hounshell)이 '유연한 대량생산(flexible mass production)'이라 고 불렸던 1920년대의 생산방식으로의 이동은 제품의 다양성과 함께 그로 부터 파생된 틈새마케팅에 대한 확신으로 디자인의 중요성을 더욱 강화시 켰다.[31] 사회문화적 변화의 결과로서, 20세기 후반 소비의 민주화와 제조업 자들의 대규모 일괄생산(batch production)으로의 이동과 지구촌 틈새시장이 점점 가시화되었다. 그들이 의도한 소비자들에게 어필하기 위해, 디자이너 는 상품이 특유의 정체성을 가질 수 있도록 디자인하였고 제조업체들은 충 분한 다양성으로 상품을 제조할 수 있도록 생산체계를 수정했다. 20세기 후 반 그러한 전략이 가장 명확하게 나타난 것은 스와치(Swatch) 시계의 경우였 다. 그들은 대량으로 생산되었지만 다양한 스타일을 지속적으로 업데이트시 켰다. 이 스위스 회사는 스와치가 이전의 시계들보다 슬림해지는 기술적인 혁신을 이룩했을 뿐만 아니라 그때까지 시계가 비싼 물건이라는 관념으로부터 유행이 지나면 버릴 수도 있는 값싼 패션액세서리라는 사회문화적 인식의 변화도 가져왔다.

1980년대 이후부터 일본 그리고 대만, 싱가포르, 인도네시아, 중국, 인도가 빠르게 세계 시장의 다양한 요구를 인식하고 지역 및 국가의 기호문화 수용에 착수했다. 예를 들어, 텔레비전의 경우 독일은 검정색 캐비닛 스타일을 선호하는 반면 이탈리아는 흰색 박스스타일을 그리고 영국은 목재느낌의 플라스틱 주물형태를 선호하고 있었다. 이에 일본 전자제품회사인 샤프(Sharp)사는 각국의 기호에 맞추는 디자인을 하고 마케팅을 실행했다. 많은 일본의 제조업체들은 그들의 생산라인을 자동화하고 '다품종 소량생산'으로 표현되는 필요에 따라 선택적 변형을 만들어 내기 위해 수치제어 기계들을 사용했다.[32]

고급시장에서의 변화는 이탈리아에서 볼 수 있었던 소규모의 유연한 생산시스템에 의해 성취되었는데 그것은 전통적인 공예공방이 진보된 전자장치를 수용하며 높은 품질의 상품을 소량으로 생산할 수 있도록 만드는 것이었다. 경제 사학자 찰스 사벨(Charles F. Sabel)은 이를 '제3의 이탈리아'로 특징을 묘사하며, 이탈리아 대부분의 매장과 공장들은 5명에서 50명 정도의 직원을 고용하고 있으며 장비는 최첨단 수치제어 장치들이고, 디자인된 제품들은 세계시장에서 독점적 지위를 획득하기에 충분할 정도로 세련되고 탁월하다'고 설명하며 '첨단기술 가내공업(high technology cottage industry)'이라 불렀던 것의 존재감을 정확히 지적했다.[33] 20세기 후반, 일본과 이탈리아는 모두 독특하고 다양한 제품의 생산을 통해 틈새시장의 요구를 충족시키는 디자인의 역할을 강화할 수 있는 제조기술 개발에 기여했다.

그 기간 동안 디자인과 제조 사이의 변화 관계에서 가장 중요한 진보는 래피드프로토타이핑(rapid prototyping: 쾌속조형)의 분야에서 이루어졌다. 이 생산기술은 1980년대에 처음 개발되었으며 CAD에 의해 생성된 도면을 물리적인 모델로 자동변환 시키고 이어 생산품질의 상품으로, 단일 생산, 중소 규모의 생산, 또는 필요에 따라 대량으로 제조할 수 있게 만들었다.[34] 산업화의 출현 이후 공예와 디자인 사이에서 오랫동안 자리 잡고 있었던 특질을 무너뜨리는 데 일조한 디자인과 유연한 제조방식 사이에 새롭고 직접적이며 자동화된 관계성은 급격한 발전을 나타내게 되었다. 기술이 사용될 수 있었던 방법의 예로서, 2010년 두 스웨덴 학생 디자이너인 나임 요세피(Naim Josefi)와 수잔 유수프(Souzan Youssouf)는 래피드프로토타이핑이 어떻게 신발의 디자인 및 제조 그리고 소비를 변환시킬 수 있는지를 보여주었다. 그것은 재활용 나일론으로 만든 신발을 '인쇄'하는데 사용되었고, 소프트웨어는 고객이 상점을 방문했을 때 그들의 발을 스캔하여 그들에게 꼭 맞는 신발을 만들어 줄 수 있도록 개발되었다.[35] 이와 같은 실험은 디자인과 생산 및 소비 사이의 전통적인 관계를 변화시키면서 점점 더 광범위하게 퍼져갔다. 그것은 18세기 상류층 소비의 주문제작 관행을 회상하게 하며, 필요에 따라선 대규모 제조도 가능했다. 이것은 세계의 기호문화 확산을 촉진하고 소비자 개개인을 디자인과 제조과정에 더 가깝게 연결시켜주었다.

공예와 디자인이 종전처럼 서로 상반된 개념으로 존재하기 보다는 같은 스펙트럼상의 양단에 놓여있다는 생각이 20세기 말과 21세기 초반에 다양한 방법으로 나타났다. 많은 진보적인 디자이너들이 이전까지 공예재료로 여겨졌던 것에 새로운 관심을 보였다. 예를 들어, 네덜란드의 디자인 그룹 드룩(Droog)의 멤버인 헬라 용에리위스(Hella Jongerius)는 1990년, 수 십년 전 이탈리아 디자이너들에 의해 시작된 급진적 디자인을 계승해 세라믹소재를 사용하여 일회성 견본제조와 연속적 제조가 가능한 작업을 하였다.[36] 제작 및 물질의 가치에 대한 그녀의 관심은 디지털 세계에서 발생된 비물질화에 대한 대치개념을 제공했다.

기술적 진보는 디자이너가 제조업체와 협력하는 방식에 영향을 미친 반면, 디자인이 사회적으로 광범위하게 인식되는 방법에도 영향을 미쳤다. 사회학자 주디 와츠만(Judy Wajcsman)은 그녀의 저서 '페미니즘과 기술 (Feminism Confronts Technology)'에서 기술의 전통적인 개념은 여성에게는 매우 어려운 개념이며 남성중심적 성향을 가지고 있다고 주장했는데,[37] 기술과 디자인 사이의 관계개선의 영향 중 하나는 첨단기술에 수반되는 물질과 비물질 모두에 남성화를 가중시킨 것이었다.

그러한 동성적 경향은 제품디자인 분야를 항상 자동차디자인과 같이 엔지니어링 성향이 강한 것으로 정의했다. 여성들이 자주 자동차 소비자로 지목되긴 했지만, 버지니아 샤프(Virginia Scharff)가 '미국의 대중문화에서 자동차는 속도와 힘으로 시간과 공간을 관통하는 남근 보철물로 취급되었으며 그 힘은 오직 우주를 향해 쏟아지는 로켓에 의해서만 돌파될 수 있었다'라고 말했을 정도로 20세기를 통해, 자동차의 디자인과 의미는 항상 남성이 최우선이었다.[38]

자동차디자인 분야에서 그러한 전통적 여성가치의 배제는 최근 르노 (Renault)와 제너럴모터스와 작업을 한 앤 아센시오(Anne Asensio)와 같은 여성 디자이너들에 의해 해소되기 시작했는데, 그들은 자동차디자인에 있어 다른 접근방식을 적용했다. 즉 자동차 외부모양보다는 내부공간의 안락감과 기능성에 더 역점을 둔 것이다(그림 7.8). 예를 들어, 아센시오는 르노의 시닉 (Scenic))모델 뒷좌석에 처음으로 승객을 위한 음료홀더 장치를 도입했다. 얼마 후, 스웨덴 회사인 볼보(Volvo)는 YCC라는 컨셉트카 개발에 여성그룹을 동참시켰는데, 그 프로젝트의 토대 원리는 여성적인 자동차를 만들어내는 것이 아니고 남성과 여성 모두가 생각하는 요구사항을 반영하는 것이었다. 쇼핑을 위한 공간과 주차의 용이함이 고려되었으며, 좁은 공간에서도 접근성을 높여주는 걸윙도어(gullwing door)*를 추가하기도 했다.[39]

● 역자 주) 걸윙도어(gullwing door): 차량의 도어를 갈매기 날개처럼 위로 접어 올리면서 열 수 있게 만든 문

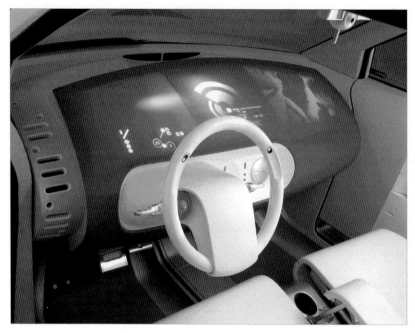

그림 7.8 | 포드Ford의 컨셉카Concept 22 car, 2000 (courtesy of the National Motor Museum)

첨단기술을 지닌 상품의 남성적 콘텐츠는 놀랄 것 없이 작업장의 문화에 서 비롯됐다. '남자와 그들의 장난감(Boys and Their Toys)'이란 책에서 몇몇 저자들은 자동차산업 여러 다른 부서의 작업 상황들을 조사했고 거기서 남 성최우선적 문화의 존재를 발견했다.[40] 1970년 이후 기술혁신이 일상생활에 침투되어 새로운 상품제조를 이끈 반면, 새로운 소재개발에 있어서도 진보 를 이루었다. 결과적으로, 그것은 상품이 소비되고 사용되어지는 사회문화 적 환경에 영향을 미쳤다. 이 시기에 소재기술의 발전은 20세기 초와 비교 할 때 새로운 소재의 발견은 적었지만 오히려 알려진 물질을 기반으로 새로 운 조합의 상당한 발전을 이루었다. 따라서 합성은 새로운 조합의 가능성이 었으며 특히 플라스틱 분야에서는 20세기 말까지, 소재과학자들과 신소재 로 만들어진 제품을 사용하는 소비자 간의 지식과 이해 사이에는 엄청난 갭이 형성되었다. 예를 들어, 소비자들에게 그들이 일상적으로 사용하는 볼펜이나 운동화에 쓰이는 다양한 합성소재의 이름을 파악하는 것은 매우 힘든 일이었으며, 또한 그들의 의류를 만들어 내는 직물에 대한 이해 역시 마찬가지로 매우 제한적이었다. 1990년대에는 온도에 반응해 형상을 기억하는 형상기억합금과 같은 스마트소재에 대한 아이디어가 건강을 체크하고 장애인들과 작업하는 차원에서 광범위하게 다루어 졌다.

에치오 만치니(Ezio Manzini)는 1986년 그의 책 '발명의 재료(The Material of Invention)'에서 플라스틱의 타고난 유연성이 어떻게 매우 복잡하고 알기 힘든 물체로 변모해갔는지에 대해 약술했다. 그는 플라스틱이란 단어는 그 의미를 잃어버릴 정도로 다양한 선택을 지배하고 있다고 설명했다.[41] 그는 변형된 폴리브티렌 테레프탈레이트(PBT)와 한 가닥의 에틸렌 프로필렌이 결합되어 제조된 신발의 이미지에 넣은 캡션을 통해 그의 요점을 설명했다.[42] 재료의 세계에서 새로운 차원의 복잡성에 대한 문화적 의미는 항공우주나 군사 영역에서의 연구에 의해 주도되었으며 이는 사물과 인간 사이의 새로운 관계를 포함하고 있었다. 후자는 그 제조공정의 지식을 배제시켰던 전자에 대한 이해를 발전시켜야 했다. 필연적으로, 이는 생산과 소비 사이에 파열을 초래했다. 인간과 제조 사이의 균열은 이미 19세기에 윌리엄 모리스(William Morris)가 후회했듯이 새삼스런 것이 아니었으며 그것은 20세기 후반과 21세기 초반에 더욱 강도가 높아졌다. 그것은 디자이너들에게 생산 공정으로부터도 아니고 그것을 구성하는 소재로부터도 도출된 것도 아닌 사물에 의미를 제공해야 하는 과제를 제시했다.

콘크리트, 금속, 유리와 같은 20세기 초의 재료는 여전히 그들의 청중인 소비자에게 이해될 수 있었는데 그와 같은 사실은 디자이너들에게 디자인의 의미 있는 미학과 철학을 탐구하는 데 있어 출발점을 제공했다. 그러나 세기말까지, 그 이해에 대한 상실, 즉 자동화된 생산시스템과 더욱 복잡한 재료, 그리고 그와 같은 방식으로 결합된 제품의 출현은 '형태는 기능을 따른다'라는 모더니즘의 황금법칙을 마침내 전적으로 불필요한 것으로 만들었다. 그 결과, 디자이너는 기술적인 것보다 오히려 자신을 발견할 수 있는 문화적 맥락에 더 주목할 수밖에 없었다.

20세기 전반에 걸쳐 등장한 근대적인 재료들은 소비자들이 일상생활의 재료와 꽤 가까운 관계를 가졌던 기간의 향수를 발생시키는 역사의 일부가 되었다. 예를 들어, 알루미늄은, 1990년대에 디자이너들 사이에 새로운 인기를 누렸으며 그 반짝이는 광택표면은 잃어버렸던 모더니티를 나타내고 있었다. 몇몇 혁신적인 디자이너들은 정체성 상실의 문제를 해결하는 문화적 해결책으로 경금속에 눈을 돌렸다(그림 7.9).

소재연구의 한 측면으로 스포츠장비에서는 경량성, 자동차산업에서는 강도와 복원력, 지속가능성 아젠다의 일부로서는 재활용성과 같이 새로운 혁신적 기능성에 초점을 맞추고 있는 한편 디자이너들 또한 그것에 대한 미학적, 상징적 가능성에 대해 탐구하기 시작했다. 1990년대 후반 뉴욕현대미

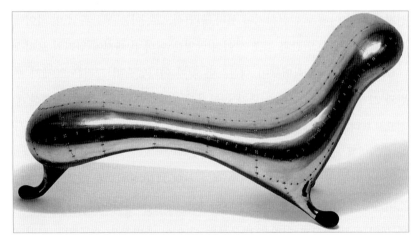

그림 7.9 │ 마크 뉴손Marc Newson의 록히드라운지Lockheed Lounge의자, 1986 (courtesy of Marc Newson Ltd)

술관에서는 '돌연변이 재료(Mutant Materials)'라는 타이틀로 전시회가 열렸는데 이 전시회는 새롭고 다양한 가능성과 디자이너 간의 상호작용을 보여주기 위한 것이었다. 즉, 그것은 사용자와 재료의 세계 사이에 인터페이스 제공의 중요성을 강조하고 있었다. 파올라 안토넬리(Paola Antonelli)는 디자이너가 그와 같은 임무를 실행하고 기술로부터 문화를 만들어내는 것이 필요하다고 서술하며 '가장 바람직한 현대적 사물이란 그 존재의 역사와 동시대성을 표현한 것들이다'라며, 오늘날 문화와 기술적 가능성의 시대의 세상에서, 소속감을 얘기하는 위대한 영화와 같이 물질문화의 해학이 배어 나오는 동시에 과거의 기억과 미래의 정보를 전달하는 글로벌 언어를 사용하여 우리가 한 번도 방문한 적이 없는 곳으로 우리를 데려다 준다고 주장했다.[43]

　21세기 초가 진행됨에 따라, 기술혁신과 변화의 속도는 줄지 않고 있으며 문화와 디자인은 계속해서 그 속도를 유지하기 위해 함께 달리고 있다. 그것은 과학자와 기술자에 의한 다듬어지지 않고 모호한 상태의 개발이 일상생활을 위한 의미 있는 메시지로 변환될 수 있도록 디자인에 의해 끊임없이 이미지화 하고 해석하는 과정을 수반하고 있다.

8 디자이너문화 Designer culture

국제적인 디자이너들

경제, 사회, 과학 기술의 힘은 점점 더 많은 사람들이 디자인된 이미지, 사물과 환경의 소비를 통해 자신을 정의할 수 있도록 결합되었으며 어느 정도 차별화의 필요성은 점점 더 피할 수 없게 되었다. 디자인은 차별화를 보장하는 방법 중 하나였고, 1945년 이후 취향과 관련해 정의된 두 개의 근대세계, 즉 근대대중문화와 새로운 엘리트 고급문화에서 점점 더 활발히 작동되었다. 대중시장이 전자(대중문화)를 소비할 수 있는 여유를 갖게 되자 점점 점차 후자(고급문화)를 원하게 되었다.

모든 상품, 서비스, 이미지, 공간이 디자인되고 있었던 한편, 일부는 디자이너의 손에 의한 직접적인 결과로 소비자에게 이해되었다. 1950년대를 통해, 디자이너의 존재와 그들의 발명으로 인한 부가가치는 광고, 잡지, 전시회, 텔레비전 프로그램을 통해 홍보되었고 굿디자인을 장려하기 위한 여러 단체기관들의 작업이 소개되었다. 레슬리 잭슨(Lesley Jackson)이 1950-60년대의 디자인에 초점을 맞춰 쓴 글과 같은 기간 토마스 하인(Thomas Hine)에 의해 쓰여진 '파퓰럭스: 50년대와 60년대 미국의 스타일과 생활, 테일핀과 인스턴트식품으로부터 바비인형과 방사능 낙진대피소까지(Populuxe: The Look and Life of America in the '50s and '60s, From Tailfins and TV Dinners to Barbie

Dolls and Fallout Shelters)'는 디자인된 상품 및 환경과 대중문화의 일부로 보여 지는 다른 것들 간의 차이를 강화시키는 역할을 했다.[1] 잭슨의 책은 일찍이 도자기, 패션, 가구, 유리, 조명, 금속, 섬유, 벽지와 같이 시그니처디자이너들이 창작을 담당했던 소위 장식미술이라고 불렸던 분야에 주목했다. 그녀는 순수미술이 디자인된 인공물에 미친 영향을 강조했는데 특히 시각적 영감의 원천으로서 헨리 무어(Henry Moore)의 조각 작품을 강조했다. 아르네 야콥센(Arne Jacobsen)으로부터 타피오 비르칼라(Tapio Wirkkala), 로빈 데이(Robin Day)에 이르기까지 잭슨에 의해 선택된 대부분의 디자이너들은 제품 디자인을 수용했던 유럽의 남성 건축가와 공예가들이었다. 대조적으로 하인의 글은 전후 시기 미국의 일상생활과 함께 수반된 익명의 미국상품에 초점을 맞추었다. 그의 글에서는 단지 소수의 디자이너들의 이름만 언급되었으며 장식적 예술 오브제보다는 대중적 인테리어, 자동차, 가정용 기계, 공공 공간 등을 강조했다. 잭슨의 세계에서 모던이 그랬던 것처럼 하인의 세계에선 순수미술을 확인하기 위한 참조가 필요치 않았다. 그 의미는 오히려, 소비와 사용에 의해 확인되었다.

그 기간 동안 고급문화의 얼굴을 가지기 위한 디자인의 필요성은 대량문화의 소비자들로부터 자신들을 구별 지으려 한 새로운 중산층의 욕망에서 비롯되었다. 하인의 세계에서 인공물의 구매자는 그들의 취향으로 정의되기보다는 특정한 라이프스타일을 가지는 그들 자신에 더 관심이 많았다. 하지만, 불가피하게 열망과 경쟁의식에 의해 생성된 역동성에 따라 디자이너 제품에 대한 욕구는 확산되고, 취향에 민감한 층은 사회적 사다리의 바로 아래 칸에 위치한 사람들로부터 자신들을 구별 지을 수 있는 새로운 방법을 찾아야 했다.

디자이너문화는 1950년대에 전 세계적으로 확산되었는데, 양 대전 사이 미국에서는 레이몬드 로위(Raymond Loewy), 월터 도윈 티그(Walter Dorwin

Teague), 헨리 드레이퍼스(Henry Dreyfuss)와 같은 선구적인 컨설턴트 디자이너들이 언론에 자주 노출되었던 반면, 제품디자인이 여전히 건축가나 엔지니어 및 장인에 의해 수행되던 유럽에서는 그러한 현상이 덜 나타났다. 디자이너문화가 대서양을 건너 자리매김했을 때, 스펙트럼의 끝인 보다 전통적인 장식미술에 위치하는 경향이 있었다. 하지만 점차적으로, 유럽의 새로운 세대 디자이너는 가정, 사무실 및 거리의 모양을 변화시키기 시작했고 시간이 흐름에 따라 점점 눈에 띄게 되었다. 그들의 얼굴과 이름이 전문 언론과 인기 있는 가정용 및 여성 잡지에 등장하기 시작했다. 일반적으로 1950년대는 디자인의 이상주의와 낙관주의의 시대였고 디자이너는 일상생활의 질을 향상시킬 수 있는 힘을 가진 준마술사로 간주되었다.

특히, 이탈리아에서는 디자인 전문 잡지, 도무스(Domus)와 스틸레인두스트리아(Stile Industria)는 새로운 세대의 건축가-디자이너의 작업을 홍보했고, 스웨덴에서는 포름(Form)잡지가 그 나라의 디자인 지역단체를 위해 유사한 역할을 수행했으며, 영국에서는 신설된 산업디자인평의회(Council of Industrial Design)의 대변지인 디자인(Design) 잡지가 신세대디자이너들을 홍보하고 있었다. 영국의 주간지 우먼(Woman)은 부부디자이너인 로빈 루시엔 데이(Robin and Lucienne Day)의 집에 대한 기사에 몰두했다. 그 부부는 또한 데일리메일(Daily Mail)의 '*1952-53년의 이상적인 집 연감(Ideal Home Yearbook of 1952-53)*'에서도 기사로 다뤄졌는데 그 기사는 그들 자신에 의해 작성되었고 거기서 어떻게 현대 가정의 낙원을 만들었는지에 대해 설명했다.[2] 기사에 사용된 그림은 부부가 작업하는 방을 묘사했다. 도면이 가지런히 테이블에 배치되어 있고 공간은 그들 자신이 디자인한 가구로 채워져 있었다. 그 이이지는 1932년 뉴욕 메트로폴리탄 뮤지엄에 전시되었던 레이몬드 로위 사무실의 재구성을 회상시켰다. 결과적으로 그와 같은 설치는 순수미술가가 그들의 작업실에 있는 모습을 떠오르게 했다. 이상적인 집 연감은 디자이너

그림 8.1 | 스미노프Smirnoff 보드카 광고에 등장한 영국의 부부디자이너 로빈 앤 루시엔 데이Robin and Lucienne Day, UK, 1950s (© Smirnoff)

들을 권위 있고 고급문화를 만들어내는 사람들로 홍보했다. 예컨대 어니스트 레이스(Ernest Race)의 국제적인 신뢰성은, 그의 작품이 많은 나라에서 전시되었으며, 또한 뉴욕현대미술관에 의해 개최된 저비용 가구를 위한 국제공모전에서 수상했다는 사실에 의해 인증되었다.[3]

디자인과 디자이너에 대해 높아진 대중의 관심은 부분적으로 제조업체들이 그들과 협력관계에 있는 디자이너들을 홍보한 결과였다. 특히, 이탈리아와 스칸디나비아의 소규모 제조업체들은 협력디자이너의 이름과 그들이 디자인한 제품들을 마치 예술품처럼 판매하였다. 디자인 평론가 울프 하드 압 세헤르스타드(Ulf Hard af Segerstad)는 1961년 스칸디나비아 디자인에 대한 설명에서 '우리는 훌륭한 스칸디나비아의 응용미술을 만들어내고 또 계속해서 만들어내고자 하는 최초이자 가장 앞선 사람들이 디자이너라는 점을 항상 명심해야 한다'라고 말했다.[4] 그의 책은 구스타브스베리(Gustavsberg)를 위해 작업했던 덴마크 도예가 리사 라르센(Lisa Larsen)과 왕립 코펜하겐 도기공장(Royal Copenhagen Porcelain Factory)을 위해 일했던 악셀 살토(Axel Salto), 카룰라 이딸라(Karhula-Ittala)를 위해 작업했던 핀란드의 유리공예가 고란 힝겔(Goran Hingell), 보다(Boda)를 위해 일했던 스웨덴 유리공예가 에릭 허그룬드(Eric Höglund), 그리고 요하네스 한센(Johannes Hansen)을 위해 일했던 덴마크의 가구디자이너 한스 베그너(Hans Wegner) 등의 작업을 강조했다. 이 책의 목록으로 제조업체에 속한 디자이너들의 이름이 공개되었는데 이는 제조업체들이 많은 디자이너들을 고용하고 있었던 한편 콜드크리스텐센(Kold Christensen)과 같은 덴마크 가구제조업체는 폴 키에르홀름(Poul Kjaerholm)이라는 한 명의 디자이너와 독점적으로 일했던 사실도 드러냈다.

이탈리아의 상황 역시 비슷했는데 많은 제품 및 가구제조업체들은 그들과 협력한 디자이너의 이름을 통해 그들의 디자인을 홍보했다. 1950년대, 이탈리아의 가구 제조업체 카시나(Cassina)는 이탈리아 해군에 납품하던 표준화된 대량생산체제를 버리고 프랑코 알비니(Franco Albini)를 필두로 지오 폰티(Gio Ponti), 비코 마지스트레티(Vico Magistretti)와 같은 디자이너들과 컬래버레이션을 가지며 디자이너가구에 뛰어들었다. 이는 많은 이탈리아의 중소규모 가구회사들에게 국제적이며, 취향에 민감한 고급시장을 겨냥한 디자이너 주도의 고품질 주문생산가구가 나아갈 방향을 제시한 것이었다. 디자이너와의 연결은 두 가지 방법으로 이루어졌는데, 그것은 혁신적이고 현대적인 작업을 보장할 뿐 아니라 논란의 여지가 있는 제품도 예술이라는 이름

그림 8.2 | 마르첼로 니촐리Marcello Nizzoli가 디자인한 올리베티Olivetti사의 렉시콘Lexicon80, Italy, 1948
(courtesy of Associazione Archivio Storico Olivetti, Ivrea, Italy)

으로 팔릴 수 있도록 만들었다(그림 8.2). 이는 밀라노트리엔날레(Milano
Triennale: 1954년 전시회는 '예술의 생산'이란 부제가 달렸다)의 지속, 매년 리나셴
테(Rinascente)백화점의 콤파스도로(Compasso d'Oro: 황금콤파스) 디자인상에
의한 부추김, ADI(Associazione per il Disegno Industriale: 이탈리아 산업디자인협회)
의 설립 등과 같은 디자인의 인프라 구조의 발전에 의해 더욱 강화되었다.[5]
1950년대에는 아킬레 카스틸리오니(Achile Castiglioni)와 플로스(Flos) 및 브리
온베가(Brionvega)와의 협업을 비롯해서 마르코 자누소(Marco Zanuso)와 같은
컨설턴트 디자이너들과 알플렉스(Arflex) 및 카르텔(Kartell) 등과 같은 많은
주요 제조업체와의 제휴가 있었다. 이와 동일한 모델이 대규모 제조업체인
올리베티(Olivetti)에 의해서도 고수되었다. 올리베티는 사내 디자인팀 뿐 아
니라 에토레 소싸스(Ettore Sottsass)와의 광범위한 컨설턴트기반 협력을 통해
외부 디자이너와의 협력의 이점을 이해하고 있었다. 외부와의 협력이 상당

한 혁신과 문화수준을 제공하는 반면, 사내 디자인팀은 작업이 효과적으로 실현될 수 있도록 보장했다.

그 시기 다수의 전통적인 장식미술을 지향했던 미국 제조회사들도 디자인 전략을 개발하기 시작했다. 그랜드래피즈 거점의 가구회사 허먼밀러(Herman Miller)는 1930년대부터 길버트 로드(Gilbert Rhode)에 이어 조지 넬슨(George Nelson)을 고용해 디자인에 대한 자문을 받는 방식으로 일하고 있었다. 넬슨을 통해 허먼밀러와 건축가 찰스 임스 사이의 연결고리가 만들어졌다. 그들은 함께 전후 가장 잘 알려진 제조업체와 컨설턴트 디자이너 관계를 만들어 나갔다. 1950년대에, 임스는 선도적인 국제적 인물이 되었다. 얼마 후 영국에서는 데이(Robin and Lucienne Day) 부부가 근대적인 라이프스타일을 만들어내는 바람직한 근대적 커플을 대표하게 되었는데, 그들은 심지어 그들이 디자인했거나 여행 중에 수집한 오브제들로 가득한 그들의 집에 대한 영화를 제작하기도 했다. 자신들을 위해 스스로 만들어진 근대적인 전원에 살고 있는 아름다운 커플에 대한 아이디어는 다른 사람들에게 롤모델을 제공했다.

팻 커크햄(Pat Kirkham)은 임스가 이러한 명성의 위력을 매우 잘 알고 있었으나 그 위력을 그의 아내와 공유하는 데는 꺼려했다고 기술했다.[6] 그녀의 그 부부에 대한 전기적 설명은 아내인 레이 임스(Ray Eames)가 이러한 그들의 불균형을 시정하면서 그 부부의 업적에 상당한 기여를 했다는 것을 보여주려 했다. 그녀는 임스부부가 예를 들어, 평범한 의상보다는 예술적인 보헤미안 풍의 드레스를 유지하는 등 그들의 외모에 상당히 신경을 쓸 정도로 그들의 생활방식에 있어 사회문화적인 역할을 의식했다고 지적했다. 그들은 고급 옷을 구입하거나 특별히 만들어 입었지만 실용성과 함께 미적인 이유 때문이었고 절대로 과시하려는 의도는 아니었다고 커크햄은 설명했다. 임스부부는 디자인의 다른 영역에서와 같이, 옷에 있어서도 디테일과 품질에 매우 까다로웠다.[7] 그들에 앞서 르 코르뷔지에가 항상 자신의 트레이드마크인 동그란 안경을 착용하고 촬영했듯이, 임스부부는 디자이너 제품이 일반 대량생산 제품과 구별되는 창의적 개인주의의 주입을 통해 디자인문화가 문화적으로나 상업적으로나 가치를 부가시키는 더 큰 사회문화적 과정이란 것을 이해하고 있었다.

임스는 1940년 뉴욕현대미술관에서 처음 그의 의자들을 전시했고 1946년에 다시 전시를 했다. 전후 시기에 에드가 카우프만(Edgar Kaufmann)의 전시기획 하에 뉴욕현대미술관은 취향의 조정자 역할을 했고 그 미술관의 승인은 곧 국제적인 인정을 의미했다. 한편 영국의 가구회사 힐리(Hille)는 로빈 데이와 최초로 장기협력계약을 체결했으며 많은 다른 제조업체들이 이를 지침으로 삼았다. 뉴욕현대미술관은 모던디자인의 개념과 동일시되는 굿디자인의 주제에 있어 권위 있는 조정자로서 실력을 발휘했는데, 카우프만은 굿디자인의 개념에 대한 특성을 수사학적 설명으로 '무결성(integrity), 명확성(clarity) 그리고 조화로움(harmony)'을 강조했다.[8] 그가 인용한 예시로는 주로 마르셀 브로이어(Marcel Breuer)와 르 코르뷔지에와 같은 초기 모더니스트들과 후에 같은 디자인학교의 추종자였던 스칸디나비아 디자이너인 핀 율(Finn Juhl)과 브루노 맛손(Bruno Mathsson), 미국 디자이너인 찰스 임스(Charles Eames)와 조지 넬슨(George Nelson) 등에 의해 디자인된 의자들이었다. 페프스너(Nikolaus Pevsner)가 1930년대 중반 모더니스트 개척자 그룹을 만들어냈듯이 뉴욕현대미술관에서 카우프만의 작업은 국제적으로 알려진 혁신적인 2세대 디자이너의 엘리트 그룹을 확립하는 것이었다. 뉴욕현대미술관의 아젠다는 명확했다. 모더니즘은 전후 스칸디나비아와 미국에서 활발했으며 디자이너그룹의 작업에 의해 요약될 수 있었다. 무엇보다도, '유선형은 좋은 디자인이 아니다'라고 말한 카우프만의 말이 반향을 일으키면서,[9] 미국은 비교적 저속한 것으로 여겨졌던 본토의 근대산업디자인운동보다는 명백히 유럽을 모방하면서 전후 디자인전략을 규명하려 했다. 유럽 취향의 우월성에 대한 환영은 여전히 잔존하고 있었다.

전후 시기 유럽과 미국에서 디자이너문화가 점점 강화됨에 따라 디자인 실무를 위한 프레임워크와 그를 뒷받침하는 교육체계도 더욱 견고해졌다.

하지만 디자이너들의 전문적 위상은 그들이 작업했던 배경 및 분야와 그들을 지원했던 국가디자인 전략에 따라 다르게 나타났다. 예를 들어, 이탈리아에서는 1950-1960년대에 일했던 디자이너들은 대부분 1930년대의 합리주의(근대주의자)의 전통 속에서 건축가로 훈련된 사람들이었다. 전후 몇 년 동안 건축프로젝트의 부족과 그들과 함께 작업한 가구와 제품생산업체의 열정으로 인해, 그들은 그들 이전의 미국 컨설턴트 디자이너들처럼, 의자로부터 진공청소기와 재떨이에 이르기까지 방대한 범위의 상품을 다루는 능력을 지닌 디자이너로 자신을 재정의하게 되었다. 미국인의 유연성이 상업 디자인의 폭 넓은 배경에 뿌리를 두고 있었던 반면 이탈리아 디자이너들의 숨결은 종합예술(Gesamtkunstwerk)의 사상에 전념하는 모더니스트 건축가로서의 훈련에 기인했다.

스칸디나비아 디자이너들은 산업적 맥락에서 적용시킬 수 있는 공예기술을 가지고 있었다. 결과적으로, 그들 대부분은 전문성을 유지하고 있었는데 대개 점토, 유리 또는 금속과 같은 제한된 재료를 가지고 작업했다(그림 8.3). 하지만, 미국식 컨설턴트디자이너의 모델은 그러한 국가들에게도 침투했다. 스웨덴 디자이너 식스텐 사손(Sixten Sason)은 그래픽디자이너의 배경을 가졌지만, 사브(Saab)를 위해 자동차, 일렉트로룩스(Electrolux)를 위해 진공청소기, 그리고 핫셀블라드(Hasselblad)를 위해 카메라 디자인을 담당했다.[10] 전후 영국에서도 역시 미국식 컨설턴트 디자이너가 등장했다. 더글러스 스콧(Douglas Scott)은 1950년대 런던교통부에서 유명한 빨간색 2층버스를 디자인하기 전 1930년대 레이몬드 로위의 런던지사에서 일했었으며, 전

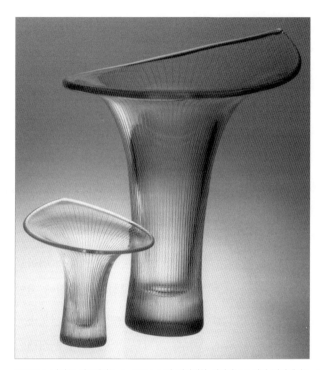

그림 8.3 | 타피오 비르칼라Tapio Wirkkala가 디자인한 이탈라Ittala사의 칸타렐리Kantarelli화병, Finland, 1957 (courtesy of Ittala/Fiskars Home)

후 초기 순수미술 교육을 받은 케네스 그레인지(Kenneth Grange)는 코닥 (Kodak)사에 카메라디자인을 했다.[11] 하지만 기업이 그들의 디자인을 익명으로 시장에 내놓음에 따라 디자이너가 공개적으로 인증 받는 데는 시간이 좀 걸렸다.

인테리어디자인, 그래픽디자인, 패션디자인, 자동차디자인은 전후 시기에 모든 전문적 디자인 실천영역으로 확장되었다. 모더니즘 이념에 뿌리를 둔 새롭게 정의된 인테리어디자인 직업은 비전문적이며, 여성주의적이고, 또한 가정적인 성격으로 훈련되었던 과거 전근대적인 실내장식분야로부터 떨어져 나왔다. 미국의 리처드 노이트라(Richard Neutra), 프랑스의 장 로이에 (Jean Royere), 함부르크의 에드가 호르스만(Edgar Horsmann), 스위스의 알프레드 알테르(Alfred Altherr), 그리고 네덜란드의 펜라트(Jaap Penraat) 등이 소속해있던 국제인테리어디자이너연합은 개방된 책장과 낮은 뷔페장, 매달린 램프, 다리가 벌어진 의자, 노출된 계단, 그리고 질감이 느껴지는 벽 등으로 특징지어지는 모던인테리어의 새로운 언어를 만들어냈다. 그것은 그들의 서비스를 구매할 수 있는 특히, 고상한 취향을 의식하는 고객들에게 어필했다.[12] 그때까지, 대부분의 인테리어디자이너들은 건축가로 훈련받았으며 그들은 종합예술(Gesamtkunstwerk)의 모더니스트 이념에 입각해서 인테리어를 그들 작업의 자연스런 연장선으로 보고 있었다.

디자이너의 이름을 사용하여 제품을 판매하는 아이디어는 19세기 고급패션의 세계로부터 유래했다. 전후 초기, 명성을 기반으로 한 소수의 엘리트 패션디자이너들은 여전히 프랑스나 이탈리아의 고급패션가의 중심에 서있었다. 크리스챤 디올(Christian Dior), 피에르 발망(Pierre Balmain), 장 파투(Jean Patou), 그리고 피에르 랑방(Pierre Lanvin)과 같은 사람들은 계속해서 지배적이었다. 또한 양 대전 사이 미국의 스포츠의류에서 디자이너주도의 현상이 있었고 1950년대 후반 이탈리아에서는 막스 마라(Max Mara)같은 회사들이 새로운 시장을 목표로 유사영역으로 이동하기 시작했다. 중간 및 대량시장의류는 디자이너 이름을 밝히는 것은 삼갔으나 제조회사의 이름에 의해 인식되었음으로 디자이너문화와 고급상품 사이의 연결고리는 유지되고 있었다.

전문직으로서 그래픽디자이너의 성장은 이 시기에 이루어졌다. 양 대전 사이, '상업미술가'라는 용어는 여전히 순수미술을 교육받고 그들의 재능을 여러 가지 방법으로 상업에 적용시켰던 사람들을 지칭하던 것으로 사용되고 있었다. 2차 세계대전 후, 단체여행과 새로운 통신기술의 확장으로, 단행본 출판의 발전과 기업통합이미지프로그램의 성장은 이 같은 일에 대한 기회를 증대시켰으며 '그래픽디자이너'란 용어가 탄생하게 되었다. 또 다른 용어인 '시각적 소통자(visual communicator)'라는 용어가 만들어지기 전 시기였다.

새로운 직업이 자체적으로 정의됨에 따라, 더욱 적극적인 역할을 수용했는데, 그들은 단순히 기업에 이끌려서 작업하기 보다는 기업이 하게끔 추진시켰으며 모더니즘과 결부된 것들을 통해 학습된 교훈을 실행에 옮겼다.[13] 그러한 전술은 특히 독일에서 이루어진 그래픽디자인 교육의 확대에 의해 강화되었다.

20세기 후반까지 제조회사의 브랜드 때문에 실무자의 이름이 감춰진 전문 디자인실무 영역이 있었는데, 그것은 바로 자동차디자인 분야로 심지어 디자인이란 단어도 회피되었었다. 자동차 '스타일링(styling)'은 자동차공학과 차별화되도록 묘사되었다. 그 결과, 차량제조인(carriage-builders)인 자신의 창조자 이름을 통해 판매되었던 엘리트 제품들은, 예컨대, 포드 선더버드(Ford Thunderbird)와 같이 제조사 이름과 그에 잘 어울리고 쉽게 떠오를 수 있는 이름이 붙여져 조합되는 브랜드 아이덴티티에 의해서만 알려지는 자동차대열에 합류되었다. 자동차 산업에서 디자이너는 팀의 일원으로 이름 없이 일했던 고도로 전문화된 사내 구성원이었다(그림 8.4).

중요한 국제마케팅 전략으로서 디자이너문화의 출현과 함께, 디자이너는 전문적으로 재정의 되어 졌으며 그들 자신을 위한 새로운 정체성을 발전시켜나갔다. 교육은 앞으로 펼쳐질 디자이너들의 직업적인 생활에 대비하여 그들 자신을 정의할 수 있도록 기여하는데 중요한 역할을 했다. 전후 디자인 교육은 런던의 왕립미술학교(Royal College of Art)나 독일의 울름조형대학(Hochschüle für Gestaltung in Ulm) 또는 미국의 시카고디자인학교(Institute of Design in Chicago)나 크랜브룩미술대학(Cranbrook Academy of Art)이든 각국의 교육기관들은 대부분 모두 각자 다른 디자인교육의 모델을 채택하고 있으나 근본은 모더니즘사상에 뿌리를 두고 있었으며 잠재적인 디자이너들이 경제적으로 뿐 아니라 문화적으로도 역할을 할 수 있도록 격려했다. 1950-1960년대, 디자이너들은 점점 자신의 협회 및 이벤트의 조직을 통해 교육받

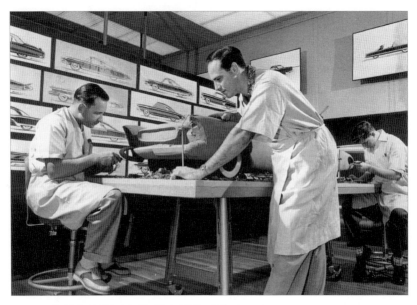

그림 8.4 | 1950년대 포드Ford사의 진보적인 스타일링 스튜디오 (© Detroit Public Library, National Automotive History Collection)

은 전문가로서의 자신을 위치를 찾게 되었는데 그 중, 미국 아스펜(Aspen)에 서 열린 컨퍼런스는 전문영역을 넘어서 그들의 의견을 발표하고 아이디어 를 교환할 수 있었던 시발점이 되었다.[14]

하지만 디자이너문화의 거품현상은 1950년대 밴스 패커드(Vance Packard) 를 비롯한 몇몇 사회문화비평가들이 제품폐기화(product obsolescence) 과정 과 관련된 미국디자이너들의 역할에 대해 비판이 일면서 꺼지기 시작했다.[15] 그러나 유럽에서는 지배적인 정치 및 경제적 체제와 함께 디자이너가 비판 의 대상이 되었던 1960년대 후반까지는 지속되고 있었다. 자본주의의 시녀 로 비춰지고 과시적 소비의 제공자라는 비판, 특히 디자인 논쟁이 뜨거웠던 이탈리아에서 디자이너와 건축가는 그들 스스로가 비평가가 되고 상업적 시스템에서 벗어나 문화적 역할을 추구하는 것으로 비판의 공세를 면할 수 있었다. 그들은 그룹스트룸(Gruppo Strum)과 그룹NNNN(Gruppo NNNN)과 같은 무명의 그룹들과 팀을 이뤄, 소비자욕구를 조장하고, 산업제조업체의 제품을 판매함으로써 자본주의체제를 영속시키기 위한 것으로 보여 졌던 슈퍼스타 디자이너들을 공격했다.[16] 하지만, 이러한 디자이너들은 잠시 날개를 잃는 듯 했으나 1980년대에 다시 부활했다.

새로운 디자이너들

소비주의 세상에서 디자이너는 다시 지배하기 시작했다. 하지만 이 새로운 디자이너는 이전과는 매우 다르다.[17]

전후 초기에 대중매체를 통해 대중영역에 진입한 모더니스트 디자이너 2세대들이 출현했다. 앞서 보았듯이, 1940년대와 1950년대, 미국의 허먼밀러(Herman Miller)와 놀어소시에이츠(Knoll Associates), IBM, 영국의 힐리(Hille), 독일의 브라운(Braun), 이탈리아의 아르테미데(Artemide), 카르텔(Kartell), 카시나(Cassina)와 같은 기업들은 제품을 디자인한 디자이너들의 이름을 통해 그들의 세련된 제품들을 홍보하고 있었다. 디자인된 상품에 디자이너의 이름을 넣어 가치를 강화시키는 방법을 주도한 그들에게는 비판과 격려가 뒤따랐다. 결과는 미술과 디자인의 제휴였다. 결과적으로, 디자인 저널들은 국제적으로 인정된 작업을 하는 상대적으로 작은 디자이너들 모임의 작업에 초점을 맞추었으며, 디자이너 이름이 들어간 상품과 그렇지 않은 상품 사이의 취향은 매우 다르게 나타났다.

하지만 1970년 이후, 대중문화를 반영한 제품은 고급문화의 모더니즘에 연결되어 시장에서 더욱 강력해졌다. 또한, 낭비적 소비를 통해 발생되는 상당한 폐기물에 대한 밴스 패커드를 비롯한 사람들의 공격에 따라 디자이너

문화는 놓여 진 새로운 상황에 자신을 맞춰가면서 스스로를 재정의해야만
했다. 시그니처디자이너(signature designer)의 새로운 세대는 이전 세대가 모
던디자인을 옹호했던 것처럼 포스트모더니즘을 옹호하면서 등장했다. 개인
숭배는 정체성 형성 및 문화적 소통의 형태로 점점 더 강력해지며 확고하게
남아 있었다. 그러나 지금은 디자이너가 대중시장에서 실력을 발휘하며 영
화배우나 축구선수와 같이 대중적 인기를 누리고 있다. 미디어가 지배하는
20세기 마지막 10년, 유명인사의 아이디어는 강력한 대중문화의 힘이 되었
으며, 이러한 현상은 양 대전 사이와 전쟁 직후 할리우드 스타체제와 1960
년대 팝 아이돌의 영향력이 확장되면서 더욱 강력해졌다.[18]

　19세기 이후 계속 그랬던 것처럼, 패션디자인은 디자이너문화를 더 대중
적 맥락으로 전환시키는 방법을 선도했다. 1960년대 이후 패션의 민주화는
프랑스와 이탈리아의 패션세계를 지배했던 엘리트 디자이너그룹의 명성을
빼앗은 팝 혁명의 영향력과 결합되고, 증가하는 젊은 디자이너와 유통업체
들은 영감을 얻기 위해 거리를 응시했으며 거기서 찾아낸 저항적인 스타일
과 표현양식을 적용시키고 있었다. 그들은 재빠르게 그것을 패션의류로 변
환시켰고 청년문화에 맞춘 판매홍보와 패션쇼를 결합시켰다. 캐서린 맥더못
(Catherine McDermott)의 1987년 연구는 새로운 청소년 문화와 기존의 고급
디자이너문화 사이에 존재하는 과도기적 공간에서 작업하는 영국의 젊은
디자인 전문가 그룹에 초점을 맞추었다.[19] 그러한 새로운 환경에서, 패션디
자이너 비비안 웨스트우드(Vivienne Westwood)와 캐서린 햄넷(Katherine
Hamnett), 그래픽 디자이너, 말콤 개렛(Malcolm Garrett), 네빌 브로디(Neville
Brody)와 같은 영국의 디자이너들은 반은 팝스타, 반은 스타일의 대가였던
디자이너의 새로운 아이덴티티를 만들어냈다. 가장 중요한 것은, 그들이 그
과정에서 새로운 문화코드를 만들어 내고 제품과 서비스를 파는 미디어에
민감한 메신저로서의 새로운 디자이너 이미지를 제공했다는 점이다.

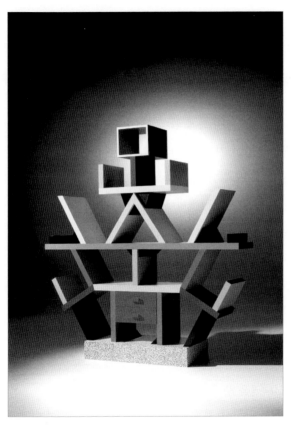

그림 8.5 | 에토레 소싸스Ettore Sottsass가 디자인한 멤피스Memphis의 칼튼Carlton책장, Italy, 1981 (© Aldo
Ballo; courtesy of Memphis)

1980년대, 미디어에 이름이 표시되는 유명인으로서의 디자이너에 대한
아이디어는 밀라노를 거점으로 에토레 소싸스에 의해 주도된 멤피스
(Memphis)라는 실험적 우산 아래서 함께 일한 디자이너그룹의 작업이 토대
가 되었다. 1960년대 이탈리아의 급진적 그룹의 전통을 영속시키면서, 멤피
스 디자이너들은 현대 사회의 문화적 요구를 만족시키기엔 모더니즘이 부
적합하다는 것을 미디어의 힘을 이용해 전달하고 있었다(그림 8.5). 일련의
소규모 전시회가 밀라노에서 열렸는데, 문제의 디자이너들은 시각적 충격과

상당한 언론의 주목을 받는 전략으로 꾸며진 프로토타입 가구를 전시하고 있었다. 멤피스의 메시지는 가구의 표현된 대담한 표면패턴이 캐리어가방에서 잡지나 브로슈어에 이르기까지 그래픽 일상용품에서 재생되며 대량모방을 통해 확산되었으며 그 전략은 순수미술의 퍼포먼스와 유사했다. 그 과정에서, 스타디자이너의 콘셉트가 과도하게 활용되었고 소싸스는 국제적이면서 전문적인 유명 매체의 수많은 기사와 인터뷰의 대상이 되었다.[20] 급진적인 디자이너로서 그의 오랜 경력과 함께, 소싸스는 그 자신의 최후까지도 그의 급진적 사상을 가능한 많은 관객들에게 보급하는 수단으로서 미디어를 활용하는 데 능숙했었다. 그와 그들을 둘러싼 젊은 디자이너들은 다른 무엇보다도 그들의 통제된 매체 출연을 통해 문화적 변화의 대리인으로 행동하는 것을 포함하는 모델을 발전시켰다. 이 모델은 20세기 초기 마르셀 뒤샹(Marcel Duchamp)과 같은 사람들이 문화적 고정규범을 위반함으로써 명성을 얻게 되었던 아방가르드 미술세계의 방식으로부터 차용한 것이었다. 그러나 포스트모더니즘의 맥락에서, 그 전략은 체제를 번복시키지는 못했지만 시장에서 새로운 스타일의 선택권을 생성해냈다.

당시, 알레시(Alessi)란 이탈리아 회사에 의해 수행된 프로그램은 디자이너문화의 상업적 얼굴과 의식적으로 발맞추고 있었다. 20세기 초부터 철제 테이블과 주방용품을 생산해오던 그 회사는 회사의 이미지를 고객에게 다가가고 고객의 마음에 연결하기 위한 문화적 프로그램 전략의 일환으로, 이탈리아의 알도 로시(Aldo Rossi)와 미국의 마이클 그레이브스(Michael Graves), 로버트 벤투리(Robert Venturi), 찰스 젱크스(Charles Jencks)와 같은 국제적으로 알려진 포스트모던 건축가들을 초청해 '차와 커피 풍경(Tea and Coffee Landscapes)'이라는 시리즈를 디자인하게 했다. 그 디자인의 결과물은 박물관 및 전시 목적으로만 사용되었는데,[21] 이 프로젝트는 회사제품을 실은 책과 카탈로그 제작을 포함하며 여러 해 동안 지속되었던 알레시(Alessi)사의 더욱 확장된 캠페인의 일부였다. 박물관과의 연계는 알레시 제품이 마치 박물관이 문화의 과정으로 물품을 전시하듯이 전문 판매점에서만 선보이는 전략으로 문화와 상업의 경계를 흐리게 하는 전략적 수단이었다. 실제로, 알레시 제품을 선택한 판매점은 가게라기보다는 아트갤러리처럼 보이게 만들었다.

디자이너문화와 결합하기로 한 알레시의 결정은 실용적인 기능과는 거리가 멀고 극단적으로는 디자이너 오브제의 아이디어를 표현한 상징적이며 문화적 중요성을 지닌 디자인된 인공물을 만들어내는 결과를 낳았다. 예컨대 마이클 그레이브스와 리하르트 자퍼(Richard Sapper)의 주전자들은 디자인 개념에 새로운 의미를 부여했다. 그 주전자들은 물을 끓일 때 필요한 기본적인 실용적 기능의 수행보다는 소비자들에게 복잡한 사회문화적 메시지를 전달하고 있었다. 그 주전자들은 구매를 했건 선물로 받았건 간에 소비가 이루어졌을 때는 디자인에 대한 의식과 사회적 열망을 의미했으며 소비자들에게 문화의식이 높은 중산층 사회집단으로 진입하는 입구를 제공했다. 그것들이 유명한 디자이너에 의해 창조되고 디자인을 지향하는 회사에 의해 만들어지며 선별된 소매점에서만 판매된다는 사실이 물건 자체에서는 나타나지 않았음에도 불구하고 그 과정의 참여자들에 의해 알려졌다. 가장 중요한 것은 그러한 지식을 가지고 있는 소비자와 그렇지 못한 소비자가 구별된다는 것이었다. 디자인 자체가 당시 이탈리아의 급진적 디자인과 연결되어 있다는 이야기와 아이러니한 특성들을 보여주고 있다는 사실은 의심할 여지없이 소비자의 열망을 부추겼다.

알레시 제품의 사회문화적 힘은 또한 1980년대와 1990년대를 통해 미디어의 사랑을 가장 많이 받았던 디자이너 중 하나인 프랑스의 필립 스탁 (Philippe Starck)의 작업에서 발견할 수 있었다(그림 8.6).[22] 그것은 또한 1990년대 초반 다른 디자이너들의 작업으로 확장되었는데 그들의 개성은 그들

그림 8.6 | 사바Saba사를 위한 필립 스탁Philippe Starck의 'M5170' TV세트, France, 1994 (© Thomson 2003)

이 제품에 부여하는 형태만큼이나 중요했다. 예컨대 런던 기반의 디자이너 론 아라드(Ron Arad)와 나이젤 코츠(Nigel Coates)는 알레시 주전자와 유사한 사회문화적 역할을 수행하는 제품을 만들었다. 당시 몇몇 동세대 디자이너들은 20세기 초 아방가르드주의자들과 연관되는 신화를 지속시키는 전략의 일환으로, 그들과 같이 옷을 입고 생활하는 방식으로 앙팡테라블(enfants terribles: 괴짜)로서의 명성을 강조했다. 그러나 원래 모더니스트의 급진적인 제스처로 생각되었던 회화적 맥락은 포스트모더니즘 안에서는 평범한 것이었다.

　자동차 분야는 1990년대까지 다른 디자인 분야에서는 이미 익숙하고 효과적인 전략이었던 디자이너문화의 포용을 활용하는 현대 대량생산 물질문화의 마지막 영역 중 하나였다. 사실 자동차 분야도 패션 아이템처럼 오랫동안 잦은 스타일의 교체 시스템 안에서 운영되고 있었으며, 심지어 1930년대에는 매년 변경된 새로운 모델이 소개되기도 했었다. 하지만 자동차디자인은 패션디자인과 많은 특징들을 공유하고 있었음에도 불구하고, 코코 샤넬(Coco Chanel)에서 이브 생 로랑(Yves Saint Laurant)에 이르기까지 잘 알려진 패션디자이너들로 요약되는 유명인사의 독특한 패션디자인의 문화방식과는 다르게 자동차디자이너나 스타일리스트들의 이름은 좀처럼 공공 영역에서 홍보되지 않았다. 대신, 우리가 앞서 보았듯이, 포드(Ford), 제너럴모터스(Gerneral Motors), 폭스바겐(Volkswagen), 피아트(Fiat), 시트로엥(Citroen), 로버(Rover)와 같은 브랜드 자체가 크게 홍보되고 있었다. 1980년대 말까지 아직 전통적인 차량제조방식과 연관되어 일했던 바티스타 피닌파리나(Battista Pininfarina)와 죠르제토 쥬지아로(Giorgetto Giugiaro)와 같은 소수의 이탈리아 디자이너들만이 대중적인 명성을 얻고 있었다. 하지만 미국, 독일, 영국, 일본을 비롯한 다른 나라에서 자동차디자이너는 일부 극소수 선별적인 커뮤니티에서만 알려졌을 뿐이었다.[23]

그러나 1990년대 후반, 상황은 극적으로 바뀌었고 자동차디자이너들은 TV와 잡지 광고에 등장하며, 처음으로 공인화되기 시작했다. 아우디(Audi)의 페터 슈라이어(Peter Schreyer)는 자신의 얼굴을 나타낸 최초의 자동차디자이너 중 하나였다. 더 많은 여성이 시장에 진입함에 따라, 기술이 주 매력포인트가 되었던 시대가 지나고, 자동차의 형태에 주목하는 새로운 마케팅 접근방식이 더욱 더 중요한 판매포인트가 되었다. 대량생산된 자동차는 무엇보다 전례 없는 문화필수품이 되었다.[24] 그러한 새로운 맥락에서, 자동차디자이너의 이미지는 중요하게 바뀌었고 그때까지 알레시 주전자나 필립 스탁의 레몬즙 짜개에 국한되었던 것이 자동차로까지 확장되었다. 포드의 디자인실장인 제이 메이스(J. Mays: 유명한 '썬더버드(Thunderbird)'를 복고하고 업데이트시키는 책임자였음)는 2002년 자동차디자이너의 업무는 스토리텔링을 하는 것이었다고 설명했다. 스토리텔링의 콘셉트가 마침내 자동차세계에도 진입

한 것이다.[25]

상품과 함께 디자이너 이름의 인증은 점차 알레시의 주전자와 같은 전통적 장식품에서 메이스의 썬더버드와 같은 첨단기술제품에 이르기까지 폭넓은 영역으로 확대되었다. 심지어 컴퓨터와 진공청소기까지 디자이너상품이 되었는데, 디자인 및 대중적 언론에 자주 나타나는 조나단 아이브(Jonathan Ive)와 급진적으로 차별화된 진공청소기로 '후버(Hoover)'를 대신해 '다이슨(Dyson)'이란 이름으로 명성을 키워가는 제임스 다이슨(James Dyson) 등이 대표적인 경우다. 자동차와 제품이 디자이너문화를 수용함에 따라, 시그니처 디자이너 개념을 개척했던 패션디자인 분야는 다른 방향으로 이동하기 시작했다. 대량생산업체가 패션쇼디자인을 길거리패션으로 쉽게 변환시키고 종종 패션하우스들이 할 수 있기도 전에 소비자들이 구매할 수 있도록 함에 따라, 디자이너패션은 별도로 보존이 필요할 정도로 희박해지고 있었다(그림 8.7).

이 위기와 함께 소위 대량럭셔리패션으로 묘사되는 것에 대한 새로운 관심이 생겼다. 대량생산되는 캘빈 클라인, 구찌, 베르사체와 같은 디자이너브랜드 패션은 젊은이들 시장에서 새로운 차원의 욕망을 획득하게 되었다. 대량생산되고, 브랜드네임을 가진 디자이너문화는 빠르게 거리에 침투했다. 그것은 의류를 넘어 액세서리 및 향수뿐 아니라 새로운 정체성을 찾는 시장에 호소할 수 있는 라이프스타일의 시나리오를 만들어 냈다. 중국과 같은 나라들은 엄청난 양의 브랜드 명품의 카피상품을 만들어냈다. 그러한 맥락에서 '디자이너'란 단어는 새로운 의미를 가지게 되었다. 사람들이 그룹에 속하면서도 동시에 개인이 될 수 있다는 것을 암시하는 근본적 모순에 기초하여, 이 용어는 지금까지 기계화된 대량생산과 언론이 주도하는 대량소비로부터 격리되었던 장인정신과 명품의 세계를 상징하는 동시에 아이러니하게도 그들에 전적으로 의존하고 있었다.

한때 제한된 그룹에만 익숙했던 그러한 이름들은 디자이너문화의 새로

그림 8.7 │ 크리스챤 디올Christian Dior를 위한 존 갈리아노John Galliano의 S/S 드레스 디자인, France, 2002
(courtesy of AP Photo/Remy de la Mauviniere)

운 동력이었으며 짧은 시간 안에 패션체계의 법칙에 따라 열망하는 소비자
의 더 넓은 사회로 이동되었다. 결과는 지속적 기반의 프레임 속에서 새로운
이름의 진입을 허용하는 끊임없이 바뀌는 그림을 만들어내는 일이었다. 런
던의 디자인뮤지엄(Design Museum)과 전문 디자인신문 및 선데이(Sunday) 신
문 부록을 포함한 문화기관이나 언론은 지속적으로 새로운 디자이너의 작
업과 명성을 전파하는 데 기여했다. 디자이너는 사회문화적 시스템과 경제
를 행동으로 유지시켰으며, 끊임없이 새로운 욕망의 패턴 생성에 기여하면
서 소비에 불을 지폈다.

　21세기 초, 스타디자이너 체제는 대중매체를 통해 점점 가시화됨에 따라

대중화되었다. 아마도 20세기 후반 가장 유명한 슈퍼스타 디자이너인 필립 스탁은 다수의 텔레비전 시청자들에게 방송되었고, 축구선수 데이비드 베컴(David Beckham)과 그의 팝 스타 아내 빅토리아(Victoria)와 같은 유명인사문화세계에 진입하게 되었다. 2009년 BBC2에서 방영된 스탁의 '생활을 위한 디자인(Design for Life)' 시리즈는 젊은 그룹을 디자인 활동에 참여시키며 이전까지 청중들에게 엘리트신드롬을 갖게 했던 프랑스의 영웅디자이너와 직접 파리에서 함께 작업할 수 있도록 초대하는 프로그램이었다. 필연적으로, 그 과정에서 스탁이 지켜왔던 자신의 인격과 관련된 신비성의 일부는 희생될 수밖에 없었다. 영국의 디자인 비평가, 스티븐 베일리(Stephen Bayley)는 옵저버지(The Observer)에 쓴 글에서 그 시리즈와 디자이너문화 양쪽 다 동시에 통렬히 비판했는데 '스탁은 좀 더 깊은 초자아의 영속적인 욕망의 요구를 만족시키지 않고 단순히 자아만을 자극했다'라고 썼다. 그는 세상을 깔끔하게 정리하기 보단 과잉에 기여했다.

정신 분석학자 칼 크라우스(Karl Kraus)가 말했듯이, 스탁의 작업은 치료를 필요로 하는 어떤 증상이다. 겉만 번지르르한? 물론, 그래서 그는 가장 그럴싸한 매체인 텔레비전에 이상적이다. 스탁의 가장 위대한 업적은 바로 그 자신의 유명세를 디자인한 것이었다. 그는 신이긴 하지만 거짓 신이다.[26] 수 십년 전 로버트 벤투리에 옹호되었던 포스트모더니즘의 '모두/과(both/and)'문화는 21세기 초까지, 진정한 포스트모던 방식으로, 버튼을 누르기만 하면 텔레비전 화면에서 이루지 못할 이상과 모두에 가능한 일상현실에 연결되는 디자이너문화의 현실이 되었다.

영웅디자이너는 21세기에도 그 존재감이 유지되었다. 제임스 다이슨은 그 자신의 디자인학교를 설립하며 성공적인 디자이너이자 기업가, 교육가를 대표하고 있는 한편 조나단 아이브는 애플의 핵심제품을 책임지는 디자이너로서 유명인사 지위를 유지했다. 하지만, 이 두 사람의 중요한 점은 아이브는 애플사의 이사로서 CEO인 스티브 잡스(Steve Jobs)에게 직접 보고했고, 다이슨은 자신이 직접 디자인을 주도하는 회사를 소유했다는 것이다. 두 사람은 파워와 권한을 가졌으며, 디자인아이콘을 창조해낼 뿐 아니라 핵심적인 사업결정에 밀접하게 관여되어 있어 각자의 제품기반 사업의 심장에 디자인을 통합시킬 수 있었다.

디자이너문화 또한 점점 더 대량 시장에 진입하게 되었다. 예컨대, 영국에선, 가구디자이너인 매튜 힐튼(Mathew Hilton)이 저가 대량 소매체인점인 존루이스(John Lewis)를 위해 소파와 의자시리즈를 디자인했다. 그의 이름이 브로슈어에 들어가고 온라인에 연결되었지만 과장되지는 않았다. '다른 잠재 구매자들이 단순히 그 가구 자체의 미니멀한 라인을 좋아할 것이고 한편 디자인에 지식이 있는 사람이라면 그의 이름을 인식할 것이다'라는 가정에 서였는데, 이것은 20여 년 전 디자이너청바지와 핸드백을 동반 판매하는 부담스런 브랜딩보다는 21세기 초 경제침체기에 적합한 소프트하고 세련된 디자인문화였다.

물론, 많은 디자이너들은 스타디자이너시스템 밖에서 익명으로 일하고 있다. 1980년대와 1990년대를 통해, 브랜딩, 기업아이덴티티, 컴퓨터게임, 멀티미디어, 웹디자인, 아트디렉션, 전시, 이벤트, 그리고 라이프스타일 마케팅을 포함하는 많은 새로운 상업적 영역 안에서 일할 수 있는 디자이너에 대한 수요가 증가했다. 이러한 다양한 맥락에서, 개인디자이너의 투입보다는 팀워크와 학제 간 작업이 보다 더 중요하게 여겨졌다. 독일의 프로그디자인(frogdesign)으로부터 미국 실리콘밸리의 아이디오(IDEO)에 이르기까지 대규모의 다학제적 디자인회사들은 디자이너들로 하여금 팀의 일원으로서 유연하게 생각하도록 격려되었다.

아이디오(IDEO)는 영국 디자이너, 빌 목그리지(Bill Moggridge)에 의해 운영되었던 ID2와 데이비드켈리디자인(David Kelly Design)이 합병하면서 1991

년에 설립되었다. 초기에, IDEO는 컴퓨터와 카메라와 같은 사용자 친화적인 첨단기술제품 디자인에 집중했지만, 곧 사물을 디자인하는 것에서 경험을 디자인하는 것으로 이동한 첫 번째 회사 중 하나가 되었다. 이 과정에서, 디자이너의 이름이 명명되는 것은 디자이너 외에, 사회과학자, 건축가 및 엔지니어들을 포함하는 다학제적 팀작업에서는 별로 관련성이 없었다. 예컨대, 미국의 의료기관, 카이저퍼머넌트(Kaiser Permanente)에 의해 수행된 2003년 프로젝트는 의료원의 간호사, 의사 및 시설 관리자와 함께 작업할 수 있는 그룹으로 진행되었다.[27] 목표는 더 많은 환자를 유치하고 비용을 절감하는 것이었다. 팀이 발견한 사실은 등록하는 일이 악몽이었고, 대기실은 불편했으며 의사와 의료보조원들은 환자로부터 너무 멀리 떨어져 앉아있었다는 점이 포함되었다. IDEO에서 초빙한 인지 심리학자들은 환자의 친구와 가족이 의사와 대화하는 게 허용되지 않는 점을 발견했고 사회학자들은 환자들이 너무 자주 반라의 상태로 20여 분까지 머물러야 하는 진찰실을 싫어한다는 사실을 발견했다. 최종 결론은 새로운 건물이나 제품이 필요했던 것이 아니고 환자의 경험이 바뀌어야 된다는 것이었다. 어느 한 언론인이 말했듯이, 카이저퍼머넌트가 추구하는 의료행위란 쇼핑과 매우 비슷하며 다른 사람과 공유해야 하는 사회적 경험이라는 것을 IDEO로부터 배울 수 있었다.[28]

　'디자인씽킹(Design Thinking)'의 개념은 21세기 초기에 자주 논의되었다. IDEO의 최고경영자인 팀 브라운(Tim Brown)은 제품개발과 관련이 있을 수 있거나 그렇지 않을 수 있는 빠르고 혁신적인 결과를 얻을 수 있도록 소비자/사용자의 통찰력으로 작업해야 하며 래피드프로토타이핑(rapid prototyping)을 수용해야 한다고 설명했다. 그의 설명은 효율적인 해결안을 방해하는 가정들을 넘어서기 위한 것이었다.[29] 프로토타이핑에 중점을 두는 것은 지난 두 세기 동안 제조업과의 협력을 통해 개발된 것처럼, 새로운 상황에 적용하고 모든 종류의 문제에 혁신적 해결책을 제공하기 위해서였다.

이는 시각적, 물질적으로뿐만 아니라 개념적으로 해결할 수 있는 방법을 찾고자 하는 수단을 제공했으며, 그것은 브레인스토밍과 같은 전통적인 비즈니스 관련 과정을 넘어 수준 높은 문제를 다루고 창의적인 솔루션을 제공할 수 있는 새롭고 상상력이 풍부한 방법을 이끌었다.

21세기의 초기에 시작한 IDEO의 디자인작업은 세계적으로 다른 컨설팅회사들에 의해 모방되었으며, 전통적인 디자인실행과 비즈니스컨설팅 사이에 그 위치를 자리 잡고 있었다. 양 대전 사이엔 미국 컨설턴트 디자이너들이 비즈니스 조언가의 역할을 했었지만 새롭고 디자인에 뿌리를 둔 조언은 산업과 제조업 보다는 비즈니스실행에 더욱 관련이 많았다. 단지 디자인 아이콘으로서만 존재하던 디자인작업은 따라서 더욱 광범위한 분야를 다루게 되었다.[30] 그러한 새로운 맥락에서, 건축가와 장인이 지배했던 영역은 제안된 새로운 기회를 거리낌 없이 수용하는 다양한 배경을 가진 젊은 디자이너 세대에 의해 상당 정도 대체되었다.

가이 줄리어(Guy Julier)가 설명했듯이, 영국에서는 1990년대 초반의 경기 침체 후, '디자인컨설턴트는 확장된 서비스범위를 제공하려 했다'라고 했는데, 예를 들어, 그래픽전문가는 전시부스디자인과 같은 좀 더 입체적인 시설을 제안하고 제품 디자이너는 그래픽 디자인 분야에 그들의 영역을 다각화시켰다. 또한, 일부 컨설턴트회사들은 기업의 제품과 시장을 평가하면서 기업의 진단을 수행하는 다른 전략적 서비스를 제안하기 시작했다. 사실, 더 유명한 디자인컨설턴트회사들의 대부분은 자신의 이름에서 '디자인'이란 단어를 없애버리는 대신 '전략'이라는 단어를 추가하고 있었다.[31] 따라서 대중이 매체와 텔레비전 화면에 보여 지는 '디자인'이라 일컬어지는 문화적 개념을 점점 더 알게 되면서 많은 전문 디자이너들이 그들의 실무를 변경하고 일반 대중의 눈에 덜 띄는 작업영역으로 이동하기 시작했다. 그들이 제공하는 부가가치는 처음에는 소비자에게 덜 직접적으로 영향을 미쳤지만 비즈니스 커뮤니티에는 더욱 새로운 차원의 상상력과 증대된 효율성, 그리고 한 층 더 개선된 이익을 가져다주었다.

시장에서 부가가치 형태로서의 디자인과 새로운 커뮤니케이션과 레저관 련 산업 그리고 비즈니스 프로세스에 직접 연결된 확장된 전문적 활동으로 서의 디자인 사이에 갭이 나타나기 시작했으며 이는 20세기 말과 21세기 초 디자인 교육의 이동방향에 반영되었다. 예를 들어, 스웨덴의 우메오(Umeå) 디자인학교는 전통적인 디자인 전공 사이의 경계를 허무는데 초점을 맞춘 새로운 접근 방식을 개척하고 있었다. 이 디자인학교는 장애인 뿐 아니라 정 상인 모두에 활용 가능한 인클루시브 디자인(inclusive design)에 집중한 스웨 덴의 디자인회사인 에르고노미디자인그룹(Ergonomi Design Group)의 파트너 인 벤구토 팜그렌(Bengt Palmgren)에 의해 1989년에 설립되었다. 이 디자인 학교는 팜그렌의 새로운 세대 디자이너를 향한 선견지명을 받아들였다.

인터랙션디자인 과정의 한 학생이 설명했듯이, '물론 필립 스탁과 재스 퍼 모리슨 같은 우주적 스타도 있지만 대부분의 산업디자이너들은 명예의 스포트라이트를 받지 못한다.' 그럼에도 불구하고, 그들은 교육을 잘 받았고 창의적이었으며 그들은 인간의 행동으로부터 재료 공학 및 생산방법에 이 르기까지 폭 넓은 지식을 가지게 되었다. 그러나 그들은 솔로 아티스트가 아 니다. 그들은 건설자, 마케팅관리자, 제품기획자, 생산기술자, 그리고 다른 많은 전문가를 포함하는 개발 과정에서 창의적인 원동력으로서의 역할을 하고 있다.[32] 이 학교는 현재 가장 긴급한 문제를 다루는 것과 디자인의 문 제 해결 측면에 집중을 포함하는 교수들의 교육학적 방법론을 강조하고 있 다. 그러나 학생들에게 부여된 가장 중요한 질문은 '이 문제가 어떻게 해결 될 수 있는가?'라기 보단 '이 문제가 해결할 만한 가치가 있는가?'였다.[33] 학 생들의 많은 프로젝트는 건강과 교통부문, 그리고 통신 산업에 초점을 맞추 고 있다. 인터랙션디자인은 교과과정에서 특별한 역할을 하는데, 물질적인 사물디자인이 아니라 그 제품이 무엇을 할 수 있느냐에 대한 이해에 기반을 두고 있다. 이 학교는 실무자가 행동과학자들을 포함하는 팀작업의 필요성을 의식하면서도 인터랙션디자인의 뿌리는 산업디자인에 두고 있다고 보고 있다.

20세기 말까지는 어느 정도, 1930년대 미국의 컨설턴트디자이너로부터 물려받은 유산인 디자이너문화가 경험문화에 의해 대체되고 있었고 디자이너는 그 속에서 훨씬 더 중요한 역할을 하고 있었다. 비록 디자이너문화가 21세기 초까지, 여전히 대량발행 잡지의 페이지를 채우고 광범위한 상품과 서비스를 홍보하는 TV광고에 등장하고는 있지만, 1980년에 획득한 강력함은 점점 쇠퇴하고 있었다. 모더니티의 언어와 창의적 개인주의의 관념은 초기 모더니즘의 시대로부터 계승되었던 것이고 이후 80년 후까지 여전히 강하게 진행되었으며, 상품판매에 있어서도 강력한 수단으로 남아있었지만 그를 표현하는 문화는 지친 모습을 보이고 있었다. 아이케아(IKEA)와 같은 다국적 대량시장 소매업체들에 의해 인정된 결과로서 그러한 디자인 메시지는 희석되고 있었다. 소비자의 욕망은 새로운 방식으로 소생할 필요가 있었다.

욕망의 개념이 재정립되어지는 방법 중 하나는 실제로 그것을 회피하고 요구의 개념으로 대체하는 것이었다. 그러한 새로운 맥락에서, 디자이너는 완전히 자신을 다시 혁신해야 했고 그가 물려받은 유산으로부터 멀리 떨어져 있어야 했다. 그것이 간학제성(interdisciplinarity)과 협력에 기초를 두고 있는 점을 감안하면, 새로운 필요성에 초점을 둔 접근방식은 IDEO와 같은 기업의 작업을 바탕으로 이루어졌다고 볼 수 있다. 두 가지 접근방식이 어쩔 수 없이 상당부분 중복되고 디자인씽킹의 적용에 의해 다시 결합되긴 하지만 '코디자인(co-design)'으로 불리게 된 이 방식은 IDEO의 작업보다는 덜 비즈니스적으로 보여 진다. 하지만, 코디자인은 강화된 사회적 위임과 참여의식으로 새로운 팀 사고를 결합했다. IDEO는 전 세계에 걸쳐 수많은 사회적으로 초점을 맞춘 프로젝트에 참여했다. 예를 들어, 인도 하이데라바드(Hyderabad) 지역에서 여성들이 어떻게 매일 신선한 물을 얻을 수 있는 가에 관한 것이 있었고 또 다른 것은 아프리카에서 모기장 배포에 관한 것이었다. 두 경우의 해결안은 제품을 리디자인하기 보단 시스템을 재검토하는 것을 포함하고 있었다.

더 많은 지역에서 디자이너는 사회적 지속가능성의 문제에 점점 더 연루되게 되었고 이와 더불어 사회적, 환경적 아이디어들이 대두되었다. 이론은 실전보다 어떤 면에서는 지체를 보였지만, 사용자주도디자인(user-led design)으로부터 변형디자인(transformation design), 참여디자인(participatory design), 행동디자인(action design), 경험기반디자인(experience-based design)과 같은 여러 용어가 사실상 디자인의 새로운 접근방식을 표시하는 의미로 사용되었다. 특히 사용자연구 분야와 같이 새로운 기술에 더욱 집중하는 분야가 있는 반면, 전통적인 기술도 여전히 적절히 수용되고 있었다. 예컨대, 영국에서, 어스크리에이츠(Uscreates)의 파트너인 메리 쿡(Mary Cook)은 혁신적 디자인을 통해 사회적 변화를 천명하고 관련된 코디자인 프로젝트를 성공적으로 이끌었다. 그 프로젝트들 중엔 여성과 40대 이상의 남성노동자의 금연율을 높이기 위한 프로젝트와 10대의 임신을 줄이는 프로젝트, 미드에섹스(mid-Essex) 이주노동자의 건강 및 웰빙과 관련된 프로젝트들이 포함되었다. 이 세 가지 프로젝트는 광범위한 소비자 조사와 이해관계자들과의 지속적인 작업이 포함되었다. '스피드모델링(speed modelling)'이라 불리는 방법이 가능한 빨리 많은 아이디어를 만들어내는 데 사용되었다. 사회마케팅 전문가가 포함되고, 모든 결정은 이해관계자들이 참여한 팀에 의해 이루어졌다. 이러한 작업을 통해서 모두가 디자이너가 될 수 있다는 생각이 커졌지만 메리 쿡은 아니라고 주장했다. 그녀는 "만약 헨리 포드가 사람들에게 무엇을 원하느냐고 물어보았다면 아마 그들은 자동차라기보다는 '더 빠른 말'이라고 대답했을 것이다"라는 옛 격언을 인용하면서 그녀의 의견을 입증했다. 그녀의 주장은 디자이너의 책임은 혁신분야에서 전문적인 기술을 제공하는 것이었다.[34]

20세기 후반과 21세기 초반의 기술 혁명이 사람과 기계의 관계를 재정의 했듯이, 결과적으로, 디자이너들은 사물이 어떻게 보여 져야 하는 것으로부터 사물이 무엇을 하는 것인가에 더욱 고심하도록 새롭게 방향을 제시했으며 이는 소비자 욕구에 대한 생각으로부터 사회적 요구를 나타내는 것으로, 디자이너에게 또 다른 능력을 요구하는 것이었다. 중요한 문제 해결과 혁신이 표면화되었고 디자이너는 분야를 넘어 팀작업이 요구되었으며 무엇보다도 창의적으로 생각해야 했다. 결과는 디자이너문화의 위력이 감소되었으며, 디자이너들이 지금보다도 사업 및 사회생활의 영역에서 훨씬 더 많은 활동과 프로세스에 융합되어야 할 필요가 있으며, 스튜디오 및 공장을 벗어나 그들의 목소리를 확장시켜야 한다는 것이었다.

9 포스트모더니즘과 디자인^{Postmodernism and design}

위기의 모던디자인

순수한 기능은 스타일에 대한 선택을 필요로 한다... 형태와 표현 사이의 중요한 연결고리의 무시는 관습적인 것이다.[1]

비엔나의 건축가이자 디자이너인 아돌프 루스(Adolf Loos)가 장식은 범죄와 동일시 되어야 한다고 선언했던 20세기 초부터, 모던디자인의 본질적으로 합리주의적인 접근방식은 그 주제에 대한 모든 방법들을 지배하기 시작했다. 뿐만 아니라 그러한 시각은, '형태는 기능을 따른다'라는 자주 인용되는 격언으로 요약되는 디자인에 대한 고도의 환원주의적 철학을 탄생시켰을 뿐 아니라, 디자인된 인공물에 기하학적이고, 무장식적인 표면과 제한된 컬러로 특징되는 미니멀리즘 미학을 만들어냈다(그림 9.1). 모더니즘 건축가와 디자이너의 기본적 의도는 빅토리아시대의 물질 문화세계를 지배했던 신분지배적 정의를 거부하고 지속적으로 결과물과 이윤의 극대화를 목표로 하는 대량생산산업문화를 효과적으로 정렬하는 데 있었다. 결과적으로, 모더니즘을 뒷받침하는 합리주의는, 사회발전을 촉진하기 위한 이성의 힘에 대한 믿음을 기반으로 했던 18세기 계몽주의 사상에 뿌리를 두고 있었다.

양 대전 사이, 디자인의 또 다른 모델이 관심을 끌며 나타나고 있었다.

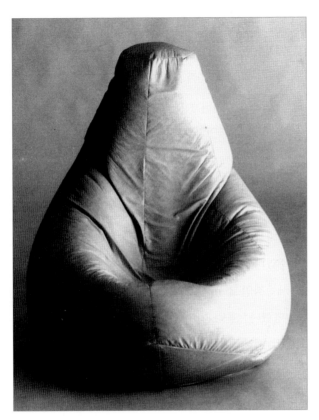

그림 9.1 | 차노타Zanotta사를 위한 가티Gatti, 파올리니Paolini, 테오도로Teodoro의 사코Sacco, Italy, 1968
(courtesy of Zanotta Spa – Italy)

그것은 시장의 비이성적 가치와 감성을 적재한 소비세계를 주시하고 있었으며, 이는 진공청소기, 라디오, 자동차와 같이 새로운 산업으로부터 태어난 복잡한 소비제품에 바우하우스를 비롯해 모든 디자인교육기관에 의해 채택되었던 '형태는 기능을 따른다'의 합리성과 기술기반의 철학 적용이 불가능하다는 사실의 결과였다. 내부 구조를 드러내기 보다는 내부의 복잡한 작동을 감추며 소비자의 마음을 사로잡는 제품의 단순한 케이스에서 보이듯이, 이는 기능주의 법칙을 거부하는 것이었다. 모더니즘 건축가에 의해 정립된 정통성은 양 대전 사이에 출현한 컨설턴트 산업디자이너에 의해 복잡한 제품에 단순한 몸체를 적용하는 더 실용적인 접근방식으로 대체되었다. 르 코르뷔지에(Le Corbusier)를 비롯한 모더니스트의 고결한 원칙을 따라야 한다는 주장에도 불구하고, 제품들은 그 기능적 구성요소들을 위장하고 있었다.[2] 아이러니하게도, 그 기간의 실제 기계미학은 기계에서 영감을 받은 초기 모더니스트의 디자인 원리와 모순을 보이고 있었다.

디자인 평론가, 레이너 밴험(Reyner Banham)은 1955년 그의 책 '일회성 미학(A Throw-away Aesthetic)'에서 부가티로열타입41(Bugatti Royal Type 41)과 뷰익(Buick)을 비교하며, 그러한 복잡한 제품은 '형태는 기능을 따른다'라는 단순한 공식을 무시하고 대신 기하학적 단순함과 기능 사이엔 아무런 연관성이 없다는 것을 보여주었다. 그는 '우리는 일회성 경제체제, 우리 생각의 가장 기본적인 분류와 세속적인 소유는 상대적 소비성의 측면이라는 문화 속에 살고 있다'라고 설명했다.[3] 플라톤 미학에서 존재하는 객관성에 대한 환상은 디자이너로 하여금 기계공학의 법칙을 심하게 오도하고, 정확히 미학의 법칙으로 해석하지 못하게 만들었으며, 규격화의 개념은 공학에서와 같이 시시각각의 표준이라기보다는 이상적으로 동일화되는 것으로 오해하도록 만들었다.

밴험은 모더니스트의 이상과 전후 상업세계에서 작동된 디자인의 현실 사이에 존재하는 엄청난 갭을 인식한 첫 번째 인물 중 하나였다. 1940년대로 돌아가서, 에드가 카우프만(Edgar Kaufmann)은 재즈가 대중들의 상상 속에서 클래식 음악을 대체한 것과 같은 방식으로, 인기 있는 디자인의 가치가 시장에서 모더니즘의 자리를 강탈했다는 것을 인식하고 있었다.[4] 밴험은 수십 년간 단단히 봉인되었던 상자의 뚜껑을 연 것이었다. 하지만 그의 말은 1950년대 초 첨단기술과 대중문화의 영향을 받아 표면화되었던, 즉, 새롭고 흥미로운 아이디어와 가치를 감안하여 모더니즘을 다시 한번 돌아볼 필요가 있다는 믿음과 함께 등장한 순수 미술과 건축, 디자인의 세계와 관련 있는 사람들에 의해 생성된 더 큰 소용돌이의 일부였다.

인디펜던트그룹(The Independent Group)은 1950년대 초 런던현대미술학
교(Institute of Contemporary Arts in London)와 다양하게 연관된 사람들로 구성
되었다. 이 회원들 중엔 미술가 리처드 해밀튼(Richard Hamilton)과 에두아르
도 파올로찌(Eduardo Paolozzi), 사진작가 나이젤 헨더슨(Nigel Henderson), 미
술평론가 로렌스 얼로웨이(Lawrence Alloway)와 건축 및 디자인평론가 레이
너 밴험이 포함되어 있었다. 그들은 전반적으로 미술에 영향을 미친 새로운
기술과 대중문화의 충격에 대해 논쟁을 했으며 이에 대한 문서화에 착수했
다. 역사학자 나이젤 휘틀리(Nigel Whiteley)와 앤 메시(Anne Massey)는 모두
그 그룹이 모더니스트의 사고의 한계를 인식하는데 중요한 역할을 했으며 2
차 대전 이후 디자인을 이해하기 위한 지적기반을 제공하는데 선구적인 작
업을 했다고 인정했다.[5] 본질적으로, 인디펜던트그룹은 대중적 호소와 욕망
등이 디자인된 사물의 의미를 어떻게 재정의 했나를 모색하기 위해 출발했
으며, 또한 모더니스트의 환원주의와 취향의 법칙에 저항한 문화실천의 결
과를 평가하는 새로운 방법을 개발했다. 새로운 평가방법을 개발하는 일에
기여한 분야 가운데, 인류학이 매우 유용했는데, 왜냐하면 인류학은 문화실
천에 있어 계층구조를 강요하지 않고 맥락적으로 이해했기 때문이었다. 인
디펜던트그룹의 멤버인 존 맥케일(John McCale)은, 건축잡지 아키텍츄럴리뷰
(Architectural Review)에 기고한 '소비적 아이콘(The Expendable Icon)'이란 제목
의 기사에서, 그와 같은 방식으로 현대 대중문화에 대한 가치중립적 분석을
시도했다.[6]

초기 포스트모던의 맥락으로 디자인을 정의하려는 시도가 전후 시기에
다른 나라에서도 나타났다. 예컨대, 프랑스에서 문화비평가 롤랑 바르트
(Roland Barthes)는 '그레타 가르보의 얼굴(Greta Garbo's face)', '스테이크와 칩
스(Steak and Chips)', '영화 속의 로마인들(The Romans in Films)'과 같이 인기

있는 문화적 표현에 대한 토론의 해석모델을 개발하기 위해 클로드 레비스트로스(Claude Levi-Strauss)의 인류학적 사고와 페르디낭 드 소쉬르(Ferdinand de Saussure)의 기호학 연구를 결합했다. 바르트가 시트로엥 DS(Citroën DS)자동차 및 플라스틱 제품의 형태로 그려내고 분석한 현대대중문화의 광대한 그림은 또한 현대생활의 강력한 메신저로서 물질문화를 수용했다. 바르트에게 있어, 플라스틱은 '물질의 위계체계 폐지'를 대표하는 한편, 시트로엥 자동차는 '무명 아티스트의 열정으로 탄생되고, 모든 사람에 의해 사용되지 않더라도 이미지로서 소비되는 당대 최고의 창조물인 위대한 고딕양식의 대성당과 정확히 동등한 대상'이었다.[7] 그는 소비의 맥락에서 사물에 대한 강조와 기능보다는 사물의 이미지에 대해 관심이 많았으며 이는 당시 디자인 연구에 있어 새롭고 중요한 방향이었다(그림 9.2). 바르트의 접근방식은 디자인된 인공물과 이미지와 같은 대중매체의 영향이 충분히 이해되고 있던 시점에서 공식화되었다. 비록 논란의 여지가 있지만, 디자이너들이 암묵적으로는 항상 이미지의 중요성을 이해했다 하더라도, 20세기 초부터 그들의 작업에 동반되었던 비판들은 주로 그들의 업적을 건축가와 공학자들의 업적과 동일시하려한 경향이 있었고 이미지 창조자로서의 그들의 능력을 인식하거나 인정하지 않았다.

바르트의 언어학적 토대연구는 디자인된 인공물 분석에 있어 신속하게 더욱 일반적인 접근방법이 되었다. 1950년대를 통해, 질로 도르플레스(Gillo Dorfles)와 아브라함 몰르(Abraham Moles)와 같은 여러 다른 비평가들도 취향의 전통적 개념을 따르지 않는 사물의 의미에 대한 토론에 기호학적 접근방식을 적용했다.[8] 독일에선, 아르헨티나 출신의 토마스 말도나도(Tomas Maldonado)와 같은 울름조형대학의 교수들 또한 디자인분석에 적용할 언어학적 접근방식을 개발하고 있었다. 1950년대가 진행됨에 따라 모더니즘의 이론적 토대의 위기는 점점 더 분명해졌다. 인디펜던트그룹에 영감을 주었

그림 9.2 | 에두아르도 파올로찌Eduardo Paolozzi, 닥터 페퍼Dr. Pepper, Italy, 1948 (© Eduardo Paolozzi, DACS; photograph © Tate)

던 수많은 대중 문화적 사물과 이미지의 본고장인 미국에서는, 작가들이 당시 벌어지고 있던 문화적 변화에 초점을 맞추고 있었다. 예컨대, 데이비드 리스먼(David Riesman)은 군중의 얼굴에서 개인의 중요성이 변하고 있다는 것에 주목했다. 그와 더불어 다른 사람들은 사물이 점점 대중소비에 의해 정의되어지는 사회의 이미지로 재정의되고 있다고 설명했다. 다니엘 부어스틴(Daniel J. Boorstin)은 1961년에 쓴 '이미지(The Image)'란 책에서, 우리의 뉴스,

우리의 유명인, 우리의 모험, 그리고 우리의 예술 형태 등과 같은 우리의 경험을 조작할 수 있다고 믿게끔 유혹되고 결국 이 모든 것을 측정할 수 있는 대단한 기준을 만들어 낼 수 있다고 믿는 당시의 압도적인 추세에 경악을 표현했다. 그것은 우리가 대단한 이상을 만들어 낼 수 있다는 것이고 이는 우리의 과도한 기대감의 절정이었다. 그것은 이상에 대한 이야기로부터 이미지에 대한 이야기로 바뀌는 미국인들의 보편적인 화법의 변화로 표현되었다.[9] 그의 책은, 미국의 대중문화에서 중요한 순간을 지적했다. 부어스틴에 의하면, 미국인들은 비현실적이긴 하지만, 예컨대, 소형이지만 넓은 공간, 고급스러우며 경제적이기까지 한 것과 같은 높은 기대감을 통해 이미지를 만들어냈다.[10] 부어스틴이 설명하지 않은 것은 그 기대감이 어느 정도는 디자이너들과 협력한 광고인들에 의해 만들어졌으며, 그러한 기대감은 소비자들이 새롭게 발견한 정체성과 열망을 표현해 줄 상품에 대한 채워지지 않는 욕망을 부추겼다는 것이다.

　이러한 것은 문화 이론가들이 무시할 수 없었던 1950년대 대량 시장의 힘이었다. 결과는 모더니즘의 죽음이거나, 적어도 극적인 변화였으며, 또는 그에 대한 설득력의 감소였다. 물론, 양식적으로는 모더니즘디자인이 시장에서 활용 가능한 선택 중 하나로 남겨지긴 했지만, 그 이념적 헤게모니는 이미 파괴되었다. 모더니즘에 뿌리를 두고 디자인의 한 부분으로 상징되던 굿디자인에 대한 생각은 위기에 처했으며 이는 1950-1960년대를 통해 많은 디자인 비평가와 문화 비평가들의 작업을 지배했다. 그들은 영국과 서유럽에 끼친 미국 문화의 영향에 위기의 원인이 있다고 했다. 어느 작가가 말했듯이 미국화의 유령은 음식에서 음악, 문학, 건축, 광고, 디자인된 대량생산제품에 이르기까지 다양한 문화의 형태로서 표방되고 있었다. 피터 메이슨(Peter Masson)과 앤드류 쏘번(Andrew Thorburn)이 설명했듯이, '2차 세계대전 후 미국의 영향력은 유럽에서 경제적 원조, 비즈니스 이권, 정치적 영향력 차원에서 엄청나게 팽창되어 있었다.[11] 제국주의의 새로운 형태는 강력한 문화적 요소를 포함하고 있었으며 신속하게 마케팅기반의 디자인과 컨설턴트디자인 직업은 유선형의 표현양식과 더불어 대서양을 건너 유럽으로 이동했다. 지역적 성향에 따라 불가피하게 수정이 이루어지긴 했지만 이미 보았듯이 유선형은 이탈리아에서 강력하게 조각적인 특성으로 수용되었다. 미국의 존재는 전후 유럽의 물질문화, 특히 대중적 차원에서 크게 영향을 미쳤다. 딕 헵디지(Dick Hebdige)는 영국의 작가들과 문화비평가들을 언급했는데, 그들 가운데 조지 오웰(George Orwell), 리처드 호가트(Richard Hoggart), 그리고 레이몬드 윌리엄스(Raymond Williams)는 그 영향에 대해 의구심을 가졌으며 그 수준을 평가절하 했다고 설명했다. 그가 설명한 바와 같이, 언제든지 "아메리칸"이 목격될 때마다, 교육적 맥락 혹은 전문적 문화비평의 상황에서 일하는 사람들에게는 최소한 종말의 시작으로 읽혀지는 경향이 있었다.[12]

미국화에 대한 저항이 일시적으로는 영국에서 모더니즘과 굿디자인의 개념에 대한 믿음을 연장시켰지만, 새로운 세대는 물질적인 상품에서 새로운 가치를 모색하고 있었다. 디자인에서 '팝'운동이란 소모품 형태와 재료, 화려한 색상과 자극적인 장식의 자연발생적인 분출이었다(그림 9.3). 그것은 즐거움과 즉시성에 대한 실천을 대표했다. 따라서 그것은 이론화에 저항하는 한편 시장의 법칙에 밀접하게 연결되어 있었으며 이념적인 신념보다는 소비자 선호에 의해 결정되었다. 특히, 팝운동은 청소년에 초점이 맞춰져 있었는데, 그들은 전쟁기간의 검소함을 모르는 세대로, 부모들보다 의류나, 음악, 그리고 라이프스타일에 필요한 액세서리에 더 많은 지출을 하며, 그들 자신에 의해 만들어진 가치를 찾으려 했다. 단지 소수의 사람들만이 그에 대한 설명을 시도했는데, 그들 중 저널리스트 코린 휴즈 스탠튼(Corin Hughes-Stanton)은 디자인카운슬(Design Council)의 대변자역할을 하는 디자인(Design)

그림 9.3 │ 폴 클락Paul Clark의 머그 디자인, UK, mid 1960s (courtesy of Paul Clark)

지를 통해 '그것은 팝아트, 옵아트, 초현실주의 회화, 코티지 소나무가구, 버
크민스터풀러리즘(Buckminster Fullerism)*, 전자오락실, 핫도그 스탠드 및 '아
키그램(Archigram) 등을 유쾌하게 수용했다'라고 기술했다.[13] 디자인카운슬
의 원장 폴 레일리(Paul Reilly)는, 팝디자인이 또한 그 당시를 지배했고 전통
적으로 디자인을 묘사하는데 사용되었던 언어는 변화될 수밖에 없었다고
마지못해 인정했다.[14] 비록, 어느 면에선, 팝디자인이 특히 패션 아이템, 포
스터 및 그래픽 용품, 상점의 전면장식과 같이 일시적으로 생활양식제품에
영향을 미친 상업기반의 현상이었으며, 몇 가지 예를 제외하곤 제품디자인

● 역자 주) 버크민스터풀러리즘(Buckminster Fullerism): 버크민스터 풀러는 미국의 건축가이자, 디자이너,
발명가, 작가, 발명가로 지오데식돔과 공업생산을 예측한 메카닉한 주택의 설계로 유명한데, 미래를 위한 상
상력과 기이한 스타일을 표현할 때 사용함.

이나 건축과 같이 좀 더 내구성 있는 분야에 침투하는 데는 실패했지만, 장
기적인 문화적 영향으로 봤을 때 그러한 사소한 것과는 거리가 멀었다. 팝디
자인은 우리가 모더니즘 안에서 보아 왔던 형태와 기능의 불가분의 개념과
결별하는데 기여했고 형태나 이미지 또는 표현이 소비의 맥락에서 매우 긴
밀하게 연결되었다는 것을 보여주었다. 겉으로 보기엔 가볍고 유쾌한 것으
로 보이는 이 디자인운동은 사실 나중에 포스트모더니즘으로 알려지게 된
새로운 양식에 모델을 제공했다.

   팝의 미적, 문화적 의미는 1960-1970년대 급진적인 건축가 그룹이 의식
적으로 영국의 팝디자이너의 자연발생적 전략의 많은 부분을 채택했던 이
탈리아에서 가장 강하게 감지되었다. 아키줌(Archizoom), 슈퍼스튜디오
(Superstudio), 그루포스트룸(Gruppo Strum) 등과 같은 이탈리아 그룹은 상업
적 시장에서 옆으로 한발 빠져 디자인이 그 자신의 문화 비평가가 될 수 있
다는 것을 보여주려 했다. 그들은 1950-1960년대 이탈리아 모던디자인 운
동과 강하게 동맹을 맺고 있었던 부르주아적 소비주의 윤리를 무너뜨리는
데 기여하면서 자신들을 당시의 정치적 상황과 연계할 수 있다고 믿었다.
1960년대 말 그들이 갤러리나 각종 이벤트에서 보여준 작업은 문화 자극제
로서의 역할을 했으며 다소 정치적으로 순진했던 영국의 팝디자인과는 달
리, 이탈리아에서 디자인에 관한 논쟁을 이끌려 했고 이는 다양한 사회적,
문화적, 정치적 파급효과를 가져왔다. 올리베티(Olivetti)사에서 일한 적이 있
으나 개인적인 작업을 더 많이 수행했던 이탈리아의 디자이너 에토레 소싸
스(Ettore Sottsass)는 선명한 색상, 강한 이미지와 일시적인 형태 등과 같이 팝
디자이너로부터 차용한 전략을 사용하는 방식의 작업으로 이러한 급진적인
야망을 달성하려 했다.[15]

   모던디자인의 위기를 명확하게 밝히려 했던 1960년대의 가장 중요한 이
론적 작업인 '건축에서의 복잡성과 모순(*Complexity and Contradiction in*

Architecture)'라는 책이 로버트 벤투리(Robert Venturi)에 의해 쓰여 졌다.[16] 이 책은 대중문화의 영향으로부터 발산된 건축 및 디자인의 가치 변화에 대한 이론적 프레임워크를 제공하는 첫 번째 시도였다. 모더니즘은 문화적으로 도전 받았는데, 이는 정교한 반대이론에 의해서가 아니라 시장에서 작용한 디자인의 현실에 의해 그 가치를 침식당했다. 사실상, 이론은 실전을 따라 잡기 위해 뛰고 있었다. 전후 모더니즘의 반동력을 새롭게 할 수 있는 일부 용감한 시도가 유럽에서 있었다. 1940-1950년대 이탈리아에 등장한 네오모던 디자인 운동이 이상주의의 강한 요소를 지니고 있었던 반면 독일의 울름 조형대학과 독일 오디오제조사인 브라운(Braun)사는 전쟁 전 합리주의를 부활시키려 노력했다.[17] 하지만, 1960년대, 시장과 그 안에 내재된 대중 문화적 가치의 힘은 그러한 표명들이 전쟁 전 사고가 국가의 아이덴티티와 근대화의 표시자라는 것을 제외하곤 설득력을 잃었다는 것을 확인시켰다. 대신, 그 것은 소비자의 선택이 디자인 이상주의보다 강력하게 되어버린 세상에서 높은 수준의 문화자본을 포함하는 멋진 성명서로 바뀌었다. 비평가들과 디자이너들은 시장의 현실과 물질문화로부터 흘러나온 새로운 에너지에 대응하고, 1970-1980년대에 포스트모더니티의 조건에 부합하는 폭넓고 새로운 아이디어를 포용하기 위해 앞으로 나아갔다.

포스트모던디자인

나는 포스트모더니즘의 이름으로 그것을 이혜했다. 건축가는 더 이상 기능주의의 목욕물로 아기를 실험하지 않으며 바우하우스 프로젝트를 치워버리고 있다.[18]

1970-1980년대에 포스트모더니티와 포스트모더니즘의 개념에 초점을 맞춘 몇몇 다른 분야로부터 뿜어져 나오는 이론적 글들의 수렴적 본체가 출현했다.[19] 그들의 뿌리는 일상생활에서 성장하는 대중문화의 영향력과 커져가는 모더니즘에 대한 환멸에 두고 있었다.

위르겐 하버마스(Jurgen Habermas)가 '모더니티프로젝트(project of modernity)'라 불렀던 모더니즘은 18세기 계몽주의 시대에 시작되어 1960년대 후반까지 지속되었다고 많은 포스트모더니즘의 이론가들이 주장했다. 그 이론가들은 1968년 파리와 그 밖의 다른 곳에서 일어난 학생봉기를 모더니즘이 더 이상 권위를 되찾을 수 없게 된 문화적 전환점으로 보았다.[20] 많은 이론가들은 진보와 실험 시대의 종말을 아쉬워하고 과거의 위대한 이상의 포기로서 포스트모더니즘을 맞이했다. 비록 말미이긴 하더라도, 모더니즘 내의 그 자신들의 위치에서 그들은 포스트모더니즘을 소비와 시장의 법칙에 동요되고 가치에 대한 고루한 생각이 필요 없게 되어버린 운동으로 보고 있었다. 하지만, 그 중 포스트모더니즘에서 오랫동안 '타자'로 인식되었던 페미니스트와 같은 특정 작가들은 어느 정도 신뢰성과 권위를 얻을 수 있는 기회로 기대하면서 더 낙관적이었다. 사회학자 자넷 울프(Janet Wolff)는 포스트모더니즘의 급진적인 작업이 명백한 진리를 해체하고, 지배적인 사고와 문화양식을 해제하며, 폐쇄적이고 헤게모니적인 사고의 시스템을 허무는 게릴라 전술을 사용하기 위한 것이라며 '불안정 효과'를 반겼다.[21] 안드레아스 후이센(Andreas Huyssen) 또한 그것을 여성의 얼굴을 지니고 있는 남성으로 비쳐진 '타자'를 위한 새로운 공간 확보의 기회로 보았다.[22] 더 나아가, 포스트모더니즘은 많은 사람이 믿었듯이, 문화의 다양성을 포용하고, 전에는 문화적으로 배제되었던 그룹들에게 문화를 향유할 수 있도록 제안하는 것이었다. 논쟁의 여지가 있지만, 핵심적인 논쟁은 문제의 문화가 그럴만한 가치를 가지고 있느냐 없느냐에 집중되었다. 시장기반의 디자인에 대한 정의는 가치의 위기에 의해 해방된 '타자'의 많은 얼굴 중 하나였다. 그것은 사회변화의 측면에서 심각하게 도전 받고 있었던 모더니스트의 굿디자인 개념과 상반되는 것이었다.

새로운 문화운동에 대한 불안에도 불구하고, 덜 낙관적이었던 작가들은 새로운 '감정의 구조'로 묘사된 것의 존재를 인식했다.[23] 단순하게 말하자면, 그 새로운 구조는 더 이상 절대적인 진리를 인정하지 않는 대신 진리의 다양한 조합을 포용하려는 다원적 문화의 출현과 관련이 있었다. 가치의 문제는 늘 포스트모더니즘에 대한 논쟁의 중심에 놓여있다. 일부는 전통적인 가치가 압제적 효력을 가졌었다고 주장하면서 이에 대한 의문을 환영한 반면, 다른 이들은 상대주의가 시대를 지배하고 그러한 가치판단이 더 이상 가능하지 않을 지도 모른다고 두려워했다. 포스트모더니즘의 가장 낙관적인 지지자들은 가치판단을 중지하고 싶지 않다고 주장했지만 동등한 가치로 인정받는 다른 종류의 문화적 표현 가능성을 억압했던 오래된 규칙에 대해서는 오히려 개방적이었다. 어떤 사람들은 좋은 디자인(good design)에 대해 더 이상 이야기하기 보다는 적절한 디자인(appropriate design)에 대해 이야기해야 한다고 제안했다.

취향과 같은 민감한 문제에 관한 논의에 있어 포스트모더니즘에 대한 논의보다 더 디자인과 관련된 것은 없었다. 취향의 천박함과 그 반대인 고상함 사이의 엄격한 구분은 오랫동안 서구 선진사회 내에서 계급과 성별 차이를 유지하는데 기여해왔다. 모든 취향이 동등하게 유효하다고 여겨지는 것은 프랑크푸르트학파의 이론가들에겐 일종의 저주였는데, 그들 중 테오도르 아도르노(Theodor Adorno)는 대중문화가 새롭고 유효한 가치를 평등하게 가져왔다는 생각을 전면적으로 거부했다. 그들의 아이디어는 많은 포스트모더니즘 이론가들, 그들 중 프레드릭 제임슨(Frederic Jameson)의 이론을 뒷받침했다.[24] 사회과학에서 등장하는 연구, 특히 인류학에서는 취향의 개념을 새로운 관점에서 고려하기 시작했지만 그것을 사회문화적으로 정의하고 판단하는 것은 보류하고 있었다. 피에르 부르디외(Pierre Bourdieu)가 1979년에 출판한 '구별 짓기: 취향의 판단에 대한 사회적 비판(Distinction: A Social Critique of the Judgement of Taste)'은 취향에 관한 새로운 토론의 장을 열었다. 그의 관점에서, 취향은 상대적인 개념으로 교육의 산물이었고 계급 구성에 있어 형태적 요인이었다.

포스트모더니스트들은 상품, 서비스, 공간 및 이미지의 생산보다는 소비를 우선시했다. 그들은 소비를 의미가 형성되는 주무대로 생각하면서 모더니스트의 소비에 대한 불신을 반전시켰다. 그러한 관점은 소스타인 베블런(Thorstein Veblen)과 게오르그 짐멜(Georg Simmel)과 같은 이전 이론가들의 아이디어를 기반으로 인류학, 사회학, 심리학, 문학 비평, 예술과 디자인의 역사, 그리고 문화 지리를 포함한 다양한 학문 분야에서 확장된 이론적 본체가 다시 한 번 나오게 만들었다. 목적은 소비연구를 위한 적절한 분석 툴을 찾기 위함이었다. 메리 더글러스(Mary Douglas)와 배런 이셔우드(Baron Isherwood)는 함께 쓴 '상품의 세계(The World of Goods)'라는 책에서 이 방향을 주도했는데, 이 책을 통해 경제학자들의 현재 아이디어를 보완하고 소비가 사회관계를 형성하는 가장 중요한 방법 중 하나라는 것을 설명하려 했다.[25]

주목할 만한 다른 연구들 중, 헤겔철학의 관점을 채택한 다니엘 밀러(Daniel Miller)의 1987년 '물질문화와 대량소비(Material Culture and Mass Consumption)'가 있었고, 소비의 맥락에서 소비상품과 그 의미에 대해 가장 많이 기술한 그랜트 맥크라켄(Grant McCracken)의 1988년 '문화와 소비(Culture and Consumption)'가 뒤를 이었다. 1980년대 말, 소비와 디자인이라는 주제에 대해 암묵적으로 가치중립적 접근법을 취했던 중요한 문헌이 나타났다.[26] 디자이너 및 디자인 역사가들에게 그러한 연구는 매우 의미 있는 것이었다. 그것은 디자인과 문화, 과거와 현재와의 관계에 대한 새로운 문제를 우선시했으며, 지금까지 제품의미론(product semantics)과 같은 좁은 영역으로 제한되었던 의미와의 관계성에 대해 훨씬 더 폭넓은 토론을 이끌어 내는데 기여했다. 새로운 접근방식은 디자인에 대한 판단의 필요성을 완전히 근절하지는 못했지만 어떻게 공식화될 수 있는지를 결정하는 일련의 새로운 기준을 제공했다.

앨리슨 J. 클라크(Alison J. Clarke)는 앞서 언급한 1980년대 책들을 기반으로 쓴 그녀의 2010년 저서 '디자인 인류학: 21세기의 사물 문화(Design Anthropology: Object Culture in the 21st Century)'에서, 디자인의 역사와 이론은 사물에 의미를 부여하는 사람과 그들의 생활에 대해서 충분한 조명을 하지 못했다고 밝혔다.[27] 그녀의 말은 21세기 초에도 가치와 디자인에 대한 지속

그림 9.4 | 놀(Knoll International)사를 위한 로버트 벤투리Robert Venturi의 퀸앤Queen Anne의자와 테이블, USA, 1984 (© Knoll International Ltd)

적인 논의가 존재하며, 별개로 사물에 과도한 집중이 이루어지고 있다는 믿음을 나타낸 것이다. 그녀는 자본주의 경제체제에선, 궁극적으로 그들이 사회적 관계로 인식되기보단 결국 소모품으로 취급되어진다고 주장했다.

1980년대 포스트모더니즘으로부터 나와 성장하고 디자인의 실행과 이해에 영향을 미친 한 이론이 아이덴티티에 초점을 맞추고 있었다. 그 연구는 자연스럽게 소비자와 디자인된 상품, 서비스, 이미지 사이의 문화적 관계에 초점을 맞추었던 소비에 관한 연구로부터 발전되었다. 미디어에 의한 지배와 전통적 사회관계의 침식으로 특징지어진 포스트모던 환경에서 개인이든 그룹이든 그들의 정체성에 대한 탐색은 상당히 중요한 문제였다. 사회학자 앤서니 기든스(Anthony Giddens)는 그의 1991년 '*모더니티와 자아정체성: 후기모던시대의 자아와 사회*(*Modernity and Self-Identity: Self and Society in the Late Modern Age*)'에서, 자아의 개념이 모더니티 자체의 변화에 따라 발전되었다는 방식에 대해 약술했다.[28] 또 다른 연구는 성별, 계급, 인종, 국적 등과 같은 문화 범주를 구별하고 정의하는 방식에서 매스미디어(디자인 포함)가 더 강력한 역할을 하고 있다는 것에 초점을 맞추고 있었다. 예컨대, 에드워드 사이드(Edward Said)는 식민지주의의 영향과 함께 유입되었던 문화가 사라지고 있었던 새로운 후기제국주의 안에서 아랍문화의 의미에 대해 연구했는데,[29] 국가들이 독립되면서, 그들 자신에 대한 정체성을 만들기 위해 노력하는 방법 중 하나는 그들 원주민의 공예 전통에 대해 탐구하는 것이었다.

1990년대, 포스트모더니즘의 우산효과로 탄생한 이론들이 많았는데 각 이론들은 내부적인 논쟁을 포함하고 있었다. 연구의 대부분은 정도의 차이가 있고 항상 공공연히 이뤄지는 것은 아니지만, 시각적, 물질적, 공간적 문화의 영역을 접하고 있었다. 그것들은 문화적 변화의 활성체로서 보다는 항상 문화적 징후로서 언급되었다. 건축가와 디자이너에 의해 그리고 주로 그 자신들을 위해 개발되었던 모더니스트 건축 및 디자인이론과는 달리, 포스트모던의 아이디어는 사실상 더 광범위하고 지식, 문화 및 정치의 전반적인 영역에 초점을 맞추고 있었으며 폭넓은 문화의 개념을 설명하는데 도움이 될 때만 건축과 디자인을 간단하게 언급했다. 이론은 실무에 그다지 도움이 안됐으며 실무와의 연관성도 기껏해야 간접적인 것이었다. 예를 들어, 프레드릭 제임슨(Frederic Jameson)은 '모던건축, 특히 국제양식의 기념비적 건물에 대한 반응'에 주목하면서, 병행적 활동이 문화실천 안에서 진행되고 있다는 것을 인정하는 몇 안 되는 사람 중 하나였다.[30] 그랜트 맥크라켄은 사회생활에 있어 '이상'과 '현실' 사이의 격차를 연결하는데 기여하는 소비상품의 중요성을 정확히 지적했지만, 그러한 아이디어가 실천으로 어떻게 피드백 되는 지엔 관심이 덜 했다.[31] 대부분의 경우, 포스트모던 아이디어는 디자인에 연결되어 있었지만 그들은 모더니즘이 그랬던 것처럼 실무자에게 새로운 규칙을 제공하지 않았다.

건축과 디자인의 맥락에서 볼 때, 새로운 아이디어는 실행 가능한 새로운 접근방법을 제공했지만 규범적이라기보다는 관찰적이고 분석적이었다. 모더니즘 안에서 건축가와 디자이너가 사회 및 문화적 이상을 위해 계약을 하고 차이의 결과를 만들어 낼 수 있었던 역할에 비해 포스트모더니즘 안에선 디자이너들은 오히려 문제의 한 부분이었다. 그들이 포스트모더니즘의 기준선인 미디어산업과 후기자본주의과정의 기저가 되었던 점을 고려하면 그들은 그것에 대한 반응이라기 보단 전조징후였다. 제임슨이 설명한 바와 같이, 포스트모더니즘은 앞으로 열망하는 이상이 아니고 새로운 형태의 사회생활과 새로운 경제질서, 미디어 또는 볼거리의 사회, 혹은 다국적 자본주의의 출현과 함께 나타난 문화 속에서 새로운 형태적 특성들을 서로 연관시키는 기능을 하는 시대구분짓기(periodizing) 개념이었다.[32] 따라서 디자인은 본질적인 부분의 시스템 밖에 있을 수 없는 메시지의 일부였다. 적어도 이론적으로는 포스트모던적인 비판은 있을 수 없었고 오로지 순종이었으며 에토레 소싸스가 이끌었던 멤피스와 같은 1980년대에 등장한 비판적 디자인 운동은 모더니즘을 넘어서는 무대로 보다는 모더니즘 종말의 표시자로서 간주되어야 한다.

포스트모더니즘은 물질문화에 영향을 주었지만, 단지 상품의 외관이나 이미지에서만 그러했다. 제임슨이 관찰한 바와 같이, 고상한 모더니즘의 거부는 장식, 아이러니, 역사주의, 절충주의와 다원주의를 수용하는 새로운 미적 패러다임의 문을 열게 했다. 그것은 또한 '타자'를 입증하는데 기여했는데, '타자'는 럭셔리, 여성취향, 장식미술 및 공예 등과 같이 모더니즘 안에선 소외되었던 디자인의 영역이었다. 따라서 포스트모던의 '감정의 구조'는 시각, 물질 및 공간 문화에 상당한 영향을 미쳤다.

1966년으로 돌아가서, 건축가 로버트 벤투리(Robert Venturi)는 오히려 그의 책, '건축의 복잡성과 대립성(Complexity and Contradiction in Architecture)'에서 '둘 중 하나(either/or)'식 문화보다는 '양쪽 다(both/and)'에 대한 생각을 발전시켰다.[33] 그는 이어 1973년 '라스베가스의 교훈(Learning from Las Vegas)' 이란 책에서, 모더니스트의 막다른 골목으로부터 건축가와 디자이너가 빠져 나올 수 있는 방법을 찾아내는데 영감을 주었던 팝문화가 어떻게 그 자신의 미학을 발전시켰는지를 보여주고자 했다. 팝문화의 경험에서 얻을 수 있는 즐거움이란, 소모성, 장식성, 오락성, 아이러니, 역사주의, 절충주의, 모방과 같이 영웅적 모더니즘의 포용과는 상반되는 것들을 감상하는 것이라고 벤투리(Venturi)는 설명했다.[34] 건축 및 디자인 직업에 대한 벤투리 아이디어의 매력은 합리주의와 보편주의를 넘어 모든 모더니스트 실무자들이 열망했던 것으로 이동할 수 있게 하는 자유였다. 대중적 가치가 점차 문화요소를 정의하고 있는 세상에서 그 형태를 수용하는 새로운 차원의 즐거움은 매우 호소력이 있었다. 필연적으로, 새로운 시대정신(zeitgeist)은 상대주의를 수용하고 소위 실제가치라 불리어진 것을 거부하는 문화로 비판 받고 있었다. 그러나 포스트모더니즘에 대한 건축가와 디자이너의 자의식적 반응은 비록 비위계적 문화를 만들어내지는 못했지만, 결국, 최소한 상품의 미학적 콘텐츠를 수준 높은 문화적 자본으로 대체시켰다. 따라서 포스트모던디자인에 있어 변화란 산업이동 및 자본흐름의 톱니를 유지하기 위해 필요한 계속되는 하나의 유행적 스타일로 보여 질 수 있었다.

1977년, 건축가이자 이론가인 찰스 젱크스(Charles Jencks)는 '포스트모던 건축의 언어(The Language of Post-Modern Architecture)'라는 제목의 영향력 있는 책을 발표했다. 이것은 건축 환경의 맥락에서 최초로 포스트모던이란 용어를 사용한 책이었다. 젱크스는 그가 '다면적 가치성(multivalence)'이라 불렀던, 즉 절충주의 건축언어에 관심 있던 건축가들의 수사학적 전략을 해석하려는 시도로 언어학적 분석방법을 사용했다.[35] 사실, 그 책은, 미국에선 마이클 그레이브스(Michael Graves)에 의해, 영국에선 퀸란 테리(Quinlan Terry)에 의해 창조되어 포스트모던 건축으로 불려 진 많은 건축물들이 세워지기 이전에 쓰여 졌으며, 젱크스는 그의 아이디어를 정교하게 만들기 위해 수많은 역사적 예를 활용했다. 요른 웃존(Jorn Utzon)의 시드니 오페라하우스와 에로 사리넨(Eero Saarien)의 존 F. 케네디공항 TWA터미널이 참고로 언급되었다. 그 책은 어떤 면에서 예언력을 지녔는데, 젱크스가 문서화한 건축에의 접근방식은 나중에 프랭크 게리(Frank Gehry)의 빌바오구겐하임미술관(Guggenheim Museum in Bilbao)을 포함해 1980-1990년대에 많은 디자인으로 현실화되었다. 그들은 수십 년 동안 계속해서 함께 창조되어진 네오모더니스트의 작업과 구별되는 표현적 미학언어를 수용했다.

1960년대 후반 이후 발생한 엄청난 문화적 변화에도 불구하고, 디자인에 관한 한, 포스트모더니즘의 영향은 어느 면에선 기본적으로 스타일에 관한 것이었다. 한편 다른 측면에선, 그 운동은 광범위한 사회문화적 자극에 반응할 수 있도록 디자인에 대한 정의를 개방하는데 도움을 주었다. 그 용어는 아이러니하게도 포스트모던이 등장했을 때 나온 대중문화보다 오히려 고급문화의 영역에서 작동되었던 문화적 자기규정을 가지는 상품과 더 밀접하게 연결되었다. 이러한 예로 그 어디에서도 1980년대 알레시의 디자인 보다 더 좋은 예를 찾을 수 없다. 어떤 관점에서 볼 때, 단순히 1950년대 후반에서 1960년대 초반 이탈리아 디자인을 특징지은 고급문화의 네오모던 가구와 제품디자인에 대한 해독제로 정의된 포스트모더니즘은 1960년 후반 이탈리아에서 등장했고 피렌체와 밀라노에 기반을 둔 급진적인 디자인그룹의 작업에서 분명하게 나타났다. 따라서 이탈리아에서는 디자인된 인공물의 문화적 언어를 가지게 되었고 순수미술의 방식으로 자체 비평가로서 행동할 수 있는 능력을 얻게 되었다. 결과는 산업체제 밖에서 작동되는, 즉 아트 갤러리에서도 자연스럽게 찾아볼 수 있는 급진적 디자인운동의 등장이었다.

1980년대 초 멤피스의 실험은 앞으로 나아가야 할 경로를 제시했고, 그에 반응하는 확장된 미디어를 통해, 아방가르드 활동으로부터 시장에서 모더니즘의 양식적 대안으로 빠르게 변모되었다. 상품화 과정의 힘과 소비의 맥락에서 물질적 상품의 중요성을 우선시한 포스트모던의 조건은 필연적으로 멤피스 제품에 어느 정도의 가치를 부여했다. 한편, 멤피스 디자이너들은 1980년대를 통해 매년 수작업으로 만든 작품들의 전시회를 개최하고, 그 이미지들의 끊임없는 재생산을 통해 갤러리기반의 엘리트 현상을 유지했으며 또한 대중시장에 침투하기도 했다. 유명 디자이너의 패션쇼가 대중시장 패션 제조업자들에 의해 카피되는데 영감을 주듯이, 이들의 활동은 본보기를 제공했다.

1980년대 알레시가 세계적으로 유명한 포스트모던건축가와 디자이너의 그룹에게 제품디자인을 의뢰한 결정은 같은 맥락의 이야기이다. 몇몇 미국 기업들이 비슷한 방식으로 그들의 제품에 가치를 부여하기 위해 동일한 전략을 사용했다. 예컨대, 놀인터내셔널(Knoll International)사는 로버트 벤투리가 디자인한 일련의 가구를 출시했고, 스위드 파월(Swid Powell)사는 멤피스 디자이너들과 작업을 같이 했으며, 포마이카(Formica)사도 그들의 컬러코어(Colorcore) 시리즈에 같은 디자이너들을 활용했다.[36] 1980년대 말까지, 포스트모던디자인의 개념은 모더니즘을 극복하고자 노력했던 국제적인 건축가와 디자이너 그룹에 의해 어느 정도는 의식적인 장식사용의 대명사가 되었다.

일본은 포스트모더니즘 디자인 운동의 출현이 대량시장 제품에 영향을 주었다는 것을 목격한 유일한 국가였다. 1970년대, 빠른 속도로 발전하던 일본은 기술적인 기교를 기반으로 제품을 판매하던 이전의 마케팅 전략을 거부하기 시작했다. 대신, 상품에 문화지향의 관점을 적용시켰고, 뿐만 아니라, 국내 시장 특히 부유해진 젊은 소비자들을 사로잡기 위해 더욱 전략적인 디자인을 사용했다. 즉, 1980년대 일본은 매우 장식적인 컬러구성으로 다양한 하이테크제품의 생산을 이끌었는데, 이는 명확히 여성과 젊은이들 시장을 겨냥한 것이었다. 그 제품들은 기술적 특성보다는, 세심하게 선택된 미학과 라이프스타일의 잠재성으로 어필했던 문화적으로 세련된 제품이었다. 그 제품들은 알레시 제품들과 같은 값비싼 디자이너제품은 아니었고 오히려 일반 시장에서 쉽게 구매할 수 있는 제품이었다. 포스트모더니즘은 일본의 모순에 대한 사랑과 밀접하게 동일 선상에 있었으며 따라서 일본의 문화에 쉽게 동화되었다고 주장되었다.[37]

일본은 확실히 소비주도의 포스트모던 미학을 대량생산제품에 주입시키는 방법을 이끌고 있었다. 1990년대에 '포스트모더니즘'이라는 용어는 퇴색하기 시작했지만, 포스트모더니즘의 유산은 디자인 이론과 실무의 세계 모두에서 여전히 명맥을 유지하고 있었다. 정체성이라는 주제와 관련된 이론적 연구, 한 시대를 지배한 후기제국주의(post-imperialism)와 글로벌리즘(globalism)은 모더니즘에서 포스트모더니즘으로 바뀌는 패러다임의 변화에 뿌리를 두고 있었다. 디자인실무의 세계에서, 알레시의 난해한 제품들은 자동차, 냉장고, 진공청소기 등과 같이 디자인된 다양한 근대적 인공물의 의미에 대한 전반적인 재검토에 반영되었고, 미래를 표현하려는 필요성에서 물러서는 대신, 향수를 불러일으키는 방식으로 모더니즘 전통에 그들 자신을 연결시켰다. 자동차는 그러한 경향을 수용하는 제품 중 하나였다. 예를 들어, J. 메이스(J. Mays)와 프리만 토마스(Freeman Thomas)가 디자인한 폭스바

그림 9.5 | 폭스바겐Volkswagen의 뉴비틀New Beetle, Germany, 2006 (courtesy of Volkswagen AG)

그림 9.6 | 제임스 다이슨James Dyson의 사이클론Cyclone 진공청소기, UK, 2005

겐(Volkswagen)의 뉴비틀(New Beetle)은, 크라이슬러(Chrysler)의 PT크루저(PT Cruiser)와 BMW의 뉴미니(New Mini)가 그랬던 것처럼, 현재와 미래 그리고 과거의 새로운 하이브리드 디자인을 대표했다. 이탈리아의 스메그(Smeg)사가 만든 냉장고는 과거 유선형제품을 회상하게 만들었고 다이슨(Dyson)의 진공청소기는 가정용 도구였을 뿐 아니라 이목을 끄는 독특한 물건이었다 (그림 9.6). 고도의 장식적 자기반영성이 소비와 소비자의 정체성에 강화된 강조의 결과로 제품디자인의 세계에 진입했다. 하지만 장식미술의 고급스러운 세계에서 볼 수 있는 새롭고, 유행적 스타일에 대한 영감으로서의 포스트모더니즘은 1990년대에 시야에서 사라져 갔다. 사실, 그것이 산란한 새로운 감성은 21세기 초의 삶을 지배하는 많은 시각, 물질 및 공간 문화를 생성해 낸 것으로 보여 진다. 틀림없이, 그것은 우리를 둘러싸고 있는 제품, 이미지, 그리고 공간의 혼란스런 절충주의를 여전히 뒷받침하고 있으며, 후기산업사회에서 유산의 문화적 중요성을 확장시키는 역할을 하고 있다. 소비자주도의 디자인 접근방식, 디자인과 마케팅 간의 긴밀한 연결, 사물에 대한 이미지와 현실 표현에 대한 지배는 21세기 초의 자본주의 경제 안에서 일상생활을 특징짓고 있다.

20세기 말, 모더니즘을 넘어선 디자인의 강력한 미학적 측면은 좀 더 프로세스 중심적인 새로운 인식에 합류했다. 그것은 디자인 프로세스 자체의 분석과 폭넓은 실행을 통해 그것을 통합하려는 시도를 포함하고 있었다. 새로운 접근방식이 합리적 기반으로 실행되는 점을 감안하면, 그것은 틀림없이 모더니즘을 뒷받침하는 원리들을 21세기로 확장시키기는 했지만, 비물질적이며 소비자 및 사용자에 초점을 맞추는 디자인관점에 의존하고 있었고, 포스트모더니즘 시대정신과 밀접하게 동일선상에 있었다.

세기 전환기에, 디자인이 미술과 산업의 결합으로, 부가가치의 형태로, 금상첨화로 시장경제 안에서 소비자 욕구를 풀 수 있는 열쇠로 여겨지며 커져갔던 디자인에 대한 각성은, 많은 이론 및 실무자의 입장에서 사회적, 문화적, 경제적 역할에 대한 근본적인 재평가를 이끌어 냈다. 전자혁명은 수세기 동안 장식미술에 연관되었던 디자인의 속박을 깨뜨렸고 디자인을 새로운 후기산업세계의 특징으로서 다시 정의하게 했다. 그러한 맥락에서, 지금은 라이프스타일과 동의어인 스타일의 문제는 점점 글로벌화 되는 세상에서 많은 소비자 개개인의 긴급한 문제로 남겨졌으며 디자이너는 그러한 요구에 계속 응답해왔다. 하지만, 동시에, 디자이너문화는 점점 그 명성을 잃고 디자이너들은 젊은 기업가들, 요리사들 및 컴퓨터의 귀재들 등 모두 미디어에서 널리 볼 수 있었던 새로운 유명인들로 대체되고 있었다. 확실하게, 음식, 정원 가꾸기, 웹사이트 디자인 등과 같이 비전문가도 점점 자신감을 가질 수 있고 활발한 활동을 벌일 수 있는 영역으로의 디자인의 확장은 디자인을 도처에 편재하게 만들고 결과적으로 아이러니하게 비시각적으로 만들었다.

디자인 이론가와 실무자들은 디자인의 영웅적 시기, 즉 1920년대와 1930년대, 1960년대 그리고 특히 1980년대에 변화를 가져오기 위해 개혁하고 활력을 불러일으켰던 디자인의 역할로부터 한발 물러났다. '디자인씽킹(design thinking)'이라 불리는 현상이 그러한 재탄생의 순간에서 성장했으며 디자인과 디자이너들을 위한 새로운 역할을 발전시켰다.

디자인씽킹은 디자인실무자와 교육자 모두에게 받아들여졌으며, 교육기관에서 최초의 천명은 스탠포드대학교(Stanford University)의 디스쿨〔d-School/Design School - 하쏘플래트너디자인연구소(Hasso Plattner Institute of Design)로 알려지기도 함〕에 의해 이루어졌다. 1980년대 중반에 설립된 이 디스쿨은 21세기 첫 10년까지, 다학제적 팀에게 반드시 새로운 제품이나 서비스를 결과로 만들어낼 필요가 없는 문제해결방법에 영감을 주는 디자인씽킹을 사용하는 것을 목표로 했지만 회사 또는 다른 이해관계자들에게는 새

그림 9.7 | 스탠포드대학의 디자인연구소Stanford University's d-School

로운 비즈니스의 실행이나 전략적 계획을 만들어낼 수도 있었다(그림 9.7).
프로젝트의 대부분이 비즈니스에 초점을 맞추고 있는 한편, 일부는 재해여
파 처리와 같은 사실상 더 이타적인 것들도 있었다.

　　교육학적으로, 디스쿨의 목표는 그 연구소의 교수들이 '돌파구를 찾는
사상가와 실행가'라고 불렀듯이, 혁신가들을 양성해내는 것이었다.[38] 또한
그들을 'T자형 인간(T-shaped people)'이라 불렀는데 이는 수직적으로 깊은
전문지식과 수평적으론 다른 분야와 폭넓게 공감대를 형성하는 인간형을
의미한다. 그러한 다학제팀에 의해 수행된 실전프로젝트에서 디자이너들은
대부분의 경우 비즈니스전문가나 엔지니어들과 함께 작업했지만 때로는 민
족지학자, 심리학자, 예술가와 같은 사람들이 그 팀에 초대되었다. 이론화보
다는 오히려 행동에 초점이 맞춰졌고 또한 비즈니스적 이슈(생존성), 기술적
이슈(가능성), 인간적 이슈/가치(유용성)의 조합에 초점을 맞추고 있었다.

　　그 그룹에서 사용하는 문제해결과정은 세심하게 짜여 져 있었다. 그것은

신속한 초기연구(사용자에 대한 관찰을 포함하는)로 시작되었으며 종종, 비디오 또는 스프레드시트가 기록으로 제작되었다. 프로토타이핑은 그 과정에서 핵심적인 구성요소였는데 이는 정량적 데이터를 참조하지 않고도 의사결정을 강행할 수 있기 때문이었다. 직관력은 모든 단계에서 매우 중요하게 고려되었고, 모든 참가자는 항상 일지를 써야 했다. 또한 프로젝트의 종료까지 모호성과 다수의 선택사항들을 유지할 필요가 있었다. 거기엔 따로 팀리더가 없었으며 어떠한 순간에도 중요한 사항을 결정하는 것은 그 그룹에 맡겨졌다. 가장 핵심적인 것은 문제를 정의하는 것이었다. 그러한 행동이 일어나는 공간도 역시 매우 중요했는데, 그러한 공간은 간단한 약식의 가구들로 유연성이 있어야 하고 룸의 개념을 벗어나야만 했다.

　디자인씽킹은 스탠포드대학에서 구현되었듯이, 팔로 알토(Palo Alto)에 위치한 아이디오(IDEO)가 개발한 아이디어의 토대를 이루었다. 2006년까지, IDEO 프로젝트의 60퍼센트는 디자인보다는 전략에 초점을 맞춘 것이었다. 그들은 스토리텔링의 기법을 활용했고 그 분야에서 그들에게 도움을 줄 수 있는 영화제작자나 작가들을 고용했다. 그들은 디자이너가 항상 모든 사람의 분야에 대해 어느 정도는 이해할 수 있어야 하고 T자형 인간이어야 된다는 원칙에 입각해 작업했다. IDEO의 디자이너들에게 중요한 것은 단순히 문제를 해결하는 것 보다 문제에 대한 질문을 하는 것이었다. 사실, 그 회사 CEO인 팀 브라운(Tim Brown)에게 있어 '정확한 문제를 이해하는 것'은 그 프로세스에 있어 가장 중요한 부분이었다.[39] 스탠포드와 IDEO 양쪽의 작업에서는 디자이너가 리더가 돼야 한다는 아이디어를 전제로 하고 있다. 당시 애플컴퓨터의 위업 뿐 아니라 자주 인용된 굉장한 혁신으로 미국의 커피소매점 스타벅스(Starbucks)의 업적을 들 수 있다. 스타벅스는 10대 청소년에게 전혀 새로운 공간을 제공했는데 그것은 바가 아니고, 학교나 집이었다. 스타벅스는 또한 단순히 기존 고객을 위해 효과적인 커피를 공급하기 보다는 그들의 고객을 재정의 했다는 사실이 높이 평가되는 점이다.

혁신은 21세기 초 디자인씽킹 연구의 핵심주제였다. 이는 문제 자체가 재정의 되는 새로운 차원의 문제해결방식을 취하는 걸 암시했다. 이 과정에서 물질적 제품을 다루는 것에 대한 아이디어는 제외되었다. 이는 제품 자체가 더 이상 중요하지 않다는 것을 의미했으며, 그들은 단순히 목적을 이루게 하는 수단으로 위치가 재배치되었다. 예를 들어, 전기드릴의 경우, 사물자체보다도 그것이 만들어내는 구멍이 중요하다고 여겨졌다. 이러한 비물질화 사고는, 이미지나 사물보다 시스템이 초점이 되는 인터페이스디자인에서 수행되는 작업과 동일선상에 있었다.

21세기의 첫 10년 동안 많은 디자인컨설턴트들이 IDEO의 모델을 따라했으며 다학제적 업무에 종사했다. 예를 들어, 캘리포니아 산 마테오(San Mateo)에 있는 작은 그룹이 디스쿨(d-School)의 모델을 사용하면서, 바람직한 건지는 의문이지만, 문화를 추가로 섞었다. 혁신의 개념은 그들의 모든 활동을 뒷받침했다. 그들은 그것을 '사회경제적 영향에 의한 발명'으로 정의했다.[40]

디자인씽킹의 아이디어는 신속하게 전 세계로 퍼졌다. 그것은 새로운 교육을 찾고 있었던 디자인교육에 의해, 자신들을 재정의 하고 새로운 종류의 작업을 수행하던 디자이너들에 의해, 그들의 커다란 문제를 해결하기 위한 것으로 기대한 산업과 비즈니스에 의해, 그리고 현안 문제를 해결하기 위해 새로운 방법을 모색하고 있었던 정부에 의해 수용되었다. 이는 디자이너에게 여태까지 시장과 소비의 맥락에서 즐겼던 것보다 더 높은 프로필을 부여했고 비즈니스맨과 엔지니어 못지않은 새로운 지위를 주었던 것을 감안하면 디자인씽킹은 디자인을 위한 르네상스를 대표했다고 할 수 있다.

문제해결과 디자인씽킹 그리고 21세기 초 혁신에 대한 폭넓은 의제와의 동맹관계에 대한 강조를 통해, 디자인은 어느 면에선, 비록 모더니스트의 뿌리와 함께 재편성되었지만 중요한 문제는 결과보다는 과정이었다. 또 다른 차원에서, 그것은 전적으로 서비스와 비즈니스 및 주요 과제로 대표되는 수많은 사회문제를 처리할 필요성이 있는 후기산업세계와의 관련성에 의존하고 있기 때문에, 자본주의가 점점 더 많은 국가(심지어 아직 공산주의정권에 의해 통제되고 있는 중국까지도)의 경제체제를 지배하고 있는 동안 디자인씽킹은 포스트모던처럼 보여 질 수 있으며, 소비는 여전히 개인이나 그룹 정체성의 욕구를 채워주고 있고, 글로벌화된 세계의 미래는 점점 그 재정시스템의 안전성, 환경의 지속가능성 그리고 셀 수 없이 많은 사회 및 건강문제에 의해 도전받고 있다.

처음으로 디자인은 시장을 넘어 이동했고 대규모 도전의 차원으로 상승했으며 그러한 문제를 해결할 수 있는 가능한 수단으로 인정받았다. 중요한 것은 디자이너, 교육자와 연구자들이 21세기를 변화시키는 맥락에서 디자인을 재정의하고 더 관련성이 크고, 더 유용하며, 더 효과적으로 만들기 위해 함께 작업하기 시작했다는 사실이다.

10 아이덴티티의 재정의^{Redefining identities}

국가의 재정의

전쟁 전과 마찬가지로, 1945년 이후에도 디자인은 국가를 나타내는 잠재력과 전 세계에 자신의 정체성을 투영하려는 그들의 욕망을 계속해서 전달하고 있었다. 이는 그런 국가들에겐 전쟁 전 파시즘과의 연관성을 벗어던지고 전쟁 이전에 민주체계를 가지고 있었다는 것 양쪽 모두를 나타내기 위한 것이었다. 따라서 독일과 이탈리아 및 일본은 모두 그 자신들을 위한 전후 현대적 아이덴티티를 새롭게 구축하는 수단으로 모던디자인을 수용한 반면, 영국, 미국 및 스웨덴과 같은 다른 나라들은 새로운 국제시장에 진입하는 핵심적인 전략의 수단으로 활용했다. 모든 경우에서, 그 국가들은 전시선전의 맥락에서 개발되었던 정교한 프로그램을 평화의 맥락에서 활용하고 있었다. 그들은 모두 새로운 현대적 제품의 소비가 제공하는 새로운 라이프스타일의 약속이 그들의 국민을 통합하고 새로운 시대로 전진하는데 매우 중요한 수단이라고 이해하고 있었다.

몇몇 디자인에 대한 연구는 다른 국가와 차별화할 수 있는 주요 특성을 확인하고자 하는 국가적 표방에 초점을 맞추고 있었다. 독일 디자이너 프레데리케 호이겐(Frederique Huygen)의 책, '영국 디자인: 이미지와 정체성 (British Design: Image and Identity)'에서 호이겐은 구체적으로 영국적인 것으로 이해한 여러 가지 주제를 강조했다. '영국 디자인의 영국다움(The Britishness of British Design)'이란 제목의 첫 번째 장은 건전하고, 솔직하며, 평범하고, 단단하고, 과하지 않으며, 진실 되고, 겸손하고, 가정적이고…등으로 주제를 특징지었다. 전후 디자인위원회는 우수하고, 견고하며 사용하기 편리한 디자인이 가장 중요하게 고려되어야 한다고 주장하며 호이겐을 옹호했다.[1]

빅토리아앨버트뮤지엄(Victoria and Albert Museum)에서 열렸던 'Britain Can Make It'전시회의 40주년을 기념하기 위해 1986년에 출판된 에세이도 역시 전후 초기의 영국디자인을 조망하기 위해 착수되었다(그림 10.1). 목적

그림 10.1 | 1946년 런던에서 개최된 'Britain Can Make it' 전시회에 선보인 앙리옹J. F. K. Henrion의 알루미늄 재봉틀 (courtesy of the author)

은 영국의 특징에 어울릴만한 형용사구에 접근하는 것보다 디자인이 어떻게 일상생활에 영향을 미쳤고, 영국이 전후 경제적, 사회적, 문화적으로 진화하는 방법에 어떻게 영향을 주었는지를 알아내기 위한 시도였다.[2] 그런 맥락에서, 산업디자인협의회(Council of Industrial Design)의 역할, 특히 1946년 전시회에서 관련기관과 관련업계 그리고 영국 대중들의 취향수준을 끌어올리기 위한 캠페인은 탁월한 것이었다. 사실, 협의회는 대중의 취향수준이 급상승해 고든 러셀(Gordon Russell)과 폴 레일리(Paul Reilly)에 의해 20년 동안 장려되었던 모더니즘 디자인의 모델에 의심을 갖기 시작한 1960년대 중반까지는 가장적인 역할을 해왔다. 그들이 지지했던 굿디자인의 모델은 미술공예운동에서 유래된 '목적부합성'의 설득술과 연관되어 있었으며, 협의회가 승인한 제품들은 단순한 목재, 금속 가구로부터 미국의 과도한 유선형을 피한 절제된 제품에 이르기까지 다양했다. 호이겐과 스파크(Sparke) 두 사람 모두 영국의 굿디자인에 있어 스칸디나비아의 영향을 강조했으며, 영국의 물질문화 속에서 소매업이 중요한 역할(1964년 테렌스 콘란(Terence Conran)의 해비타트(Habitat)매장 개장으로 요약됨)을 했고, 영국에서 전시 및 그래픽 디자인의 강한 전통은 전쟁 중 전시내각정보부의 일로부터 기인했다고 설명했다.

동일한 두 설명 또한 1951년 영국축제(Festival of Britain)에서 보여 진 것과 같이, 영국은 국가적 응집력과 낙관주의 감성의 생성을 통해 성취된 자국 국민을 위한 국가 정체성 강화에 기여한 모던디자인의 활용을 강조했다(그림 10.2). 그 행사는 보수당 정부에 의해 착안되고 현실화되었는데, 모더니즘의 시각, 물질 및 공간 문화의 공유된 경험을 통해 국가를 결집하려 했다. 영국의 과거, 현재 그리고 미래에 대한 이야기를 제공했던 다양하고 교훈적인 전시는 새로운 현대적 스타일이 밝은 미래를 예고해주는 동시에 과거에도 한쪽 발을 내딛고 있음을 보여준 것이었다.

그 축제는 수년 동안 작동된 공유적 비전을 생성시키는데 성공했고 전국

그림 10.2 | 1951년 런던 사우스뱅크South Bank에서 열린 영국축제 (© Design Research Unit)

적으로 신도시 건설과 같은 프로젝트로 명시되었다. 하지만, 그 메시지는 중앙통제방식의 모더니즘에 회의적이었고 시장의 혼란 속에서 자신의 목소리를 찾고자 했던 1960년대 젊은이 중심의 팝문화 출현에 의해 궁극적으로 희석되었다.[3]

전후 디자인에 대한 스칸디나비아의 기여는 데이비드 맥파든(David McFadden)의 '스칸디나비아 디자인, 1880-1980(Scandinavian Design, 1880-1980)'을 포함해 여러 연구에서 기술되었다.[4] 스칸디나비아 디자인의 콘셉트는 스웨덴, 덴마크, 핀란드, 노르웨이, 아이슬란드의 모던디자인 전통의 융합으로서, 상업과 대중의 관계를 위한 전략적 제휴였다. 하지만 그것은 별로 의미가 없었다. 진짜 콘셉트는 1954년부터 1957년까지 미국과 캐나다를 순회하면서 개최되었던 전시회를 위한 것으로, 북미의 부양된 경제에 북유럽

국가들의 공예기반 모던디자인 홍보가 주목적이었다. 전시회는 참가국 각 나라의 공예 및 디자인 단체의 수뇌들로 조직되었고(아이슬란드는 제외), 전시회의 후원자로는 미국과 핀란드의 대통령과 노르웨이, 스웨덴 그리고 덴마크의 국왕들이 포함되어 있었다. 그 전시회는 미국의 대중들로 하여금 스칸디나비아 물질문화에 주목하게 만드는데 엄청난 영향을 주었으며, 다양하고 폭넓은 사물을 통합해서 이후 국제적으로 엄청난 영향력을 발휘하게 될 새로운 브랜드를 만들어 내는데 효과적으로 기여했다.[5] 1961년에 출판된 울프 하르트 압 세헤르스타드(Ulf Hard Af Segerstad)의 책, '스칸디나비아 디자인 (Scandinavian Design)'은 특히 도자기, 유리, 섬유, 금속, 가구와 같은 각 장의 제목들을 통해 새롭게 구축된 디자인운동이 공예에 기반을 두고 있으며, 자연 물질을 통합과 민주주의의 객체로 변환시키는 인간의 손에 대한 믿음에 의해 이루어졌다는 사실을 더욱 명확하게 만들었다.[6] 그것은 대중매체, 대량소비, 그리고 첨단기술의 영향과 합의를 이뤄야 했던 세상에 대한 명확하고 매력적인 메시지였다. 1950년대를 통해, 스칸디나비아의 장인과 디자이너들은 밀라노 트리엔날레(Milan Triennale)와 같은 국제적으로 중요한 이벤트에서 그들의 작품을 꾸준하게 전시하고 있었다.

근대 민주주의 맥락에서 국가디자인운동에 관한 연구 중, 아서 폴로스 (Arthur Pulos)의 두 권으로 이루어진 미국 디자인에 대한 기술은 매우 중요한 위치를 점하고 있는데, 그는 1940년 이전 까지를 다룬 '미국디자인의 윤리 (The American Design Ethic)'에 이어 1940-1975년 기간의 미국디자인을 문서화한 '미국디자인의 모험(The American Design Adventure)'을 펴냈다. 두 번째 책은 '뉴욕세계박람회(New York World's Fair)'의 형태로 1939년 미국 대중들에게 꿈의 이야기를 제공하는 것으로 시작했다.[7] 미국의 대중은 1940년대와 1950년대 전시 매체를 통해 디자인과 계속 대면했다. 하지만, 전후 이벤트로서, 뉴욕현대미술관에서 개최된 어떤 전시회도 1939년 뉴욕세계박람회만큼 스케일과 대중의 흥분수준에 있어 견줄 수 없었다. 그럼에도 불구하고, 전후 시기는 미국의 대중에게 그들의 삶을 개선시켜줄 거라고 여겨진 모던 굿디자인의 개념을 선보였다. 굿디자인 캠페인은 연방정부가 관리하진 않았지만 문화산업의 수중에 있었으며 제조업자와 소매상인들이 그들의 구매에 있어 신중하도록 설득하는데 기여하고 있었다. 문화와 상업은 서로 긴밀하게 협력하며 일하고 있었다. 예컨대, 뉴욕현대미술관과 시카고의 머천다이스마트(Merchandise Mart)와 같이 1950년, 미술관의 산업디자인부서장이었던 에드가 카우프만(Edgar Kaufmann)은 모던 굿디자인의 개념을 제조업자나 소비자들에게 홍보하는데 도움을 달라는 마트 측의 제안에 응답했다. 결과는 연간 개최되는 여섯 번의 굿디자인쇼 시리즈였다. 그 시리즈는 미국 대중들에게 매우 인기가 있었다는 게 입증되었고 그 개념이 신문지상에서 다뤄지는 기회를 제공했다. 가구 및 가정용품이 전시회를 지배했는데, 대부분 스칸디나비아산이거나 스칸디나비아의 공예기반미학에 상당히 영향을 받은 것들이었다. 전후 미국에선 두 가지 문화가 명확하게 등장했는데, 하나는 명확한 사회적 인증서 첨부와 함께 유럽의 영향을 강하게 받은 것으로 거실을 향하고 있었고, 다른 하나는 자동차나 구근모양의 냉장고와 같은 형태로 거리나 주방에서 보여 지는 더 대중적으로 어필하는 것으로 미국을 원산지로 하고 있었다. 뉴욕현대미술관은 1951년과 1953년 두 건의 자동차전용 전시회 개최를 통해 미국디자인의 이 두 파간의 문화적 격차를 해소하려 했다. 하지만, 그 전시회를 위해 선택된 자동차들이 모두 유럽의 취향을 가지고 있었듯이 가구에서도 편향적 유럽취향을 반영하고 있었다.

　전후 시기 국가 정체성의 갱신을 추구했던 국가들, 특히 독일, 이탈리아, 일본과 같은 국가는 종전의 전체주의정권과의 연관성을 벗어던져 버리고, 새로운 정체성을 만들며, 새로운 무역파트너를 발견하고, 자국민에게 매력적이고 쉽게 접근할 수 있는 소비제품의 폭넓은 가용성을 통해 민주적이고

모던한 미래에 대한 국민적 약속을 갱신하는 수단으로 디자인의 개념을 활
용했다. 1980년대에는 이탈리아 디자인과 일본 디자인에 관해 많은 간행물
이 출판되었다.[8] 이에 관한 글들은 매우 다른 그 두 나라가 디자인의 개념에
접근하는 특정한 방법을 정의하는 것을 포함해 전후 국가 정체성을 진화시
키는 방법을 설명하기 위해 출발했다. 둘 중 어느 나라도 합의된 행동계획을
갖지 않았고 또한 그들 정부가 직접적으로 개입하지도 않았다. 오히려 모던
디자인운동을 지지한 제조업체, 실무디자이너 및 전문 단체가 상업적, 창의
적 문화를 발전시키기 위해 결합되었다. 많은 것들이 전쟁 전시대에 진행되
었던 것에 의존되고 있었지만 대량생산, 모던양식, 개인소비와 같은 미국모
델의 영향은 1945년 이후 양국에 강한 존재감으로 남아있었다. 비록 이탈리
아와 일본이 같은 자극에 반응하고 아이덴티티를 사용했지만, 그들은 국가
적 상황에 따라 분명히 다른 방법으로 발전시키고 있었다. 이탈리아가 예술
적 기반을 강조한 반면 일본은 그들의 첨단기술을 강조했다. 양국에서의 전
후 디자인문화의 출현은 국가적으로 특정한 문화 및 상업적 정체성의 개발

그림 10.3 | 카시나Cassina사를 위한 지오 폰티Gio Ponti의 슈퍼레제라Superleggera 의자, Italy, 1957

을 의미했다. 이탈리아는 소규모, 가족기반 제조(그림 10.3)의 공예전통을 통해, 일본은 대기업을 중심으로 중소규모기업을 결합하는 하도급체계의 사용을 통해, 이탈리아와 일본은 모두 미국 포드모델의 도매식 채택에 저항할 수 있었다.⁹ 전후 수십 년간 모던디자인은 두 국가가 새로운 정체성을 개발하고 소비를 통해 국민들에게 모더니티를 수용할 수 있는 기회를 제공하는 데 있어 강력한 도구였음을 증명했다.¹⁰

독일 역시 새로운 전후의 국가 정체성을 만드는 수단으로 디자인을 활용했다. 혁신적인 전략은 정부 차원에서뿐만 아니라 민간제조업 부문에 의해서도 구현되었다. 바우하우스의 업적을 기반으로 한 일련의 구트폼(Gute Form: 좋은 형태) 전시회를 기안하기 위해 조형의회(Rat für Formgebung)가 설립되었다.

브라운(Braun)사와 보쉬(Bosch)사를 포함한 몇몇 제조업체들 또한 국내외적으로 근대독일의 합리적, 기술적으로 숙련된 특성과 물질문화를 정의하는데 중요한 역할을 했다. 예를 들어, 브라운사와 디자이너 디터 람스(Dieter Rams)의 협업은 잘 설계되고, 잘 디자인된 네오모던의 공학적 소비제품 제

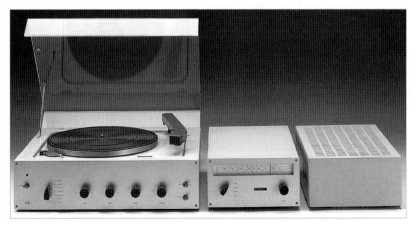

그림 10.4 | 브라운Braun사를 위한 디터 람스Dieter Rams의 'Studio 2'하이파이시스템, Germany, 1959 (courtesy of Braun)

조국으로서의 명성을 강화시켰다(그림 10.4). 선도적인 디자이너 빌헬름 바겐펠트(Wilhelm Wagenfeld)의 지속적인 작업은 전쟁 전과 전쟁 후 사이의 격차를 해소시키는데 기여했으며, 또한 독일 장식산업제품의 현대미학을 발전시키는데 기여했다. 한편 아에게(AEG)와 같은 전기제품회사들 역시 그들의 하이테크제품에 동일한 합리주의미학을 적용해 독일로 하여금 잘 디자인된 모던제품 제조국으로서의 국제적 명성을 얻게 하는데 기여했다. 1954년 밀라노트리엔날레에서 보여 진 독일 디자인의 이미지는 근면한 국가가 모든 국민에게 고도로 효율적이며 높은 품질의 상품을 공급하려 한 것을 암시했다.

하지만 1945년 이후 즉각적인 아이덴티티를 만들어내는 수단으로서 디자인의 시각적이고 이데올로기적인 설득력을 활용하는 것은 국가뿐만이 아니었다. 다국적 기업들 또한 디자인에서 전 세계적으로 시장을 제어할 수 있는 글로벌한 아이덴티티를 정의하는데 가능성이 있다는 것을 알았다. 사실, 세기 전환기에 아에게와 같은 회사들은 그러한 건물과 제품으로부터 그래픽디자인에 확장된 조화롭고 모던해 보이는 아이덴티티가 엄청난 자산이었다는 것을 이해하고 있었다. 전후 정치, 경제, 문화의 단위로서 국가를 강조한 것이 강하게 남아 있는 한편, 많은 기업들은 다국적 실체로서 그들 자신을 정의하기 시작했다. 경제가 글로벌한 판매에 점점 더 좌우되었는데 특히 미국에서 더욱 그러한 현상이 두드러졌다. 1886년에 탄생한 이래 지속적인 팽창으로 세계시장을 포용하고 있는 코카콜라(Coca-Cola)가 가장 대표적인 사례였다. 사실 코카콜로나이제이션(Coca-Colonization: 코카-식민지화)이라고 일컬어지는 용어는 2차 대전 후 나머지 세계에서 미국문화의 영향력을 묘사할 때 자주 사용되었다. 메가브랜드인 코카콜라 제품은 − 본질적으로 달콤한 액체 − 패키지를 통해서 뿐 아니라 고도의 디자인에 의한 기업이미지를 통해 아이덴티티가 구축되었다.[11] 전쟁 전과 전쟁 중에는 제품과 브랜드 광고와 홍보에 많은 노력을 기울였지만 전후에는 라이프스타일 안에서의 제품위치에 집중하면서 그 속도가 더욱 빨라졌다. 광고가 설명했듯이 '창의적인 즐거움은 오늘날 좋은 삶의 일부이다… 그리고 코카콜라가 당신 인생의 좋은 취향에 기여할 것을 확신한다.'[12] 이것은 차가운 음료와 연결해서 좋은 취향의 개념을 추상적으로 환기시킨 사물 없이 작업하는 디자인의 실례였다.

스티븐 베일리(Stephen Bayley)는 '1969년까지 코카콜라는 음료 그 이상이었다. 그것은 일종의 부적(talisman)이었다'라고 말했다.[13] 이는 '코카콜라가 국제적이었지만 또한 역설적으로 매우 미국적인 것이었다'라는 의미였다. 오늘날, 많은 기업들이 스웨덴다움의 본질을 바탕으로 국제적인 사업을 하고 있는 아이케아(IKEA)와 같은 기업의 형태를 모델로 구축하면서, 그러한 국가적 또는 국제적인 다의성으로 그들의 제품과 서비스를 특징짓고 있다.

1950년대 미국의 다국적 기업 IBM은 당시 뉴욕현대미술관의 디자인부 서장이었던 엘리엇 노이스(Eliot Noyes)를 채용하여 타자기를 디자인하고 IBM의 종합 CI작업을 지휘하도록 했다. 이탈리아에서는 모던디자인의 후원자였던 올리베티(Olivetti)사가 마르첼로 니촐리(Marcello Nizzoli)를 고용해 사무기기를 디자인하도록 했다. 그로 인해 올리베티는 국제적으로 굿디자인의 개념을 장악하는 한편 동시에 이탈리아의 정체성을 지켜냈다. 디터 람스와 작업한 독일의 브라운사는 유사한 방법을 취하긴 했지만 디터 람스를 직접 고용하지는 않았다. 코카콜라와 달리, 그러한 엔지니어링 기반의 회사들은 생산지향적이었고, 그들의 소비제품을 판매할 때 필요한 디자인의 모더니즘적 정의에 크게 의존하고 있었다. 확실하게 소비자의 눈에는 그러한 기술적 제품은 기본적으로 부적과 같았고 코카콜라를 마시는 사람이 열망했던 바람직한 좋은 삶과 동일한 암시였다.

공공연히 국가적 특성에 근거하여 팔리는 제품, 그리고 강력한 국가적 특성을 지닌 제품이 점차 글로벌산업에서 중요한 부분이 되어가고 있었는데 그것은 바로 자동차였다. 국제 자동차 시장에서, 스웨덴의 안전성이 독일의 효율성과 경쟁했고, 프랑스의 독특한 표현은 이탈리아의 우아함과 경쟁했다. 이것은 일종의 디자인 의미론이었는데 소비자에게 전달되고 제품이 지니고 있는 단순한 용도를 넘어선 일종의 디자인언어 창조였다.

자동차 산업은 세계 무역의 맥락에서 성장하는 국가 정체성의 중요성을 보여 주고 있었다. 세계적 상황이 그들의 사망을 위협함에 따라, 지역적 및 국가적 정체성의 의미는 한층 더 강화되었다. 1970년, 전쟁 직후 디자인에서 매우 중요한 의미를 가진 국가 정체성의 개념은 시장에 영향을 주기 위해 마음대로 조작될 수 있는 일련의 언어적 장치가 되어 버렸다. 물질문화와 국가 정체성을 결정하는 특정한 조건 및 특성 사이의 실제 관계는 끊임없이 팽창하는 세계화에 의해 대체되었다. 정체성은 오직 전략적인 마케팅의 책략으로 존재했고, 증대되는 매스미디어의 영향으로 그 형성과정은 급속도로 변화하고 있었던 세계에서 환상을 만들어내는데 사용되었다.

1970년 이후, 많은 국가들이 모던디자인을 통해 그들 자신의 국가 정체성 만들기에 합류했다. 프랑스와 스페인(또는 오히려 카탈로니아) 및 동부 유럽의 이전 국가들은 모더니즘을 수용하고 현대적인 디자인을 통해 자신의 국가 정체성을 만드는 데 동참했으며, 모더니즘의 수용은 국가근대화 과정의 본질적인 요소가 되었다. 점점 더 많은 국가들이 이를 경험함에 따라, 지역 및 국가의 실제 특성과 다양성은 손실되었고 새로 꾸며진 것들로 대체되었다. 그들의 위치에서, 소비자들은 모던드림의 다양한 국가버전을 제공받았는데 그것은 즉, 소비를 통해 모던라이프스타일에 다가가려 했던 꿈의 모든 것과 동일했다.

디자인의 재정의

19세기 중반부터 국가와 기업은 그들의 정체성을 만들고 그 정체성을 홍보하는 데 디자인을 사용해왔다. 하지만 1970년 이후, 상황은 변했고, 정체성들을 전달했던 중요한 수단이었던 전시회가 점차 매스미디어로 대체되기 시작했다. 물론 가끔 세계박람회와 올림픽과 같은 몇몇 대규모 국제행사가 국내 및 국제적인 관객에 영향을 주고 있지만 전시회의 위력은 현저하게 감소되고 있었다. 하지만 디자인은 국제적이든 국내 또는 지역적이든, 개인 또는 성별, 나이, 종교 또는 최근엔 소비자 또는 취향문화 단체들에 의해 정의된 새로운 종류의 정체성 개발을 계속 촉진시켰으며, 국가, 도시, 상품이나 유명 디자이너브랜드와의 연결을 강화했다. 결과적으로 브랜딩은 아이덴티티의 중요성을 강화시켰고 그에 대한 즉각적인 인식을 수월하게 만들었

그림 10.5 | 홈쇼핑 스캇츠 오브 스토우Scotts of Stow사의 아트룸Art Room 우편주문 카탈로그, 2005 (courtesy of Scotts of Stow) 아트룸은 스캇츠사의 부서이름(© 2012)

다(그림 10.5).

20세기가 진행되면서, 장소와 관련된 아이덴티티는 점점 지역고유의 문화보다는 소비의 새로운 패턴에 의해 결정되었다. 국가는 그들의 국경 안에서보다 외국으로부터의 다양한 문화적 표현, 그 중에서 특히, 식품, 의복과 같이 생활양식과 관련된 제품들에 더욱 긴밀하게 연관되어 있었다. 예를 들어, 외국인의 시선에 영국은 버버리(Burberry)코트, 캐시미어(Cashmere)스웨터, 재규어(Jaguar)자동차 등으로 상류층 이미지로 비쳐진 반면 이탈리아는 파스타(pasta) 제조로, 프랑스는 카페티에르(cafetiêre: 커피메이커)의 본고장으로 인식되었다. 때때로 그 정체성은 확실한 근원과 더불어 오랜 관행에 연결되어 있지만 종종 얄팍한 근거로 전통을 만들어 내기도 했다.[14] 더 많은 국가가 산업화되고 현대적인 정체성을 추구함에 따라 정체성은 점점 더 디자인에 좌우되었다. 만연하는 세계화의 맥락에서, 모던디자인이 지리적 경계를 넘어 광범위하게 기반을 둔 특성들을 공유한 시대를 특징짓고 있었다. 하지만, 지역적 영향을 기반으로 하는 것 역시 중요하게 지속되었는데, 예를 들어, 1950년대 스칸디나비아의 국제 디자인 모더니즘의 적용은 지역 고유의 천연소재로 만든 간단한 공예 제품과 연결되었던 한편 1960년대 이탈리아에서 눈에 띄었던 여러 네오모더니즘 디자인은 - 그 중 아킬레 카스틸리오니(Achile Castiglioni)의 유명한 아크로(Acro) 조명 - 오랫동안 이탈리아의 장식미술을 뛰어나게 만든 재료인 자국의 대리석을 특별히 포함시키고 있었다.

한편 몇몇 유럽 국가들은 자신을 다시 브랜딩 할 필요성을 느꼈다. 예를 들어, 1980년대에 프랑스에서, 프랑스와 미테랑(François Mitterand)대통령 재임 시 문화부장관이었던 자크 랑(Jack Lang)이 이탈리아와 같은 다른 나라에 뒤졌다고 의식하면서, 모던디자인의 성과를 홍보하기 위해 엄청난 노력을 기울였다. 그랑프로젝트(Grands Projects)라고 알려진 다수의 건축작업과 더불어 1979년엔 가구디자이너들에게 자금을 지원하는 혁신적 실내디자인중시(VIA: Valorisation de l'Innovation de l'Ameublement)정책을 비롯해, 1982년엔 새로운 디자인학교인 국립고등창조산업학교(ENSI: Ecole Nationale Superieure de Creation Industrielle), 창조산업을 홍보하는 기관인 창조산업진흥원(APCI: Agence de Promotion de la Creation Industrielle)의 설립 등이 포함되었다. 그 기관과 많은 디자이너협회들의 공동 노력을 통해 국제적으로 눈에 띄는 프랑스의 모던디자인운동을 만들어냈으며, 디자이너들 중 필립 스탁(Philippe Starck)은 거의 슈퍼스타의 위치를 성취했다.[15] 프랑스의 새로운 국가 디자인 브랜드는 국내외의 전시회를 비롯해 미디어를 통해 널리 홍보되었다.

1980-1990년대 국가라기보다는 독특한 지역인 카탈로니아(Catalonia)의 수도인 바르셀로나는 새로운 이미지를 갱신하기 위해 지역정부와 산업이 함께 힘을 합했다. 스페인의 파시스트정권의 붕괴 후, 이 도시는 거의 30년 전 이탈리아가 추구했던 것과 유사한 현대화 프로그램에 착수했다. 하지만 이탈리아가 레이트모더니즘의 맥락에서 그 정체성을 현대화했던 반면 바르셀로나는 글로벌, 후기산업, 포스트모던의 맥락에서 유사한 프로세스를 실행했다. 결과적으로, 카탈로니아는 세기전환기에 안토니 가우디(Antoni Gaudi)를 중심으로 펼쳐진 근대화운동과 연결된 과거 진보적인 디자인의 명성과 바르셀로나를 생산의 중심지로 개척하면서 스페인의 다른 지역과 차별화를 추구했다. 그 도시의 변화과정에서 파시스트정권하에 소비적 모더니티의 경험을 박탈당했던 부유한 중산층 시장의 소비와 서비스의 중요성이 모두 이해되었다. 바르셀로나의 경제적, 문화적 재건은 제품, 판매환경 및 공공 공간분야에서 개인과 공공의 협업과 디자인혁신을 포함하는 상당히 복잡한 프로세스였다. 그것은 또한 새로운 대규모 재건프로그램의 수단을 제공한 1992년 바르셀로나올림픽 개최결정에 도움을 주었다.[16] 그러나 가장 중요한 근본적 변화는 철저한 리브랜딩의 실천과 소비의 새로운 패턴에 대한 장려를 통해 성취되었다. 새로운 브랜드는 기술력과 혁신적인 디자인을

결합하고 이 지역의 억양을 수용한 국제적 언어로 구사되었다. 디자이너 오스카 투스케(Oscar Tusquets)는 가울리노(Gaulino)라는 의자에서 가우디와 1940년대 이탈리아의 문화재건에서 중요한 디자이너였던 카를로 몰리노(Carlo Molino) 모두를 반영하며 이원론을 표현했다. 그의 영리한 전술은 카탈로니아시의 경제와 문화부활의 표현수단으로서 디자인의 역할을 강화시켰다. 바르셀로나의 리브랜딩은 포스트모던 맥락에서 나타난 레이트모더니즘의 표현이었다.

1980년대 영국의 국가 아젠다가 비록 근대화보다는 전통유산산업에 초점이 맞춰져 있었을 지라도 영국의 국가이미지를 위해 만들어진 많은 변화들은 또한 후기산업, 포스트모던시대의 징후였다. 캐나다에서 시간을 보낸 후 1979년에 영국으로 돌아온 역사학자 패트릭 라이트(Patrick Wright)는 '소중한 것들로 가득 채워져 있지만 역사적 또는 신성불가침의 아이덴티티를 어필하는 영국적이라고 여겨진 성상들의 흔적이 위험에 처해있는 나라에 다시 돌아왔다'라고 촌평했다.[17] 1980년대부터 영국의 내셔널트러스트(National Trust)와 다수의 다른 유산보존단체들은 영국의 훼손된 역사적 장소를 보전하거나 쇄신하는 작업을 강화시켰다. 1981년, 문화역사학자 로버트 휴이슨(Robert Hewison)은 당시 영국에는 40여 개의 문화유산 센터가 있었다고 주장했다.[18] 그 중 아이언브릿지협곡박물관(Ironbridge Gorge Museum), 비미쉬박물관(Beamish Museum), 리버풀의 앨버트부두(Albert Docks) 등이 대표적으로 손꼽힌다. 1980년대부터 영국의 많은 디자이너의 능력이 박물관 세트 안에서든, 새롭게 탄생된 도심 안에서든 전통경험을 창조하는 작업에 동원되었다. 영국의 생산기반산업이 지속적으로 쇠퇴함에 따라, 많은 디자이너들이 인테리어디자인, 전시디자인, 가구 및 제품디자인, 그래픽디자인의 전통적인 영역을 넘어 나중에 '경험디자인'이라 불리게 될 분야의 수요를 만족시키기 위한 새로운 간학제적(interdisciplinary) 작업모드로 이동했다. 영화

제작과 대본작업 역시 포함되었다. 결과는 새로운 디자이너의 출현으로 그들은 보다 유연하고 이전 어느 때보다도 팀에 대한 의식이 강하며, 사물에 초점을 맞추기 보다는 경험과 비물질성을 강조하고 있었다.

디자인은 1980년 이후 많은 국가브랜드 작업에서 중요한 역할을 수행해 왔다. 동부유럽의 개방은 헝가리, 폴란드, 통일독일, 체코와 슬로바키아와 같은 나라들이 그들의 공예전통을 강화하고 다른 세계에 보여주기 위한 그들의 현대적 얼굴을 개발하는데 디자인을 사용할 수 있는 기회를 가지게 되었다.[19] 극동의 여러 국가 중에서는 일본을 필두로, 한국, 싱가포르, 대만, 중국이 그들의 근대화 프로그램에 모던디자인을 주입하기 시작했다.

21세기 초, 중국이 세계무대에서 무시할 수 없는 산업 강국이 되었다는 사실은 명확해졌다. 급속한 경제성장과 경쟁력 있는 제조비용은 많은 유럽과 미국의 제품관련 기업뿐만 아니라 극동의 다른 국가도 중국에 생산을 아웃소싱하기 시작했다는 것을 의미했다. 광대한 규모의 제조공장들이 글로벌 기업을 위한 첨단부품 및 제품을 생산하고 있었다. 예를 들어, 그 중 가장 규모가 큰 심천에 있는 폭스콘(Foxconn)은 1974년 혼하이(Hon Hai)정밀산업주식회사에 의해 설립되었고, 곧 애플의 아이팟(iPods)과 아이패드(iPads)용 전자부품을 생산했다. '폭스콘시'라고 불렸듯이 이곳은 15개의 공장과 기숙사, 수영장, 소방서와 시내는 식료품점, 은행, 레스토랑, 서점, 병원을 완비하고 있다. 일부 노동자들은 도시와 마을 주변에 살고 있는 반면, 다른 노동자들은 폭스콘 TV라는 방송망을 갖고 있는 공장단지 내에 거주하며 일하고 있다.[20]

중국이 산업 강국으로 발전됨에 따라, 그리고 그 도시의 인구가 점점 더 부유해짐에 따라, 19세기 영국을 보는 것처럼, 상품의 획득을 통해 새로운 사회적 지위를 과시하는데 민감한 중국의 새로운 중산층이 등장했다. 거대한 인구규모를 감안할 때, 국내시장 자체가 중국 제조업체의 중요한 시장이었다. 그들이 추구했던 부가가치를 고객에게 제공하기 위해 중국 생산자는 생산 제품의 수량뿐만 아니라 품질에 대해서도 생각하게 되었으며, 소비가 확대됨에 따라, 소비자의 취향이 중국제품의 외관에 영향을 주기 시작했다.

19세기 중반의 영국과 20세기 초의 미국을 투영하면서, 중국은 계속적인 공산당의 지배체제에도 불구하고, 중산층 취향이 눈에 띄는 미학이 반영된 소비사회로 변화해 갔다. 새로운 중국소비자는 부자가 되는 것보다 부자로 보여 지는 것이 더 중요하다는 사실을 확인시키는 소위 '금이빨디자인(gold teeth design)' 콘셉트로 불리는 것이 등장했다. 도시의 중산층 소비자는 명품브랜드의 가치를 높게 평가하고 그것이 신속하게 즉흥적인 사회적 지위의 표시로서 역할을 한다고 이해했고 복잡한 해석을 요구하지 않았다. 결국, 중국의 포장디자인 직업이 확대되었으며 하이테크제품과 함께 브랜딩과 라이프스타일의 통합을 강화하는 많은 신기한 제품(그 중 향수휴대전화 등과 같은 제품)들이 개발되었다.

21세기 초 중국에서 발생한 생산에서 소비로의 급속한 변화는 1920년대 미국에서 포드(Ford)의 대량생산의 원칙이 제너럴모터스(General Motors)의 시장지향 원칙으로 대체되었던 것을 반영하고 있었다. 하지만 21세기에는 그러한 변화가 유연한 제조방식에 첨단기술의 도움으로 점점 더 용이하게 이루어졌다. 내수시장의 압력과 더불어 단순히 가격이 아닌 질로서 경쟁의 필요성 증가에 의해 중국은 당시 모던디자인의 자체 모델을 진화시키기 시작했다.

처음에는 우선, 서양 모델의 모방에 의존했다. 특히 첨단기술제품과 자동차 분야에서 중국의 제조업체들의 후원으로 유럽이나 미국의 디자인학교에서 유학할 수 있도록 상당수의 중국 디자인학생들이 해외로 보내졌다. 그리고 가장 중요한 것은, 그들은 새로운 지식을 적용하기 위해 중국에 의무적으로 돌아와야 하는 것이었으며 이로 인해 중국의 교육기관 역시 급속한 팽창을 경험하게 되었다. 하지만, 21세기 첫 10년까지 2천여 개에 달하는 미술 및 디자인학교가 존재했지만 국제적 명성의 관점에선, 손에 꼽을 정도로 극소수가 다른 학교들보다 뛰어난 정도였다. 1998년 중국 교육부는 '공예'라는 용어를 '디자인'으로 교체하고 교사들은 의무적으로 이를 재교육해야 한다고 천명했다.

또한, 21세기의 첫 10년 말까지, 중국의 내수시장은 국제적인 기업들에게 단지 자기제품을 생산하는 것뿐 아니라 중국 소비자를 타깃으로 하는 차원에서 매우 중요해졌다. 핀란드의 휴대전화 제조업체인 노키아(Nokia)는 그들의 디자인과 연구시설을 핀란드에서 박사과정을 수행했던 중국디자이너에게 이끌어가도록 전환한 첫 번째 기업 중 하나였는데 이는 세계 최대시장을 대표하는 중국의 청소년 문화를 보다 더 깊게 이해하기 위한 수단이었다.

양 대전 사이 미국에서의 사례와 같이, 21세기 초 중국기업도 그들의 경쟁력 향상에 있어 디자인을 수용하는 것이 핵심이란 것을 점차 이해하기 시작했다. 예컨대, 1984년 북경에서 설립되어 노트북PC 라인의 씽크패드(ThinkPad)와 데스크탑 라인의 씽크센터(ThinkCenter)를 생산했던 컴퓨터 제조업체 레노버(Lenovo)는 디자인이 세계시장에서 경쟁력을 높였다는 것을 인식하면서 그들의 디자인팀의 규모를 두 배로 확장시켰다.[21]

중국은 디자인을 수용해야 한다는 인식을 하면 그 모델이 어디에서 개발되었든지 그 모델로부터 배우기 위해 빠르게 움직였다. 하지만, 중요한 것은, 중국은 모던디자인 개념의 발전 속에서 또한 국가 정체성의 감각을 유지하기 위해 노력했다는 것이다. 전통적인 장식미술의 거대한 힘을 감안할 때, 오랜 전통의 공예솜씨와 종교의식 유물은 중국의 모던디자인 운동에 많은 정보를 제공했다는 것을 확신할 수 있다. 어떤 면에서, 그와 같은 접근방식은 후방에서 볼 때 정자처럼 생긴 제너럴모터스가 생산한 컨셉세단이라든가, 전통적인 냄비에 기반을 둔 스피커폰, 빨강과 노랑 등 중국 전통의 색채를 사용한 피자헛차이나(Pizza Hut China)의 웹사이트를 위한 CI를 포함해 몇 가지 흥미로운 하이브리드를 만들어 내고 있었다. 한편, 갈수록 중국의 소매 쇼핑센터를 채우고 있는 서구화된 제품을 완화시키는 수단으로 정원디자인, 서예 및 도자기와 같은 중국의 전통적인 응용미술을 다시 탐구하고 부활시키는 데 초점을 맞춘 연구프로그램을 장려했다. 이러한 맥락에서 중국의 디자이너가 혁신하는 방법을 이해하기 위한 노력과 함께 도교와 유교를 뒷받침하는 원리가 널리 논의되었다.

중국은 또한 베이징과 상하이같은 핵심적인 도시들이 모더니티의 아이콘 역할을 하고 국제주의의 수준을 과시할 수 있는 유명건물들의 중요성을 이해하고 있었다. 1992년 바르셀로나에서 제공했던 모델을 따라, 베이징은 2008년 올림픽을 중국의 모던건축과 디자인의 실천을 과시하고 확장하는 기회로 사용했다. 스위스 건축가 자크 헤르초크(Jacques Herzog)와 피에르 드 뫼롱(Pierre de Meuron)이 설계한 고도로 독창적인 경기장은, 만장일치로 '새둥지(Bird's Nest)'로 불려 졌으며, 특히 올림픽을 위한 건물들 중 아마 가장 눈에 띄고 기억에 남을 만한 건물이다. 중국의 선도적 아티스트인 아이 웨이웨이(Ai Weiwei)가 그 프로젝트의 예술고문이었다.[22] 2년 후 개최된 상하이 엑스포에서 '씨앗성당(Seed Cathedral)'으로 알려진 영국의 건축가 토마스 헤더윅(Thomas Heatherwick)의 영국관은 각각 다른 식물의 씨앗이 들어있는 6만여 개의 아크릴 막대로 이루어졌는데 이 건물도 비슷한 기능을 수행했다. 한편, 어느 면에서, 중국은 서구에서 너무 많은 것을 수입하는데 있어서 매우 신중했는데, 예를 들어, 중국정부는 유튜브나, 트위터, 구글, 페이스북, 플리커의 콘텐츠를 부적절하다고 생각했던 반면, 다른 면에서는 다른 선진국들을 따라 잡기 위해 적극적으로 수용했다.

캐나다, 호주, 남아프리카공화국 등과 같은 영국의 과거 식민지국가들 또한 제국주의적 과거를 넘어 이동하는 방법으로 그들의 모던디자인 운동을 발전시키기 시작했다. 예를 들어, 캐나다는 '스키두(Skidoo: 설상스쿠터)'와 같은 인공물로 요약되는 모던디자인의 아이덴티티를 발전시키기 위해 노력했다. 21세기 초 중남미, 인도, 그리고 아프리카 일부와 같은 곳에서 선진국의 일부가 되고 싶은 열망을 나타내는 수단으로 모던디자인을 수용하기 시작함에 따라 20세기 중반까지 미국과 유럽을 중심으로 한 축에 의해 지배되었던 이전의 분야는 점차 축소되고 있었다.

디자인은 장소, 특히, 국가 정체성 창조의 역할뿐 아니라 전 세계 사람들의 정체성 형성에 중요한 역할을 했다. 세계화(globalization)에 대한 정의는 '수마일 떨어져 있는 곳에서 발생하는 이벤트에 의해 형성되는 방식으로 원거리 현장을 연결하는 범세계적 사회적 관계의 강화'라고 묘사한 사회학자 앤서니 기든스(Anthony Giddens)가 개발한 것을 포함해 세계화에 대한 여러 정의가 제시되었다.[23] 세계화에 대해 생각하는 또 다른 방법은 새로운 기술의 영향을 비롯해서 사람들에게 새로운 경험을 가져다주거나 또는 사람들을 그 경험으로 인도하는 사람들의 강화된 이동의 결과이다. 세계화는 제품, 산업 및 기술, 그리고 가장 눈에 띄게는 소비의 공유패턴을 통해 발생했다. 그것은 또한, 역설적으로, 다양성을 촉진시켰으며 그 모순은 '글로컬라이제이션(glocalization)*'으로 설명되는 과정에서 표현된다.

세계화는 20세기에서 21세기로 넘어가는 과정을 통해 점차적으로 발전하고 있었다. 그것은 상업적 생활의 팽창, 국제시장의 개방, 미디어의 확장 및 소비성향의 변화의 결과였다. 계급 기반의 하향침투적(trickle-down) 소비로부터, 폴란드 출신의 사회학자 지그문트 바우만(Zygmunt Bauman)이 계급, 나이, 성별, 인종 및 국적과 같은 전통적인 문화적 분류를 넘어 '신부족(neo

---

* 역자 주) 글로컬라이제이션(Glocalization): 세계화와 현지화(지역화)를 동시에 추구하는 경영전략을 일컫는 말임.
  '세계화(globalization)'와 '현지화 또는 지역화(localization)'를 조합한 말로, 세계화(세계를 무대로 하는 경영활동)와 현지화(현지의 시장에 가장 적합한 경영활동) 전략을 동시에 진행하는 기업의 경영기법을 의미함.

tribes)'이라 불렸던 새로운 부족의 등장까지의 변화는 세계화의 근본이었으며 이는 디자인을 통해서 표현되었다.[24]

디자인과 세계화가 손을 잡는 방법 중 가장 눈에 띄는 하나는 기업 브랜드의 개념에서였다. 앞서 언급했듯이, 20세기에 미국문화를 세계의 나머지 국가에 전파시킨 코카콜라와 같은 다국적 브랜드의 영향을 분석하는 많은 연구가 수행되었다.[25] 더 최근에는 이탈리아 패션 생산·유통 업체인 베네통(Benetton)과 일본의 전자제품 제조업체인 소니(Sony)에 대한 연구가 20세기 말과 21세기 초의 복잡한 브랜드작업을 분석하기 위해 이루어졌다. 파시 포크(Pasi Falk)와 셀리아 루리(Celia Lury) 모두 베네통에 대한 책을 썼는데 이는 베네통의 브랜드 전략의 표면 아래 숨겨져 있는 것을 알아내기 위한 시도였다.[26]

루리는 브랜드화된 사물의 의미와 사용을 동기화하는 반복적인 주장을 통해 브랜드 자체의 효과를 구성하면서 주제 또는 소비자 행동의 효과를 보상해줄 수 있는 방법으로 브랜드의 기능을 설명했다.[27] 그녀는 제품이 부재함에도 불구하고 브랜드는 제품을 예상하게 만든다고 주장했다. 우리는 20세기를 통해 설사 눈앞에 없더라도 알 수 있게 한 '사물의 이미지 강화'를 보아왔기 때문에 그러한 것이 잘 작동하고 있다고 루리는 주장했다. 예를 들어, 우리가 코카콜라 로고를 볼 때, 우리는 보지 않아도 그 병과 음료를 상상한다. 베네통 상표는 20세기 말, 그 회사의 제품보다 세계화를 추구하는 회사의 중요한 주제로서의 진보적인 글로벌광고 프로그램을 통해 시각적으로 만들어졌다. 베네통의 많은 광고는 그들의 제품을 표현하기보다는 다양한 민족으로부터 젊고 행복한 사람으로 보여 지는 전 세계 소비자들의 묘사를 선호했다. 하지만 루리는 피부색깔만을 다루며 오히려 인종차이를 순응시키기 시작했다고 주장하면서 그 광고의 함축적 의미를 비판했다.

폴 뒤 게이(Paul du Gay), 스튜어트 홀(Stuart Hall), 린다 제인스(Linda Janes),

휴 맥케이(Hugh Mackay)와 키스 니거스(Keith Negus)는 소니워크맨에 대한 공동연구에서, 일본기업 소니의 세계화 전략을 기술 및 마케팅 관점에서 살펴보았다.[28] 처음에 소니는 일본에서 자사의 제품을 출시하고 각각 다른 제품 이름을 사용하여 여러 국가에 소개했다. 하지만 1980년대 초, 소니는 세계적으로 이름을 표준화하기로 결정했다. 국제적으로 워크맨을 판매하지만, 소니는 기술적으로 일관성 있게 전 세계에 수리 또는 교체를 보장했다. 이 회사는 또한 현지시장에 진입하는 수단으로, 다른 국가에서 현지 제조를 시작하기로 결정했다. 따라서 소니의 세계화 과정은 여러 곳의 최전방에서 수행되었다. 디자인 측면에서, 제품은 우선 표준화되었지만 소비의 꾸준한 흐름을 보장하기 위하여 새로운 버전이 빠르게 개발되었다. 이러한 새로운 버전은 오히려 다른 현지시장에서보다는 글로벌 틈새문화를 향하고 있었다.

다른 많은 회사들이 소니와 그 외 회사들에 의해 개척된 라인을 따라 발전했다. 일본 기업은 현지공장 설립에 열중했는데, 이는 특히 자동차 산업에서 두드러졌으며 1970년대 이후 일본 자동차는 국제시장에서 미국과 유럽의 차들과 충분히 경쟁할 수 있게 되었다. 실제로 자동차는 오랫동안 세계적 기반으로 운영되었는데 포드, 제너럴모터스와 크라이슬러는 일찍이 양 대전 사이 제너럴일렉트릭(General Electric), 웨스팅하우스(Westinghouse), 그리고 지멘스(Siemens)와 같은 전기제품회사가 했던 것을 모방하여 해외생산을 시작했다. 실제로, 새로운 기술 산업제품들은 문화적 전통을 가지고 있지 않기 때문에 국제무역을 위한 길을 포장하는 것은 매우 자연스런 것이었다.

하지만, 점차적인 환경의 균질화와 더불어 다른 취향 그리고 해외여행을 경험하고 그 경험을 집으로 가져오고자 원했던 소비자로부터 다른 취향과 이국적인 것에 대한 열망이 커져갔다. 1960년대에 테렌스 콘란(Terence Conran)의 해비타트(Habitat)와 같은 초기 소매점의 성공은 문화적으로 다양한 상품의 필요성을 인식하면서 모든 소상품과 마찬가지로, 패션 시스템 내에서 자신의 위치를 발견한 것이었다. 하지만, 그들의 매력은 일시적으로, 그들의 자리를 차지하기 위한 또 다른 진기한 견본들이 늘 새롭게 등장하고 있었다.

디자인 직업도 역시 세계화되었다. 20세기 중반, 디자인컨설턴트들은 고객이 있는 국가에 지사를 설립하는 것이 일반적이었다. 레이몬드 로위 (Raymond Loewy)의 영국과 프랑스 지사는 1980년대 전 세계적으로 많은 지사를 보유했던 영국 컨설팅기업들에 의해 모방되었던 트렌드를 만들어냈다.

1990년대, 이들 중 많은 회사들이 도산하긴 했지만, 21세기 초 런던에 설립된 포드자동차 회사의 디자인센터에 의해 확인된 바에 의하면 영국은 여전히 지속적으로 국제디자인의 중심에 있었다. '인제니(Ingeni)'라고 명명된 그룹이 건축가 리처드 로저스(Richard Rogers)가 디자인한 건물에 자리를 잡았으며 '실험실이자 동시에 쇼윈도'라고 묘사되었는데,[29] 그 그룹의 업무는 포드 브랜드의 일부로서 판매될 제품을 만드는 것이었다. 런던은 가장 국제지향적인 세계주요도시로서 그리고 세계화지향의 창조산업도시로 선정되었다.

마케팅과 밀접하게 위치한 디자인의 전략적인 사용을 통해 국가 및 글로벌기업의 아이덴티티를 창조하는 일은 20세기 후반의 주목할 만한 특징이었다. 그것은 모두 브랜드의 콘셉트와 그 안에서 수행되는 디자인의 역할에 크게 좌우되고 있다. 두 프로세스의 문화적 파급효과는 소속감이든, 특정장소와의 관련이든 혹은 사업적 브랜드에 의해 보급된 라이프스타일을 통해서이든 결국은 개인 소비자들을 위한 아이덴티티 형성이었다. 성별, 연령과 같은 여러 가지 다른 문화적 범주 또한 시장에서 디자인된 인공물에 의해 표현되었는데, 소비자들은 이를 통해 그들 자신을 위한 개인이나 그룹의 아이덴티티를 형성할 수 있었다. 국가들이 세계화로부터 위협을 받고 있을 때 국가 정체성을 통해 자신을 다시 주장했듯이, 그러한 성 정체성이 일상생활에서는 덜 두드러져갈 때 시장에서는 오히려 여성성과 남성성의 표현을 공공연하게 더 분명히 했다. 팻 커크햄(Pat Kirkham)의 에세이인 '성이 부여된 사물(The Gendered Object)'과 카테린느 마르티네즈(Katherine Martinez)와 케네스 에임스(Kenneth L. Ames)가 쓴 '성의 물질문화: 물질문화의 성(The Material Culture of Gender: The Gender of Material Culture)'은 그러한 경향을 잘 묘사했다.[30] 커크햄의 '성이 부여된 사물'은 총으로부터 바비인형, 향수에 이르기까지 광범위한 제품을 다루고 있으며 성 정체성 형성에 있어 제품의 중요한 역할을 섬세한 방법으로 묘사했다. 예를 들어, 커크햄과 알렉스 웰러(Alex Weller)는 크리니크(Clinique)화장품 광고에서 남성과 여성의 코딩에 대해 설명했는데, 남성의 경우 합리적이고 객관적으로 소통하는 반면 여성의 경우는 덜 그렇다는 것을 보여주었다. '그들이 크리니크제품을 구매할 만큼 충분한 연령이 될 때까지 여성들은 남성들과 달리 그 제품에 대해 교육받을 필요가 없었다'고 설명했다.[31] 안젤라 파팅턴(Angela Partington)은 '향수'라는 주제의 에세이에서, '그것(향수)은 정체성의 우연성을 나타내고 소비자는 성이 부여된 주제와 관련시키는 새로운 방법으로 무언가 진짜를 만들어내고 디자인은 이를 위한 원료를 제공한다'라고 설명했다.[32] 마르티네즈와 에임스의 책은 좀 더 역사지향적 접근방식을 채택하고 있었다.

증가하는 전통적 사회관계의 손실에 의해 생겨난 갭을 메울 수 있는 잠재력을 가진 문화의 힘으로서의 디자인은 21세기 초반 일상생활 속에서 매우 중요한 역할을 해왔다. 국가의 힘을 전달하는 도구로서, 디자인은 초기 생산기계 전시로 거대한 홀을 가득 채우던 19세기 전시회로부터 먼 길을 이동해왔다. 국가 정체성이 글로벌 시장에서 전시되고, 소비자들은 매스미디어를 통해 매일 매일 디자인을 경험하게 된다. 소비자는 개인으로서 자신의 정체성과 소속감을 표현하기 위한 학습을 경험했으며 그것은 성별, 연령, 인종, 생활양식과 지역성을 포함한 많은 요소들로 구성되어 있다는 것을 알게 되었다. 시장에서 언제라도 구입할 수 있는 디자인된 상품, 서비스, 공간과 이미지의 도움으로 개인은 자신의 정체성을 결정할 수 있으며, 일상 세계에서 삶의 형성에 적극적인 역할을 할 수 있게 되었다.

용어해설

가에타노 페셰 Pesce, Gaetano (1939-)   이탈리아의 건축가이자 디자이너로 1960년대부터 상당히 개성적인 방법으로 작업해왔으며 그 중에서도 허무적이고 쇠퇴해가는 사물을 제작해왔다. 카시나와 가끔 가구디자인작업을 했으며 베니스와 뉴욕을 오가며 실무와 교육을 했다.

게리트 리트펠트 Rietveld, Gerrit (1888-1964)   유트레히트에서 태어나 가구제작자로 훈련을 받은 네덜란드의 건축가이자 디자이너로 데 스틸 그룹의 일원으로 많은 영향력 있는 가구들을 디자인했으며, 그 중 1917년의 적청(Red-Blue)의자와 1934년 지그재그(Zig-Zag)의자는 디자인 클래식이 되었다.

구성주의 Constructivism   러시아혁명이 발발한 1917년 즈음에 러시아에서 등장한 추상적 작업과 관련해 일어난 미술, 건축, 디자인의 모던운동이며, 엔지니어링을 필두로 장식미술의 전통으로부터 탈피하고자 했다.

그레고르 파울손 Paulsson, Gregor (1889-1964)   스웨덴의 건축가로 스웨덴 디자인협회의 초대 회장을 역임했다. 1919년엔 '더 아름다운 일상생활용품(More Beautiful Everyday Things)'란 제목의 디자인에 관한 책을 썼는데 이는 스웨덴에 크게 영향을 미쳤다. 그는 또한 1930년 스톡홀름 전시회 조직에도 상당한 기여를 했다.

기능주의 Functionalism   20세기 초 건축에서 사물의 표면에 장식을 덧붙여 보다 그럴듯하게 보여지기 보다는 사물의 기능을 추상적인 생각으로부터 파생된 형태를 추구했던 모던운동 주역의 생각을 묘사한 용어로 엔지니어의 접근방식과 유사했다.

나이키 Nike 사   미국의 스포츠용품 제조업체로 운동화를, 끊임없이 변화하는 소비자의 라이프스타일의 선택의 일부로 만들기 위해 언제든지 제품에 다양한 스타일을 개발하고 아이디어를 수용하는 최초의 회사 중 하나였으며 빠른 스타일의 교체와 자동화된 제조방식이 그 회사의 영업철학이었다.

네빌 브로디 Brody, Neville (1957-) 런던출신 그래픽디자이너로 1980년대 'The Face'잡지사에서 일했으며 진보적인 새로운 서체와 레이아웃을 개발했다. 그는 초기 모더니스트의 생각과 현대조각의 이미지를 조화시켜 만든 새로운 디자인은 당시 상당한 영향력을 발휘했다. 브로디는 이후 레코드 커버를 비롯해 광범위한 그래픽디자인 작업을 했다.

노먼 벨 게데스 Bel Geddes, Norman (1893-1952) 초상화가로 시작해 무대디자이너, 매장디스플레이 디자이너, 궁극적으로 컨설턴트 산업디자이너로 활동하였다. 운송수단에 있어 그의 '유선형'에 대한 환상은 1930년대 가장 표출적이었지만 그의 제품디자인은 비교적 평범했다.

놀 Knoll 사 미국의 사무가구회사 놀은 1940년 후반 독일출신 가구제작자 한스 놀(Hans Knoll)과 그의 부인인 크랜브룩 아카데미 졸업생 플로렌스 슈스트(Florence Schust)에 의해 설립되었다. 시작부터 그들은 에로 사리넨(Eero Saarinen)과 해리 베르토이아(Harry Bertoia) 같은 모던 디자이너를 활용해서 진보적인 가구디자인 제조업체로서 명성을 쌓았다.

니콜라우스 페프스너 Pevsner, Nikolaus (1902-83) 독일 태생의 미술사학자로 모던 건축과 디자인에 관한 그의 저서들은 상당한 영향력을 발휘하고 있다. 특히 그는 1936년에 쓴 저서 '모던디자인의 개척자들(Pioneers of Modern Design)'에서 모던운동의 이념을 정의하는데 기여했다.

단테 지아코사 Giacosa, Dante (1905-96) 1920년 후반부터 1970년대까지 피아트(Fiat)에서 일한 이탈리아의 디자인엔지니어로 1936년 그의 가장 영향력있는 디자인으로는 피아트 500과 1958년 600이 있다. 그는 스타일의 문제를 엔지니어로서 접근했으며 결과적으로 당시 미국의 현대자동차 스타일리스트들과는 매우 다르게 작업했다.

데 스틸 De Stijl 네덜란드 잡지의 이름에서 따온 명칭의 운동으로 1차 세계대전 중에 형성되었으며 여러 명의 순수미술가의 작품을 결합해 실전에 있어 새로운 추상적이고 기하학적인 미학을 추구했다.

데이비드 멜러 Mellor, David (1930-) 셰필드를 근거로 하는 영국 디자이너로 식탁용 날붙이 제조회사와 소매점을 설립했다. 1950년대 RCA에서 교육을 받았으며 잘 알려진 그의 식탁 날붙이 디자인은 1959년 디자인카운슬 상을 수상했다.

독일공작연맹 Deutscher Werkbund　1907년 독일에서 형성된 최초의 모던디자인개혁기구로 국가와 산업이 연합했으며, 무역과 국가 정체성의 핵심적인 구성요소로서 디자인을 진흥하기 위한 것이었다. 독일공작연맹은 1914년 쾰른전시회를 비롯해 이후 여러 전시회들을 후원했으며 이러한 기구는 다른 국가들에 의해서 모방되었다.

듄 앤 라비 Dunne and Raby 사　런던을 거점으로 하는 디자인사무실로 1994년 토니 듄(Tony Dunne)과 피오나 라비(Fiona Raby)에 의해 설립되었는데, 그들은 최근 등장하는 기술의 사회, 문화 및 윤리적 의미에 대한 논의를 자극하기 위해 디자인을 사용한다. 듄은 RCA에서 디자인 인터랙션을 이끌고 있고 라비는 비엔나 응용미술대학에서 산업디자인 교수로 재직하고 있다.

디자인씽킹 Design Thinking　여러 분야에서 디자인이 주도되어 문제를 규명하고 해결안을 찾아가는 방법으로 문제의 맥락, 통찰력 생성에 있어 창의력, 상황에 맞는 해결안을 찾기 위한 합리성 등에 공감을 결합시킨다. 이 용어는 비즈니스와 경영에서 뿐 아니라 공학적 업무에서 널리 사용되고 있으며 목적은 혁신을 이루기 위해 디자인관련 아이디어 생성법을 사용하고자 하는 것이다.

디터 람스 Rams, Dieter (1932-)　독일의 제품디자이너로 1955년부터 브라운(Braun)사와 일하면서 명성을 얻었다. 그는 여러 가정용 전기제품을 디자인했는데 전후 독일 제품의 무장식적이고 기하학적인 형태의 전형을 제공했다.

라즐로 모호이나지 Moholy-Nagy, Laszlo (1895-1946)　헝가리 태생으로 1920년 베를린으로 이주했으며 1922년 바이마르 바우하우스의 일원이 되었다. 동유럽 구성주의의 영향을 받아 화가와 사진작가로 활동했으며 1930년대에 시카고로 건너가 나중에 시카고 디자인대학의 전신인 뉴바우하우스(New Bauhaus)를 설립했다.

러셀 라이트 Wright, Russel (1904-76)　미국의 제품디자이너로 1930년대 아메리칸 모던이라는 이름 하에 판매된 식탁제품으로 명성을 얻었고 진보적인 방식으로 알루미늄을 사용한 최초의 인물 중 하나이며 그의 가구디자인 또한 많은 청중들에게 도달했다.

레이몬드 로위 Raymond Loewy (1893-1986)　프랑스 태생으로 1919년 뉴욕으로 건너가 뉴욕

최초의 컨설턴트 디자이너 중 하나가 되었다. 그의 첫 번째 클라이언트는 지그 문트 게스테트너로 1929년 그 회사의 복사기를 리스타일링했다. 1930년대부터 50년대까지 그는 허프(Hupp) 자동차회사, 프리지데어(Frigidaire)냉장고, 럭키스트라이크(Lucky Strike)담배회사, 스튜드베이커(Studebaker)자동차회사 등을 고객으로 많은 제품들을 디자인했다.

로버트 벤투리 Venturi, Robert (1925-)　　미국의 건축가로 1966년 그 유명한 '건축의 복잡성과 대립성(Complexity and Contradiction in Architecture)라는 책을 썼는데 이 책은 건축과 디자인에 포스트모더니즘의 도래를 예고했다. 1960년대와 70년대를 통해 그는 여러 팝건축프로젝트를 수행했으며 1980년대 초반에는 놀(Knoll)사를 위해 일련의 가구를 디자인하기도 했다. 최근에는 런던 내셔널갤러리의 증축디자인을 담당했다.

로빈 데이와 루시엔 데이 Day, Robin (1915-2010) and Lucienne (1917-2010)　　로빈 데이는 1950-60년대 영국의 가구디자인을 선도했으며, 텍스타일디자이너로 알려진 그의 부인 루시엔 데이와 함께 힐리(Hille)사를 위해 가구를 디자인했으며 그 가구는 힐스(Heals)를 통해 판매되었다. 여러 인테리어 프로젝트와 협력했으며 1954년 밀라노 트리엔날레를 위한 작업이 유명하다.

로젠탈 사 Rosenthal 사　　독일의 도자기제조사로 1897년에 설립되었다. 20세기 후반에 로젠탈은 타피오 비르칼라(Tapio Wirkkala), 레이몬드 로위(Raymond Loewy), 발터 그로피우스(Walter Gropius)와 같은 국제적 명성을 가진 디자이너들에게 디자인을 의뢰했다.

론 아라드 Arad, Ron (1951-)　　1974년부터 런던에 정착해 활동하는 이스라엘출신 디자이너로 코벤트가든에 있는 그의 매장에서 특이한 디자인을 판매하면서 강한 영향을 미쳤다. 1970년대 하이테크 운동과 관련했고 원옵(One-Off)이라는 디자인회사를 설립했다. 재활용 카시트로 만든 로버(Rover) 의자가 유명하며, 현재 왕립미술학교(RCA) 교수로 재직 중이다.

루드비히 미스 반 데어 로에 Mies van der Rohe, Ludwig (1886-1969)　　독일의 건축가로 발터 그로피우스와 르 코르뷔지에와 함께 건축과 디자인의 모던운동을 대표하는 인물 중 하나이다. 미스 반 데어 로에는 바우하우스의 마지막 학장으로 후에 미국으로 건너가 시카고에서 활동했으며 스틸과 가죽을 사용한 가구로 유명한데

1929년에 제작한 바르셀로나(Barcelona)체어가 대표적이다.

르 코르뷔지에 Le Corbusier (1887-1968) 샤를르 에두아르 쟌네레라는 본명을 가진 이 스위스 건축가는 건축과 디자인에 있어 모던운동의 가장 선도적인 인물 중 하나였다. 그의 1920년대 건물들은 통상적으로 지중해 건축을 모방한 흰색에 평평한 지붕이었으며 그의 모든 작품에서 형태의 간결함을 나타냈다. 그의 작품 중에서 가장 유명한 것은 그랑콩포르(Grand Confort) 의자와 쉐즈롱그(Chaise Longue) 리클라이닝체어로 그의 조수인 샤를로트 페리앙(Charlotte Perriand)과 함께 작업한 것이다.

리처드 버크민스터 풀러 Fuller, Richard Buckminster (1885-1983) 미국의 디자이너로 특히 인류에 기여하는 진보된 기술로서 디자인에 대한 저술과 강연을 했으며 그의 대표적인 디자인은 1927년 다이맥시언(Dymaxion) 주택과 1932년 다이맥시언(Dymaxion) 자동차가 있고 후에 지오데식돔(geodesic dome)시리즈를 디자인했다.

리하르트 리머슈미트 Riemerschmid, Richard (1868-1957) 뮌헨을 거점으로 활동한 독일의 디자이너로 20세기 초반 대량생산을 위한 가구의 규격화를 발전시켰다. 그는 페터 베렌스(Peter Behrens)와 더불어 독일공작연맹의 초기 회원이었다.

리하르트 자퍼 Sapper, Richard (1932-) 독일 태생 디자이너로 이탈리아로 건너가 마르코 자누소(Marco Zanuso)의 사무실에서 브리온베가(Brionvega)사를 위해 여러 프로젝트를 진행했으며 1970년대 중반에는 자기 자신의 디자인사무실을 가지게 되었다. 그의 조명디자인은 특히 영향력이 컸으며 그의 티치오(Tizio) 데스크램프는 디자인 클래식이 되었다.

릴리 라이히 Reich, Lilly (1885-1947) 독일의 인테리어 및 가구디자이너로 모더니즘의 이념에 따라 작업했으며 1927년부터는 미스 반 데어 로에와 공동작업을 했다. 첫번째 프로젝트는 그 해 개최된 바이센호프(Weissenhof)전시회였다. 그녀는 2년 후 다시 바르셀로나 전시회를 위해 같이 일했다. 1932년에는 미스 반 데어 로에에 의해 바우하우스 교수로 초빙되었으나 바우하우스는 다음 해 나치에 의해 폐교되었다.

마르셀 브로이어 Breuer, Marcel (1902-81) 헝가리 태생의 건축디자이너로 독일 바이마르 바우하우스에서 교육을 받았고 거기서 유명한 금속관 의자를 디자인했다. 나치에 의해 바우하우스가 폐교될 때까지 거기서 디자인을 가르쳤으며, 영국으로 건너가 잭 프리처드(Jack Prichard)의 아이소콘(Isokon)사에서 그의 굴곡합판 의자를 발전시켰다. 1937년 미국으로 건너가 하버드 대학의 발터 그로피우스 와 합류했다.

마르첼로 니촐리 Nizzoli, Marcello (1887-1969) 그래픽디자이너로 교육을 받은 니촐리는 1938년 아드리아노 올리베티(Adriano Olivetti)에 의해 고용되어 올리베티사의 전기제품 디자인을 담당했고 1940–50년대에 렉시콘 80(Lexicon 80)과 레테라 22(Lettera 22)와 같은 우아한 타자기를 생산하게 만들었다. 그는 또한 1956년 네키(Necchi)사를 위해 재봉틀을 디자인하기도 했다.

마리메코 Marimekko 사 핀란드 섬유회사로 1951년 헬싱키에서 아르미 라티아(Armi Ratia)에 의해 설립되었다. 마리메코는 '마리의 옷'이란 뜻으로 옷을 심플하게 만드는 대담한 날염직물로 유명하다.

마리안네 브란트 Brandt, Marianne (1893-1983) 독일의 화가이자, 디자이너, 금속공예가로 바우하우스에서의 작업으로 명성을 쌓았다. 바우하우스를 졸업하고 금속작업장의 주임이 되었으며 거기서 디자인클래식이 된 작은 차주전자를 포함해 고도로 기하학적인 제품들을 디자인했다.

마리오 벨리니 Bellini, Mario (1935-) 밀라노의 건축디자이너인 벨리니는 카시나(Cassina)사를 위한 멋진 가구뿐 아니라 1960–70년대 올리베티(Olivetti)사를 위해 우아한 타자기를 비롯해 사무기기를 디자인한 것으로 잘 알려져 있다.

마크 뉴손 Newson, Marc (1963-) 호주출신의 제품디자이너로 1990년대 후반 런던에 정착해 자신의 디자인사무실을 시작했다. 그의 특징적인 유기적 형태는 가구로부터 자동차에 이르기까지 그의 많은 디자인에 주입되었다. 그는 또한 유사한 스타일로 여러 매장이나 레스토랑의 인테리어 디자인을 진행했다.

멤피스 Memphis 밀라노에서 에토레 소싸스에 의해 주도되어 국제적인 젊은 디자이너들이 참여했으며 1981년 밀라노에서 팝운동의 영향을 받은 가구의 프로토타입들을 선보이며 멤피스프로젝트를 시작했고 1990년대까지 매년 전시회를 개최했다. 이 그룹의 목표는 디자인이 산업과 상업에 의해 주도되기 보다는 문화적 개념으로 재활되도록 하는 것이었다.

모더니즘 Modernism 문화적 실천과 모던라이프의 흐름 및 그 영향을 포용한 미학을 결합하여 했던 20세기 초반의 문화적 현상을 지칭하는 용어로 특히 물질적 모더니티를 구성하는 건축과 디자인 분야에서 강하게 나타났다.

모던운동 Modern Movement　1936년 니콜라우스 페프스너(Nikolaus Pevsner)가 모더니티의 정신, 특히 대량생산과 기계의 지배에 대한 현실과 조우하는 새로운 철학과 미학을 개발하기 위한 건축가들과 디자이너들의 집합적인 노력을 묘사하기 위해 만든 용어이다.

미술공예운동 Arts and Crafts Movement　영국의 건축 및 디자인운동으로 존 러스킨(John Ruskin)과 윌리엄 모리스(William Morris)의 이념에 기반해 산업화와 물질문화의 부작용을 제거하고 수공예가 중요한 역할을 했던 산업화 이전의 모델로 복귀하려 했다. 보이지(C. F. A. Voysey)와 애쉬비(C. R. Ashbee)와 같은 미술공예운동의 사상들의 생각은 국제적으로 상당한 영향력을 발휘했고 모더니즘의 발전에 영향을 주었다.

미켈레 데 루키 De Lucchi, Michele (1951-)　밀라노를 거점으로 활동하는 이탈리아의 건축가이자 디자이너로 1980년대 멤피스 프로젝트에서 주도적 역할을 했다. 올리베티사를 비롯해 여러 국제적인 제조기업들과 협업으로 그의 실험적 작품을 선보였으며 새로운 영역에 문화적 역할로서 디자인을 추구했다.

바우하우스 Bauhaus　20세기 가장 영향력있는 디자인학교로 1919년 바이마르에서 발터 그로피우스(Walter Gropius)에 의해 설립되었고 후에 데싸우로 이전했다. 순수미술가와의 협업으로 형태를 발전시키는 것을 시작으로 디자인교육에 진보적인 접근방식을 수용했던 이 학교는 1933년 나치에 의해 폐교되었다.

바티스타 피닌파리나 Pininfarina, Battista (1893-1966)　코치빌딩(coachbuilding)의 배경을 가진 이탈리아의 자동차 제조업자이자 디자이너로 그의 기술에 조각적인 형태를 도입했다. 그가 알파로메오(Alfa Romeo)와 란치아(Lancia)를 위해 디자인한 1937년 란치아 아프릴리아(Lancia Aprilia)는 스타일적으로 시대를 앞섰으며 1947년 치시탈리아(Cisitalia)와 같은 명차가 탄생되게 만들었다.

반디자인 Anti-Design　1960년대 이탈리아에서 일어난 운동으로 1980년대에 다시 부흥했다. 디자인을 상업으로부터 분리하고 문화영역으로 보고자 했다. 급진적 디자인(radical design)이란 용어로 사용되기도 했다. 1960년대부터 에토레 소싸스(Ettore Sottsass)가 운동의 주도적인 역할을 했다.

발터 그로피우스 Gropius, Walter (1883-1969)　독일의 모더니즘건축가로 1910년 아돌프 마이어(Adolf Meyer)와 동업으로 일을 시작해 이듬해 파구스 공장(Fagus Factory)을 디자인했다. 1919년 바우하우스의 초대 학장을 맡았으며 1937년에는 미국 하버드에서 건축학 교수가 되었다.

베르너 판톤 Panton, Verner (1926-98) 덴마크의 건축가이자 디자이너로 스위스에서 활동했으며 1960년부터 가구디자이너로 잘 알려져 있다. 그는 최초로 일체형 캔틸리버식 의자를 디자인했고 1960년 허먼 밀러(Herman Miller)에 의해 생산된 판톤체어(Panton Chair)가 유명하다.

보렉 시펙 Sipek, Borek (1949-) 네덜란드에 정착해 거기서 작업하고 있는 체코출신 디자이너로 모더니즘과 럭셔리한 장식을 결합시킨 가정용품 디자인으로 잘 알려져 있다. 특히 그의 유리 및 도자제품은 바로크양식을 표현하고 있다.

브루노 마트손 Mathsson, Bruno (1907-88) 스웨덴 가구디자이너로 G.A. 베리(G.A. Berg)와 요제프 프랑크(Josef Frank)와 함께 스웨덴 모던디자인운동을 일으킨 장본인이었다. 그는 금속관이나 가죽보다는 나무와 마지를 주로 사용했으며, 1934년에 디자인한 그의 유명한 의자는 둑스뫼블(Dux Mobel)사에 의해 현재도 생산되고 있다.

블라디미르 타틀린 Tatlin, Vladimir (1885-1953) 러시아의 구성주의 조각가였던 타틀린은 1917년 러시아혁명 이후 의류와 같은 기능적인 프로젝트 작업으로 전환했다. 1920년에 만든 제3인터내셔널기념탑이 유명한데 이는 혁명에 가담하는 엔지니어처럼 작업했다.

비비안 웨스트우드 Westwood, Vivienne (1941-) 영국의 패션디자이너로 1970년대 하위문화인 펑크(Punk)에서 등장했으며 그녀의 상업적 성공에도 불구하고 파괴적인 디자이너로 남아있다. 그녀는 패션에 있어 향수를 자아내는 의류와 관습적이지 않은 자유로운 접근방법으로 유명하다.

비코 마지스트레티 Magistretti, Vico (1920-) 밀라노에서 교육을 받고 거기서 활동한 이탈리아의 건축가이자 가구디자이너인 마지스트레티는 특히 2차 대전 후 가구회사 아르플렉스(Arflex)와 카시나(Cassina)를 위해 일했다. 그의 1960년대 초 밝은 색조의 플라스틱 성형의자는 그 종류 제품의 최초였으며 1981년에 디자인한 신드바드(Sindbad)의자를 포함해 많은 영향력있는 가구들을 계속 디자인했다.

비헬름 코게 Kåge, Wihelm (1889-1960) 순수미술가로 교육을 받은 코게는 1917년 스웨덴의 도자기회사 구스타브스베리(Gustavsberg)에서 일을 시작했고 거기서 모던하고 민주적인 디자인을 사용하도록 추진했다. 1930년대 그는 프락티카(Praktika)와 파이로(Pyro)와 같은 도자기를 생산하기도 했지만 1949년 그는 다시 회화로 복귀했다.

빌헬름 바겐펠트 Wagenfeld, Wilhelm (1900-79)　독일 바우하우스 졸업생으로 1935년부터 1947년까지 라우지처 글라스웍스(Lausitzer Glassworks)에서 일했으며 이후 슈투트가르트에서 자신의 디자인사무실을 운영했다. 독일의 선도적인 디자이너로 유리에서 도자기, 식탁 날붙이에서 조명에 이르기까지 광범위한 제품디자인 영역에서 작업했다.

샤를로트 페리앙 Perriand, Charlotte (1903-99)　프랑스의 디자이너로 르 코르뷔지에와의 가구디자인 작업에 매우 중요한 역할을 했다. 나중에 그녀는 일본을 방문해 그 나라의 미술과 공예에 대한 자문역할을 했으며 2차 대전 후엔 인테리어작업에 집중했다.

소니 Sony 사　일본의 전자제품회사로 앞선 기술만큼이나 제품의 미학적 디자인을 생각했으며, 1980년에 출시한 소니 워크맨(Walkman)은 라이프스타일의 이해와 더불어 첨단기술과 혁신적 디자인을 결합시킨 제품으로 유명하다.

수지 쿠퍼 Cooper, Susie (1902-1950)　영국의 도자예술가이며 사업가였던 그녀는 클라리스 클리프(Claris Cliff)와 마찬가지로, 도자기의 본고장 스톡온트렌트 출신으로 그녀의 상당히 추상적이고 모던한 작품을 판매하기 시작했다. 그녀의 작품 중 1933년 작 '컬류(Curlew)'는 가장 유명하며, 1960년대 그녀의 회사는 웨지우드(Wedgwood)에 합병되었다.

슈퍼스튜디오 Superstudio　1966년 피렌체에서 결성된 건축 및 디자인 그룹으로 당시 이탈리아 급진적 디자인운동의 선봉적 역할을 했다. 그들은 여러 실험적인 작업을 했으며 그 중 차노타(Zanotta)에 의해 생산된 테이블이 유명하다.

스와치 Swatch 사　스위스 시계제조업체로 '평생 차는 시계'의 개념을 거부하고 패션시계로서 의복이나 착용자의 취향에 따라 바뀔 수 있는 개념을 제시했다.

스웨디쉬 모던 Swedish Modern　1939년 뉴욕세계박람회에서 브루노 마트손(Bruno Mathson), 요제프 프랑크(Josef Frank)와 같은 스웨덴 디자이너들에 의해 디자인된 모더니즘의 부드럽고, 인간적인 버전을 묘사하기 위해 만들어진 용어로 전후 시기 매우 영향력있는 양식이 되었다.

시로 쿠라마타 Kuramata, Shiro (1934-91) 일본의 가구디자이너 및 인테리어디자이너로 1965년 동경에 그의 사무실을 오픈했다. 그는 일본의 전통적 미니멀리즘 사고와 현대적인 영향을 결합해 그만의 독특한 가구디자인을 만들어냈다. 그는 일본의 패션디자이너 이세이 미야케의 여러 매장인테리어작업을 하기도 했다.

시리 모옴 Maugham, Syrie (1879-1955) 영국의 인테리어 장식가로 영국적 맥락에서 엘지 드 울프(Elsie de Wolfe)의 아이디어를 수용했다. 모옴은 매리언 도온(Marion Dorn)의 러그를 포함해서 모더니스트의 작품으로 구성된 흰색 방으로 유명했다. 그녀는 월리스 심슨(Wallis Simpson)을 비롯한 많은 상류층 고객을 가지고 있었다.

식스텐 사손 Sason, Sixten (1912-69) 스웨덴의 컨설턴트 제품디자이너로 원래는 금속공예를 공부했고 나중에 제품디자이너로 전향해 일렉트로룩스(Electrolux), 하셀블라드(Hasselblad), 사브(Saab)와 같은 회사와 디자인작업을 했다.

신기능주의 Neo-Functionalism 1945년 이후 독일에서 엄격하고 합리적이며 기하학적인 미학으로 되돌아오고자 했던 운동으로 브라운(Braun)사를 위해 일한 디터 람스(Dieter Rams)의 작업과 울름조형대학에서 출현한 많은 디자인을 통해 집약적으로 나타났다.

아돌프 루스 Loos, Adolf (1870-1933) 오스트리아의 건축가로 1908년 건축적 장식의 쇠퇴에 대한 믿음을 개괄한 '장식과 죄악(Ornament and Crime)'이라는 책을 썼다. 그의 대표적 건축작품으론 스타이너하우스(Steiner House)와 뮐러하우스(Müller House)가 있다.

아르네 야콥센 Jacobsen, Arne (1902-71) 덴마크의 디자이너 아르네 야콥센의 작업은 덴마크 모더니즘과 동의어로 통한다. 그는 르 코르뷔지에에 깊이 영향을 받았고 그는 1950년대 매우 영향력 있는 곡면합판가구를 디자인했는데 앤트(Ant)의자와 스완(Swan)의자가 유명하다. 스텔톤(Stelton)사를 위한 그의 실린다라인(Cylinda Line) 스테인레스스틸 식기세트는 국제적인 찬사를 받았다.

아르누보 Art Nouveau 1890년대에 일어난 국제적인 건축 및 장식미술운동으로 1914년에 사라졌다. 프랑스와 스페인에서는 흐르는듯한 유기적 형태가 주를 이루었으나 스코틀랜드와 오스트리아에서 직선적 형태로 표현되었다. 아르누보는 첫 번째 모던디자인양식으로 묘사되고 있다.

아르데코 Art Deco　1920년대 프랑스에서 일어난 디자인운동으로 그 명칭은 1925년 파리에서 개최된 장식미술박람회(Exposition des Arts Decoratifs)에서 차용했다. 처음에는 배타적인 사물과 연관된 용어였지만 1930년대 대량생산과 유통 그리고 플라스틱과 같은 새로운 재료와의 제휴를 통해 공공영역으로 이동했다.

아르키줌 Archizoom　1966년 피렌체에서 결성된 건축가그룹으로 반디자인운동(Anti-Design movement)에 참여했다. 초기 멤버로 안드레아 브란치(Andrea Branzi)와 파올로 데가넬로(Paolo Deganello)가 있으며, 소비주의와 상류의식에 빠져있는 이탈리아 디자인을 빠져 나오게 하기 위한 일환으로 몽상적인 환경과 공상적인 가구를 디자인했다.

아이디오 IDEO 사　1991년 당시 기존의 세 회사, 즉 데이비드 켈리(David Kelly)가 설립한 데이비드켈리디자인(David Kelly Design), 영국디자이너 빌 목그리지(Bill Moggridge)가 설립한 ID Two, 그리고 마이크 넛트올(Mike Nuttall)이 설립한 매트릭스프로덕트디자인(Matrix Product Design)이 합병하여 설립된 국제적 디자인 혁신 컨설턴트회사로 현재 최고경영자는 팀 브라운(Tim Brown)이다. 아이디오는 제품, 서비스, 환경, 디지털경험을 디자인하고 있지만 최근 점차 경영컨설팅과 조직개편디자인에 대한 일을 하고 있다.

아킬레 카스틸리오니 Castiglioni, Achille (1918-2002)　카스틸리오니 3형제 중 막내로 20세기 디자인에 지대한 영향을 미친 밀라노거점 디자이너이다. 차노타(Zanotta)사를 위한 트랙터의자와 플로스(Flos)사를 위한 아르코 조명 등 그의 디자인은 수많은 상을 받았으며 그는 이탈리아를 비롯해 세계적으로 중요한 인물이 되었다.

안드레아 브란치 Branzi, Andrea (1938-)　피렌체출신의 건축디자이너로 1960년대 아르키줌(Archizoom)의 멤버로 후에 밀라노로 옮겨 1970년대 말 이탈리아 급진적 디자인의 2기에서 중추적인 역할을 했다. 그는 또한 교수이자 작가이기도 하다.

안토니 가우디 Gaudi, Antoni (1852-1926)　스페인의 건축가이자 디자이너이다. 바르셀로나를 거점으로 아르누보의 특이한 버전을 진화시켰다. 성가족성당(Sagrada Familia 1903-26)을 비롯해 카사비센스(Casa Vicens 1878-80), 구엘공원(Pargue Guell 1900-) 등 그의 건축작품은 그의 가구에서와 같이 환상적인 미학을 보여주었다.

안티 누르메스니에미와 부오코 에스콜린 Nurmesniemi, Antti (1927-2003) and Eskolin, Vuokko (1930-) 핀란드의 부부디자이너로 누르메스니에미는 인테리어와 산업디자이너이며 아내는 텍스타일디자이너로 부오코란 이름으로 패브릭사업을 하고 있었다. 누르메시니에미는 1956년 핀란드에서 자신의 사무실을 시작해 다양한 클라이언트를 상대로 인테리어디자인을 해왔다.

알레산드로 멘디니 Mendini, Alessandro (1931-) 이탈리아 급진적 디자인 운동가로 건축회사인 니촐리 어소시에이츠(Nizzoli Associates)에서 일을 시작했으며, 카사벨라(Casabella), 모도(Modo), 도무스(Domus)와 같은 여러 디자인잡지의 편집장을 역임했다.

알렉산더 로드첸코 Rodchenko, Alexander (1891-1956) 러시아의 구성주의 조각가이자 디자이너로 1917년 러시아 혁명 당시 그의 부인인 텍스타일 디자이너 스테파노바(Stepanova) 및 다른 사람들과 함께 인테리어와 가로시설물 작업을 했다. 1920년대엔 타틀린(Tatlin)의 '미술가—엔지니어' 사상에 더욱 가깝게 다가가 가구나 의류와 같은 실용적인 아이템을 디자인하기 시작했다.

알렉 이시고니스 Sir Alec Issigonis 영국의 자동차디자이너로 1948년 모리스 마이너(Morris Minor), 1959년 오스틴 미니(Austin Mini), 그리고 1962년 모리스 1100 디자인으로 유명하다. 이 중 미니는 세계시장에 엄청난 영향을 미쳤다.

알바 알토 Aalto, Alvar (1989-1976) 핀란드의 건축디자이너로 모던하고 휴머니스틱한 건축(예: 비푸리도서관Viipuri Library 1927-35, 파이미오 사니토리움Paimio Sanitorium 1929-33), 성형합판을 2차원적 곡선으로 만든 가구, 곡선적인 유리화병, 텍스타일디자인 등으로 잘 알려져 있다.

암브로즈 힐 Heal, Ambrose (1872-1959) 영국 디자이너인 힐은 1893년 가업인 가구산업에 합류했다. 1896년에 미술공예운동과 연계하여 디자인을 시작했다. 1940년에 설립된 힐 상점은 암브로즈가 합류하면서 전통가구의 재생산과 심플한 모던가구 생산에 중점을 두었다. 1913년 그 회사의 회장이 되고 1915년엔 디자인 및 산업 협회의 설립에 중요한 역할을 했다.

앙리 반 데 벨데 Van de Velde, Henry (1863-1957) 벨기에의 건축가이자 디자이너로 1900년 독일로 건너가 바이마르 응용미술학교를 운영했다. 윌리엄 모리스에 깊게 영향을 받은 그는 디자인에 관해 광범위하게 집필했으며 독일공장연맹의 창립멤버이기도 했다.

어니스트 레이스 Race, Ernest 1913-64   영국의 가구디자이너로 처음엔 건축가로 교육을 받았다. 1946년에 레이스 가구회사를 설립했고 같은 해 영향력 있는 알루미늄 프레임의 의자를 디자인했으며 1951년 영국축제를 위해선 금속봉을 사용한 다양한 의자를 디자인했다.

에로 사리넨 Saarinen, Eero (1910-61)   핀란드의 건축가이자 디자이너인 엘리엘 사리넨(Eliel Saarinen)의 아들로 1923년 아버지와 함께 미국으로 건너가 예일대에서 건축을 공부했으며 찰스 임즈(Charles Eames)와 다양한 성형합판가구 프로젝트를 수행했다. 그의 가구디자인 중 놀(Knoll)사가 제조한 튤립(Tulip) 의자가 유명하다.

에바 이리크나 Jiricna, Eva (1938-)   체코의 건축가이자 디자이너로 1968년 영국으로 건너와 주로 패션매장 인테리어로 명성을 얻었다. 그녀의 간결한 모더니스트작업은 하이테크스타일로 여겨졌으며 유리와 크롬도금한 금속사용으로 특징지어졌다. 그녀는 또한 여러 모더니스트건축가들과 작업하며 그들의 건물을 위한 인테리어디자인을 수행했다.

에일린 그레이 Gray, Eileen (1878-1976)   아일랜드의 건축가이자 디자이너로 1907년에 파리에 정착한 이후 줄곧 거기서 작업했다. 1920년대 금속과 가죽을 사용한 실험적인 가구를 포함해 디자인으로 모던운동에 참여했으며 1930년대부터는 건축디자인에 전념했다.

에토레 소싸스 Sottsass, Ettore (1917-2007)   오스트리아 태생의 건축가이자 디자이너로 2차대전 후 대부분을 밀라노를 거점으로 활동했다. 특히 그는 이탈리아의 급진적 디자인을 주도했으며 오랫동안 올리베티사에 디자인컨설팅을 했으며 1980년대 멤피스의 실험적 디자인을 기획한 것으로 유명하다.

엘 리시츠키 El Lissitzky (1890-1940)   러시아의 그래픽디자이너로 1917년까지 다양한 건축가들을 위해 일했으며 이후 혁명의 예술적 선전작업에 참여했다. 그의 작업은 러시아 화가 말레비치(Kasimir Malevich)가 개척한 쉬프레마티즘 양식을 취했으며 1920년대 초반 프룬(Proun) 구성작품으로 유명해졌다.

엘리엇 노이즈 Noyes, Eliot (1910-77)   미국의 산업디자이너로 뉴욕현대미술관의 큐레이터로 일했으며 IBM사 창업자의 아들인 토마스 왓슨(Thomas Watson)에 의해 고용되었다. 1956년부터는 그래픽디자이너 폴 랜드(Paul Rand)와 함께 회사의 디자인 책임자로 작업하며 눈길을 끄는 여러 사무기기를 탄생시켰다.

엘지 드 울프 De Wolfe, Elsie (1865-1950)　미국의 실내 장식 선구자로 뉴욕과 파리에서 활동했으며, 그녀의 작업을 통해 필연적으로 가정에서 고객들의 취향수준을 높이는 인테리어 가구를 공급하는 새로운 직업을 창출했으며 그녀는 소비자와 디자인, 취향 그리고 라이프스타일 간에 밀접한 연관성이 있다는 것을 깨달은 최초의 인물 중 하나였다.

오토 바그너 Wagner, Otto (1841-1918)　오스트리아의 원조 모더니즘건축가이자 디자이너로 1890년대 아르누보의 주변에서 일했으나 세기말에는 더욱 고전적인 경향을 보여주었다. 그는 건물에 알루미늄사용의 선구역할을 했는데, 예로, 비엔나의 우체국 디자인과 세기전환기부터 그의 가구디자인에서 많이 보여졌다.

요제프 프랑크 Frank, Josef (1885-1947)　오스트리아의 모던건축가로 1934년 스웨덴에 정착해서 스톡홀름의 가구회사 스벤스크트 텐(Svenskt Tenn)의 주임디자이너가 되었다. 초기 그의 청교도적 미학을 수정해 후에 그의 가구, 조명, 섬유제품에 패턴과 질감을 활용했다. '스웨덴 모던'으로 알려진 양식의 대표주자로서 그는 스벤스크트 텐 회사에서 종신근무했다.

요제프 호프만 Hoffmann, Josef (1870-1956)　오스트리아의 건축가이자 디자이너로 오토 바그너(Otto Wagner)의 스튜디오에서 같이 일했고 나중에 비엔나 분리파(Viennese Secession)의 창립멤버가 되었으며 모던하고 기하학적인 스타일로 대표되는 가구와 장식품 디자이너로 영향력을 발휘했다. 그는 가정영역을 위한 제품을 광범위하게 오가며 활동했다.

요하네스 이텐 Itten, Johannes (1888-1967)　이텐은 바우하우스 예비과정을 책임지고 있었지만 그의 생각은 발터 그로피우스(Walter Gropius)에게는 너무 모호하게 보여 1923년 그로피우스는 그를 해고했다. 이후 그는 베를린에서 직접 학교를 설립하기도 했으며 나중에 취리히와 크레펠트 미술학교의 교장을 역임했다.

울름조형대학 Hochschule fur Gestaltung, Ulm　전후 바우하우스의 부활로서 1953년에 개교한 독일의 디자인학교로 스위스 디자이너 막스 빌(Max Bill)이 초대 학장을 맡았으며 이어 토마스 말도나도(Tomas Maldonado)가 그의 뒤를 이었다. 1960년대 이 학교는 내부적인 이념논쟁으로 분리되었으며 1968년 폐교되었다.

월터 도윈 티그 Teague, Walter Dorwin (1883-1960)　1930년대 미국 컨설턴트 산업디자이너의

선구자로 종종 '산업디자인의 최고참'으로 불려졌고 그의 사무실은 특히 이스트만 코닥(Kodak)사와 오랫동안 협력관계를 가졌다. 또한 그는 많은 전시회를 개최했고 1939년 뉴욕세계박람회에서는 디자인분과 위원장을 맡기도 했다.

웰스 코츠 Coates, Wells (1895-1958)   도쿄에서 태어나 1929년에 영국으로 건너가 영국의 건축과 디자인의 모던운동에 주요 인물이 되었다. 매장 인테리어를 거쳐 아이소콘(Isokon)사의 아파트 디자인 프로젝트의 한 구역을 맡아 작업했고 에코 라디오회사를 위한 디자인작업으로 근대 산업디자인의 선구자 역할을 했다.

유겐트스틸 Jugendstil   아르누보의 독일어 이름으로, 당시 유럽을 휩쓸었던 혁명적이고, 새로우며, 세기전환기양식을 묘사하기 위해 사용되었다. 이 용어는 주로 예전 동구권이었던 국가에서 아르누보의 광범위한 표현으로 사용되곤 했다.

유선형 Streamform   1930년대 미국의 자동차와 제품의 유기적 형태에 부여된 명칭으로 유선형의 형태는 공기역학적이고 빠르게 이동하게 만든다고 믿었다. 심지어는 다리미와 주서기와 같은 정적인 제품에도 적용되어 그러한 형태가 미래를 상징하며 은유적으로 변질되었다.

이세이 미야케 Miyake, Issey (1935-)   일본의 패션디자이너로 원래는 파리에서 그래픽디자인을 공부했다. 1970년 동경에 자신의 스튜디오를 오픈했으며 일본의상에 특히 비오네(Vionnet)의 영향을 많이 받은 프랑스패션을 결합해 국제적으로 어필하는 새로운 패션 방식을 만들어냈다.

인클루시브 디자인 Inclusive Design   제품이나 환경디자인을 모든 사람들이 불편함 없이 사용할 수 있도록 하는 방식으로 함축적으로, 장애를 가진 노약자를 위해 디자인된 제품은 연령이나 신체적 능력에 상관없이 누구나 사용할 수 있어야 하며, 비슷한 맥락으로 '모두를 위한 디자인(Design for all)'과 '유니버설디자인(Universal Design)'과 같은 용어 또한 널리 사용되고 있다.

인터랙션디자인 Interaction Design   디자인의 결과가 인터랙티브한 디지털제품이든, 환경이든, 시스템이든 서비스이든 이를 사용하게 될 사람들의 니즈와 욕구를 만족시키는 데 초점을 두는 디자인으로 제품의 형태보다는 사용자의 행동을 예측하는 데 중점을 둔다.

자크 에밀 룰만 Ruhlmann, Jacques-Emile (1879-1933)   1920년대 프랑스 장식스타일을 이끈 주역으로 그의 가구와 인테리어에 이국적인 목재를 사용했다. 그의 1925년 파리

장식박람회에서 선보인 콜렉셔뉘르 호텔관은 럭셔리한 스타일로 많은 관람객을 끌어들였다.

재스퍼 모리슨 Morrison, Jasper (1959-)　영국의 가구 및 제품디자이너로 1980년대 디자인에 새롭고 약간은 향수적이며 하지만 매우 모던한 미학을 도입했다. 그는 독일의 PSB사와 이탈리아의 카펠리니(Cappellini)사를 비롯해 많은 국제적 클라이언트들과 작업하고 있다.

제임스 다이슨 Dyson, James (1947-)　영국의 산업디자이너로 다이슨(Dyson)사의 설립자이며 먼지자루가 없는 진공청소기, 날개 없는 선풍기, 바퀴 대신 공모양에 물을 채워 바퀴 대신 사용하는 "볼배로우"수레의 발명가로도 유명하다. 다이슨은 엔지니어링 분야에서 활약하기 전에 RCA에서 산업디자인을 전공했다.

조나단 아이브 Ive, Jonathan (1967-)　영국의 디자이너로 노섬브리아(Northumbria) 대학에서 산업디자인을 공부했으며 런던에서 공동으로 텐저린(Tangerine)이란 디자인회사를 설립했다. 이후 애플사(Apple Inc.)의 산업디자인 수석부사장이 되었고 아이맥(iMac), 아이포드(iPod), 아이폰(iPhone), 아이패드(iPad) 디자인으로 유명하다.

조르지오 주지아로 Giugiaro, Giorgio (1938-)　이탈리아의 자동차디자이너로 1968년 이탈디자인(Italdesign)이라는 자신의 회사를 설립했다. 그 후 1974년 폭스바겐 골프(Golf)와 1980년 피아트 판다(Panda) 등 많은 자동차디자인을 수행했다. 그는 또한 제품디자이너로서 니콘 카메라와 같은 제품을 디자인하기도 했다.

조지 넬슨 Nelson, George (1907-86)　미국의 건축가이자 디자이너로 처음엔 건축저널리스트로 출발했으며 나중엔 허먼 밀러(Herman Miller)와 같은 진보적인 클라이언트를 위해 디자인을 했다. 그의 작품 중 스토리지월(Storagewall)은 당시 혁신적인 사무가구였다.

조 콜롬보 Colombo, Joe (1930-71)　1960년대 이탈리아의 가장 영향력있는 슈퍼스타 디자이너 중 하나인 콜롬보는 특히 카르텔(Kartell)사를 위해 디자인한 화려한 컬러의 플라스틱 제품으로 기억된다. 그는 화가로 시작해 자노타(Zanotta), 엘코(Elco), 스틸노보(Stilnovo)와 같은 이탈리아의 여러 제조업체를 위해 영향력있는 가구와 제품을 디자인했다.

존 파울러 Fowler, John (1906-77)　영국의 실내장식가로 양 대전 사이 이후 역사주의적 접근방식을 적용해왔다. 그는 2차 대전 후 황폐해진 나라를 날염천을 활용해 복구하는 내셔널 트러스트의 프로그램에 참여했다. 그는 낸시 랭카스터(Nancy Lancaster)와 콜팩스 & 파울러(Colefax and Fowler)의 동업자이기도 했다.

지그프리드 기디온 Gideon, Siegfried (1888-1968)   스위스의 미술사학자로 하인리히 뵐플린(Herinrich Wölfflin)의 지도로 '익명적' 역사방법론을 발전시켰다. 이에 대한 연구는 1948년 출판된 그의 '기계화의 지배(Mechanization Takes Command)'라는 책에서 잘 설명되었고 그 책은 모던디자인역사의 중요한 텍스트가 되었다.

지속가능한 디자인 Sustainable Design   환경디자인, 환경지속가능디자인, 환경의식디자인 등으로 불려지기도 하며, 경제적, 사회적, 생태적 지속가능성의 원칙을 지지하는 제품과 환경 그리고 서비스를 디자인하는 것을 의미한다. 분해나 제품의 재사용을 위해 재활용이 가능하거나 생태적으로 건강한 소재를 사용하는 것이 중요하다.

지오 폰티 Ponti, Gio (1891-1979)   이탈리아의 건축가이자 디자이너로 도무스(Domus)잡지의 편집인이었으며 1920년대부터 건축, 가구 및 장식품의 디자이너로 일했다. 이 시기에 그는 한결같이 매우 독특한 미학을 유지하고 있었는데 그의 주요 클라이언트로는 폰타나 아르테(Fontana Arte), 아르플렉스(Arflex), 카시나(Cassina) 등이 포함되어 있었다.

찰스 & 레이 임즈 Eames, Charles (1907-78), Ray (1912-88)   미국의 건축디자이너, 찰스 임즈는 1944년 에로 사리넨(Eero Saarinen)과 함께 디자인한 성형합판의자가 뉴욕현대미술관이 주최한 공모전에서 수상하면서 대중적으로 주목을 받았다. 그는 2년 후 거기서 개인전시회를 가졌는데 금속봉과 성형합판을 결합한 의자를 선보였다. 1950-60년대를 통해 더욱 혁신적인 가구들을 지속적으로 디자인했으며 그의 부인인 레이는 1940년부터 같이 일해왔으며 실험적인 영화제작에도 참여했다.

찰스 레니 매킨토시 Mackintosh, Charles Rennie (1868-1928)   스코틀랜드 건축가로 '글래스고우 4인방'으로 불려진 그룹의 일원으로 작업했으며 당시 아르누보의 스코틀랜드 버전으로 보여지는 여러 건물과 인테리어, 가구 및 장식품 등을 디자인했다. 그의 디자인은 비엔나에 커다란 영향을 미쳤다.

카레 클린트 Klint, Kaare (1888-1954)   덴마크의 건축가이자 디자이너로 1920년대 코펜하겐에서 활동했으며 가구디자인에 적용할 인체측정학적 방법을 발전시켰다. 그의 1933년 데크의자는 그의 다른 디자인과 마찬가지고 버내큘러 모델을 기반으로 하고 있다. 덴마크의 가구회사 루드 라스무센(Rud Rasmussen)은 많은 그의 디자인을 생산했다.

카를로 몰리노 Mollino, Carlo (1905-73)　토리노를 거점으로 활동하는 이탈리아의 디자이너로 1940−50년대 그 자신이 '유선형 초현실(streamlined−surreal)'이라고 묘사한 여러 가지 가구를 디자인했다. 그의 바로크스타일의 가구 형태는 당시 밀라노에서 등장한 합리적 디자인과는 명확히 대조되는 것이었다.

카밀로 올리베티와 아드리아노 올리베티 Olivetti, Camillo (1868-1943) and Adriano Olivetti (1901-60)　카밀로는 1908년에 올리베티 사무기기 회사를 설립했고 그 자신이 최초의 타자기를 디자인했다. 그의 아들인 아드리아노는 1920년대에 회사를 물려받았으며 마르첼로 니촐리와 에토레 소싸스를 포함한 그 회사와 일했던 디자이너들을 고용했다.

카이 프랑크 Frank, Kay (1911-88)　핀란드의 도자공예가, 텍스타일과 유리공예 디자이너로 그 시대 다른 슈퍼스타 디자이너들의 작업보다는 보다 더 섬세한 접근방식을 사용했다. 그는 오랫동안 아라비아(Arabia) 도자기회사의 디자이너로 일했으며 1952년 킬타(Kilta)를 비롯해 수많은 단순하고 실용적인 그릇디자인을 담당했다.

컨템포러리 양식 Contemporary Style　2차대전 후 영국에서 등장한 가구양식으로 아직 장식적인 면이 남아있던 스타일로 1951년 대영박람회 100주년 기념 영국축제에서 작품들이 전시되었으며 생물학적인 형태와 밝은 색조로 특징되며 대중적 양식에 깊은 영향을 미쳤다.

케니스 그레인지 Grange, Kenneth (1929-)　영국의 제품디자이너로 신기능주의 스타일로 작업했으며 1950년대 후반부터 켄우드(Kenwood)사 등과 작업했다. 1972년 런던의 펜타그램디자인회사에 최초의 제품디자이너로 합류했으며 일본의 많은 회사들을 위해 디자인했다.

코디자인 Co-design　모든 사람은 각기 다른 이상과 관점을 가지고 있으며 디자인 프로세스는 이 모든 것을 다뤄야 할 필요가 있다는 원칙으로 작업하는 디자인 접근방식이다. 디자인 프로세스 관련자들의 관심을 고려하고 결과를 도출하기 위해 인터뷰나 심층집단, 워크숍 등을 포함한다.

코코 샤넬 Chanel, Coco (1883-1971)　프랑스의 패션디자이너이자 패션비즈니스 분야의 선구자로 1909년 여성모자 매장오픈을 시작으로 양 대전 사이 가장 영향력있는 패션하우스를 만들어냈다. 그녀는 라이프스타일의 일부로서 의류판매를 예측했으며 1923년에는 옷과 함께 그 유명한 샤넬 넘버 5 향수를 출시했다.

크리스챤 디올 Dior, Christian (1905-57)　1947년 '뉴룩(New Look)'으로 불리는 최초의 컬렉션을 출시한 프랑스의 패션디자이너로 엄청난 충격과 함께 파리를 전후 최고의 패션본고장 이미지를 확립하는데 기여했다. 그의 갑작스런 사망 후 이브 생로랑(Yves Saint Laurent)이 그 패션하우스의 디자인 방향을 지휘했으며, 1996년에는 영국의 존 갈리아노(John Galliano)가 디올의 수석디자이너가 되었다.

크리스토퍼 드레서 Dresser, Christopher (1834-1904)　식물학자 출신의 영국 제품디자이너다. 그의 금속작업과 텍스타일디자인은 일본의 영향을 많이 받았으며 국제적으로 제조산업과 작업한 최초의 프리랜서 디자이너 중 하나였다.

클라리스 클리프 Cliff, Clarice (1899-1972)　영국의 세라믹디자이너로 전통적인 도자기의 본고장 스톡온트렌트 출신이지만 도자기에 수준 높은 그림을 그려 넣은 것을 자신의 회사를 통해 판매함으로써 명성을 쌓았다. 그녀의 가장 성공적인 디자인 중 비자르(Bizzare)로 명명한 패턴이 있고 그녀의 작품은 수집가들에게 매우 인기가 높았다.

키이스 머레이 Murray, Keith (1892-1981)　뉴질랜드출신으로 건축교육을 받은 머레이는 1930년대 도자기와 유리제품 디자인으로 전향해 화이트프라이어스(Whitefriars) 유리회사와 웨지우드(Wedgwood)도자기회사 등과 작업을 했다. 그의 단순하고 기하학적인 디자인은 당시 등장했던 많은 다른 디자인과는 대조를 이루었다.

타피오 비르칼라 Wirkkala, Tapio (1915-85)　핀란드의 전후 슈퍼스타 디자이너 중 한 명으로 1947년 이탈라(Ittala) 유리회사에 고용되어 이후 30여 년 동안 멋진 장식적 예술품과 디자인을 만들어냈다. 특히 1950년대 밀라노 트리엔날레에서 전시된 그의 작품으로 국제적인 명성을 얻게 되었다. 핀란드 외에는 베니니(Venini)와 로젠탈(Rosenthal)과 작업을 했다.

테렌스 콘란 Conran, Terence (1931-)　런던에서 가구디자이너로 훈련을 받은 콘란은 라이프스타일제품의 소매업자로서 역할을 통해 전후 영국과 국제적인 디자인에 상당한 영향을 미쳤다. 1964년 그는 런던 풀럼로드에 해비타트(Habitat)를 오픈하고 수많은 소매제품판매를 통해 전후 시기의 취향과 열망에 영향을 주었다.

토르트 본체 Boontje, Tord (1968-)　아인트호벤 디자인학교와 런던의 RCA에서 각각 산업디자인을 공부한 네덜란드 디자이너로 1996년 런던에 토르트 본체라는 스튜디오를 설립했다. 그는 디자인은 감성을 불러일으켜야 한다고 믿으며 유리제품을 비롯해 조명, 가구 등을 디자인하고 있다.

토마스 말도나도 Maldonado, Tomas (1922-)　부에노스 아이레스 태생의 디자인 이론가 말도나도는 막스 빌(Max Bill)의 초대를 받아 그를 이어 1960년대 중반까지 울름조형대학(the Hochschüle für Gestaltung at Ulm)의 학장을 역임했다. 말도나도는 디자인프로세스에 있어 체계적인 접근방식을 선호했다.

티모 사르파네바 Sarpaneva, Timo (1926-)　핀란드의 유리, 도자, 텍스타일, 금속공예가로 1950년 이탈라(Iittala)에 고용되어 당시 밀라노 트리엔날레에 작품을 전시했으며 많은 상을 수상했고 핀란드의 모던디자인을 알리는 데 많은 기여를 했다.

팝 Pop　팝디자인운동은 1960년대 중반 영국의 자연발생적인 현상이었다. 패션과 라이프스타일과 관련되어 초점이 맞추어졌으며 즉흥적이고 일시적인 것을 강조했다. 어떤 면에서 팝운동은 시간을 초월하는 모더니즘의 형태에 대한 반작용이었다.

페터 베렌스 Behrens, Peter (1868-1940)　독일의 건축디자이너, 1907년 아에게(AEG)사의 컨설턴트로 회사의 CI작업을 했고 그 전까지는 다름슈타트에서 아르누보양식으로 작업했다. 발터 그로피우스, 미스 반 데어 로에, 르 코르뷔지에가 그의 스튜디오에서 같이 일했다.

펜타그램 Pentagram　1971년에 설립된 영국의 디자인 컨설턴트회사로 1950년대부터 플레처, 포브스 앤 질(Fletcher, Forbes and Gill)로 불렸던 회사가 그 전신이다. 여러 제품디자이너들 중 케네스 그레인지(Kenneth Grange)와 대니얼 웨일(Daniel Weil)이 1970년대와 1990년대에 펜타그램에 합류했다.

포르쉐 Porsche 사　슈투트가르트를 본거지로 하는 자동차 제조사로 창업자이며 폭스바겐(Volkswagen)의 비틀(Beetle)디자인으로 유명한 퍼디낸드 포르쉐(Ferdinand Porsche)의 이름을 따서 회사이름을 지었다. 포르쉐는 1960년대 이후 상류시장을 위한 스타일리쉬한 차들을 생산해 왔는데 그 중 디자인클래식이 되어진 부치 포르쉐(Butzi Porsche)가 디자인한 911모델과 928모델, 그리고 가장 최근엔 함 라게이(Harm Laggay)가 디자인한 박스터(Boxter)가 유명하다.

포스트모더니즘 Postmodernism　　하이모더니즘의 전략을 피하고 생산보다는 소비의 영역과 관련짓고자 한 1980년대 이후의 모든 건축 및 디자인 현상들을 지칭하는 포괄적인 개념으로 향수로부터 여러 종류의 표출적 형태의 사용에 이르기 까지 여러 가지 방식으로 표현되었다.

프레데릭 키슬러 Kiesler, Frederick (1896-1965)　　비엔나 분리파, 다다이스트, 데 스틸 그룹에 참여했던 키슬러는 1920년대에 유럽을 떠나 미국에 건너가서 미술가로서, 건축가로서, 그리고 디자이너로서 활동을 계속했다. 그의 디자인은 1930년대 만든 다양한 알루미늄 가구를 포함하고 있다.

피터 레이너 밴험 Banham, Peter Reyner (1922-88)　　영국의 건축사 및 디자인사학자, 이론가, 평론가로 1950년대와 60년대에 모더니즘운동과 그 종말에 대해 광범위한 저술활동을 함. 1950년대 독립파(Independent Group)의 멤버였으며 대중문화와 디자인에 관련된 논쟁을 도입했다. 미술사학교수로 재직했던 UC Santa Cruz를 비롯 여러 대학에서 강의를 했다.

필립 스탁 Starck, Philippe (1949-)　　슈퍼스타디자이너로 널리 알려진 프랑스의 제품디자이너로 그의 디자인작업 범위는 칫솔, 의자, 주택과 같이 인테리어로부터 대량생산제품에 이르기까지 광범위하다. 파리의 에꼴르카몽도(Ecole Camondo)에서 수학했으며 1968년에 공기주입제품을 전문으로 하는 자신의 디자인회사를 설립했다. 1975년부터 독립적으로 제품디자이너와 인테리어디자이너로 활동했고 1982년엔 당시 프랑스와 미테랑(François Mitterand)대통령의 사저 인테리어를 맡아 화제가 되었었다.

하르트무트 에슬링거 Esslinger, Hartmut (1945-)　　독일 디자인 컨설턴트회사 프로그디자인(frogdesign)의 설립자로 처음엔 독일의 알텐스타이그에서 '에슬링거 디자인'이란 이름으로 활동했으나 이후 캘리포니아의 팔로알토로 회사를 옮겨 회사명을 '프로그디자인'으로 바꾸고 애플컴퓨터에 최초의 전체가 흰색인 컴퓨터를 디자인해 애플을 주요 클라이언트로 만들었으며 그 밖에 필러로이(Villeroy), 보쉬(Bosch), 소니(Sony) 등이 주 고객이다.

하이테크 High Tech　　산업부문의 모양과 소재를 가정영역으로 적용시키려 차용한

1970년대 인테리어와 가구디자인에서 인기 있던 젊고 스타일리쉬한 양식으로 비계발판으로부터 모티브를 따온 선반이 이 미학을 집약적으로 보여주었다.

한스 구겔롯 Gugelot, Hans (1920-65)　네덜란드의 디자이너로 막스 빌(Max Bill)과 같이 일을 한 후 1950년 자신의 사무실을 시작했으며 울름조형대학과도 협업을 했다. 1950년대 중반에는 브라운(Braun)사를 위한 디자인을 주도했으며 그의 작업은 신기능주의 스타일의 성격을 가졌다.

한스 코라이 Coray, Hans (1906-91)　스위스 디자이너, 1939년 취리히 박람회에서 선보인 알루미늄 의자로 유명하며, 이 의자는 아직도 생산되고 있다.

할리 얼 Earl, Harley (1893-1969)　얼은 할리웃에서 코치제작자로 그의 경력을 쌓았는데 1926년 제너럴모터스(GM)의 알프레드 슬로언(Alfred P. Sloan)에 의해 대량생산되는 차의 외형을 보다 매력적으로 만들기 위해 채용되었다. 1927년 캐딜락의 라살르(La Salle)는 이 점에 있어 자동차 역사를 새로 썼으며 얼은 1950년까지 GM에서 스타일의 책임을 맡았다.

합리주의 Rationalism　쥬세페 테라니(Giuseppe Terragni)와 그 외 사람들에 의해 표현된 양 대전 사이에 일어난 건축과 디자인모더니즘에 기여한 이탈리아의 이념을 묘사하는 용어로 잠시 무솔리니(Mussolini)에 그의 공식적인 스타일로서 접근되었으나 곧 더 고전적으로 영감을 받은 노베첸토(Novecento)로 알려진 이탈리아의 모던스타일로 옮겨갔다.

헤롤드 반 도렌 Van Doren, Harold (1895-1957)　미국의 컨설턴트산업디자이너로 그의 동료들처럼 1930년대에 필코(Philco)와 굿이어(Goodyear)를 비롯 여러 회사와 함께 작업했다. 그는 원래 미술관 분야에서 일하다 산업디자인 분야로 옮겼는데 1940년에는 '산업디자인; 실전가이드북'이란 책을 펴내기도 했다.

헤르만 무테지우스 Muthesius, Hermann (1861-1934)　독일의 외교관으로 19세기 말 영국을 여행하고 영국에서 그가 발견한 건축에 대해서 1905년 '영국식 주택(Das Englische Haus)'이란 책을 썼다. 그는 독일공작연맹형성의 주역이었으며 20세기 초 독일의 산업디자인 진흥에 많은 기여를 했다.

헨리 드레이퍼스 Dreyfuss, Henry (1902-72)　벨 게데스처럼 컨설턴트산업디자이너가 되기 전까지 극장에서 무대디자이너로 일한 경력이 있다. 그의 초기 클라이언트로는 벨 전화기회사, 후버사, 그리고 뉴욕센트럴철도회사 등이 있다. 1955년 그의 책

'사람을 위한 디자인(Designing for People)'에서 그의 인체측정학적 접근방식 디자인에 대해 썼다.

헬라 용에리우스 _{Jongerius, Hella (1963-)} 아인트호벤의 산업디자인아카데미에서 공부한 네덜란드디자이너로 드록 디자인(Droog Design)이라는 상표의 작업을 통해 국제적인 주목을 받았다. 그녀는 2000년 로테르담에 용게리우스랩(Jongerius Lab)을 설립해 도자용품, 텍스타일, 가구 등 다양한 제품들을 디자인하고 있다.

혼다 _{Honda 사} 일본의 모터사이클회사로 1948년에 설립되었다. 초기 주요제품은 스텝스로식 슈퍼컵 (Super-Cup) 모터사이클로 공격적인 마케팅으로 미국시장을 정복한 성공적인 모델이었다. 이 성공에 힘입어 혼다는 동력기기와 자동차생산으로 사업을 다각화했다. 시빅(Civic), 프렐루드(Prelude), 어코드(Accord)와 최근에는 인사이트(Insight)에코자동차 등이 혼다의 성공적인 디자인들이다.

힐리 _{Hille 사} 영국의 가구회사로 20세기 초 작은 규모로 시작해서 2차 대전 이후 모던가구를 후원할 정도로 견실한 회사가 되었다. 로빈 데이(Robin Day), 로저 딘(Roger Dean), 프레드 스캇(Fred Scott)이 1983년까지 이 회사에서 일했으며 데이가 1960년대 초반 디자인한 폴리프로필렌 의자는 이 회사의 가장 영향력있는 제품이다.

F. H. K. 앙리옹 _{Henrion, F. H. K. (1914-90)} 프랑스의 그래픽디자이너로 1930년대 영국으로 건너가 일을 했으며 2차 대전과 이후 기간을 통해 영국의 선도적인 그래픽디자이너 중 하나였다.

—
주

서론^{Introduction}

1. Foster, H. *Design and Crime* (London and New York: Verso, 2002), p.22.

2. McCracken, G. *Culture and Consumption: New approaches to the symbolic character of consumer goods and activities.* (Bloomington and Indianapolis: Indiana University Press, 1990), p. xi.

3. Huyssen, A. *After the Great Divide: Modernism, Mass Culture and Postmodernism.* (Bloomington and Indianapolis: Indiana University Press, 1986), Bourdieu, P. *Distinction: A Social Critique of the Judgement of Taste* (London and New York: Routledge and Kegan Paul, 1986).

1 소비적 모더니티^{Consuming modernity}

1. Saisselin, R. G. *Bricobracomania: The Bourgeois and the Bibelot* (London: Thames and Hudson, 1985), p. 64.

2. McKendrick, N., Brewer, J., Plumb, J. H. (eds) *The Birth of Consumer Society: The Commercialization of Eighteenth-Century England* (London: Hutchinson, 1982); Campbell, C. The Romantic Ethic and the Spirit of Modern Consumerism (Oxford: Basil Blackwell, 1987); Weatherill, L. *Consumer Behaviour and Material Culture in Britain 1660-1760* (London and New York: Routledge, 1988); and Vickery, A. *The Gentleman's Daughter: Women's Lives in Georgian England* (New Haven and London: Yale University Press, 1998).

3. Weatherill, 1988, p. 77.

4. 참조 Logan, T. *The Victorian Parlour: A Cultural Study* (Cambridge: Cambridge University Press, 2001).

5. Girling Budd, A. 'Comfort and Gentility, Furnishings by Gillows, Lancaster 1840–1855' in McKellar, S. and Sparke, P. *Interior Design and Identity* (Manchester: Manchester University Press, 2004).

6. Fraser, W. H. *The Coming of the Mass Market, 1850-1914* (London and Basingstoke: Macmillan, 1981).

7. Bushman, R. L. *The Refinement of America: Persons, Houses, Cities* (New York: Vintage Books, 1993).

8. Bronner, S. J. *Consuming Visions: Accumulation and Display of Goods in America, 1880-1920* (Winterthur, Delaware: The Henry Francis du Pont Winterthur Museum, 1989).

9. Hultenen, K. '*From Parlor to Living Room: Domestic Space, Interior Decoration, and the Culture of Personality*' in Bronner, 1989. pp. 157–89.

10. Walkowitz, J. *Prostitution and Victorian Society: Women, Class and the State* (Cambridge: Cambridge University Press, 1980) and Rappoport, E. D. *Shopping for Pleasure: Women in the Making of London's West End* (Princeton, New Jersey: Princeton University Press, 2000).

11. Wolff, J. 'The Culture of Separate Spheres: The Role of Culture in 19th Century Public and Private Life' in *Feminine Sentences: Essays on Women and Culture* (Cambridge: Polity, 1990).

12. Wilson, E. *The Sphinx in the City* (London: Virago, 1991).

13. Leach, W. *Lands of Desire: Merchants, Power and the Rise of a New American Culture* (New York: Vintage Books, 1994).

14. Bowby, R. *Just Looking: Consumer Culture in Dreiser, Gissing and Zola* (New York: Methuen, 1985)와 Miller, M. B. *The Bon Marche: Bourgeois Culture and the Department Store 1869-1920* (New Jersey: Princeton University Press, 1981)이 포함됨.

15. Bronner, 1989, p. 8.

16. Giedion, S. *Mechanisation Takes Command: A Contribution to Anonymous History* (New York: W. W. Norton and Co., 1948).

17. Giedion, 1948.

18. Sparke, P. *A Century of Car Design* (London: Mitchell Beazley, 2002), p. 10.

19. Wharton, E. and Codman Jr, O. *The Decoration of Houses* (London: Batsford, 1898).

20. Milan, S. 'Refracting the gaselier: understanding Victorian responses to domestic gas lighting' in Bryden, I. and Floyd, J. *Domestic Space: Reading the Nineteenth-Century Interior* (Manchester and New York: Manchester University Press, 1999).

21. Wilson, S. *Adorned in Dreams: Fashion and Modernity* (London: Virago, 1985) and Breward, C. *The Hidden Consumer, Masculinities, Fashion and City Life* (Manchester: Manchester University Press, 1999).

22. Barthes, R. *Mythologies* (London: Jonathan Cape, 1983).

23. Veblen, T. *The Theory of the Leisure Class* (London: Unwin, 1970 [originally 1899]).

24. Wulf, K. H. (ed.) *The Sociology of Georg Simmel* (Glencoe: The Free Press, 1950).

25. Beethan, M. *A Magazine of Her Own: Domesticity and Desire in the Woman's Magazine, 1800-1914* (New York and London: Routledge, 1996) and Scanlon, J. *Inarticulate Longings: The Ladies' Home Journal and the Promises of Consumer Culture* (New York and London: Routledge, 1995).

26. Hine, T. *The Total Package* (Boston: Little Brown, 1995).

27. Strasser, S. *Satisfaction Guaranteed: The Making of the American Mass Market* (New York: Pantheon Books, 1989).

28. Slater, D. *Consumer Culture and Modernity* (Cambridge: Polity Press, 1997).

29. Alexander, S. 'Becoming a Woman in London in the 1920s and 1930s' in Alexander, S. (ed) *Becoming a Woman and Other Essays in Nineteenth- and Twentieth-Century Feminist History* (London: Virago, 1994), pp. 203–24.

30. Harrison, H. A. (ed.) *Dawn of a New Day: The New York World's Fair, 1939/40* (New York: New York University Press, 1980).

31. See Strasser, S. *Satisfaction Guaranteed: The Making of the American Mass Market* (New York: Pantheon, 1989) and Tedlow, R. S. *New and Improved: The Story of Mass Marketing in America* (New York: Basic Books, 1990).

32. Forde, K. 'Celluloid Dreams: The Marketing of Cutex in America, 1916–1935', *Journal of Design History* 2002; 15 (3): 175–90.

33. Scanlon, J. *Inarticulate Longings: The Ladies' Home Journal, Gender and the Promises of Consumer Culture* (New York and London: Routledge, 1995).

34. Forde, 2002, p. 178.

35. Peiss, K. *Hope in a Jar: The Making of America's Beauty Culture* (New York: Henry Holt & Co. Inc., 1998).

36. See Bayley, S. Harley Earl (London: Trefoil, 1990) and Clarke, S. 'Managing Design: the Art and Colour Section at General Motors, 1927–1941' *Journal of Design History* 1999; 12 (1); 65–79.

37. Clarke, 1999.

38. Frederick, C. *Selling Mrs. Consumer: Christine Frederick & The Rise of Household Efficiency* (New York: Business Bourse, 1929).

39. Frederick, 1929, p. 22.

40. Swiencicki, M. A. 'Consuming Brotherhood: Men's Culture, Style and Recreation as Consumer Culture, 1880–1930' in Glickman, L. B. *Consumer Society in American History: A Reader* (Ithaca and London: Cornell University Press), 1999, p. 207.

41. Swiencicki, 1999, p. 226.

42. Gartman, D. *Auto Opium: A Social History of American Automobile Design* (New York and London: Routledge, 1994).

43. Jeremiah, D. 'Filling Up: The British Experience, 1896–1940' *Journal of Design History* 1995; 8 (2): 97–116.

44. Lewis, D. L. and Goldstein, L. (eds) *The Automobile and American Culture* (Michigan: University of Michigan Press, 1980, 1983).

45. O'Connell, S. *The Car in British Society: Class, Gender and Motoring, 1896-1939* (Manchester: Manchester University Press, 1998), p. 43.

46. Gronberg. T. *Designing Modernity: Exhibiting the City in 1920s Paris* (Manchester: Manchester University Press, 1998), p. 62.

47. Gieben–Gamal, E. 'Feminine spaces, modern experiences: The Design and Display Strategies of British Hairdressing Salons in the 1920s and 1930s' in McKellar, S. and Sparke, P. (eds) *Interior Design and Identity* (Manchester: Manchester University Press, 2004).

48. Clarke, C. *Tupperware: The Promise of Plastic in 1950s America* (Washington and London: Smithsonian Institution Press, 1999).

49. Light, A. *Forever England: Femininity, Literature and Conservatism Between the Wars* (London and New York: Routledge, 1991).

50. Ryan, F. S. *The Ideal Home Through the Twentieth Century* (London: Hazar Publishing, 1997).

51. Massey, A. *Hollywood Beyond the Screen* (Oxford: Berg, 2000).

52. Fine, B. and Leopold, E. *The World of Consumption* (London: Routledge, 1993).

2 기술의 영향The impact of technology

1. Ford, H. 'Mass Production' in *Encyclopaedia Britannica* (1926).

2. 보다 긴 고찰을 위해선, 저자들이 생산 / 소비의 격차를 넘어 '공급의 시스템'의 개념을 간

략하게 설명한 Fine, B. and Leopold, E. *The World of Consumption* (London: Routledge, 1993)을 참고하기 바람.

3. 그와 같은 새로운 동력의 원천을 개발하기 위한 도구로 제임스 네이즈미스(Nasmyth, J.)의 증기햄머(1838)와 제임스 와트(Watt, J.)의 펌핑엔진(1783)이 대표적인 예임.

4. Clark, H. *The Role of the Designer in the Early Mass Production Industry* (unpublished PhD thesis, University of Brighton, 1982).

5. Habakkuk, H. J. *American and British Technology in the Nineteenth Century: The Search for Labour-Saving Inventions* (Cambridge: Cambridge University Press, 1962).

6. Giedion, S. *Mechanisation Takes Command: A Contribution to Anonymous History* (New York: W. W. Norton and Co., 1969[1948]).

7. Hounshell, D. A. *From the American System to Mass Production, 1800-1932* (Baltimore and London: John Hopkins Press, 1984).

8. 오스트리아 우편저축은행 건물(The Austrian Postal Savings Bank, 1904-06)과 같은 기간 지어진 디 자이트(Die Zeit) 신문사 건물은 모두 알루미늄을 사용했다.

9. Clifford, H. and Turner, E. 'Modern Metal' in Greenhalgh, P. (ed.) *Art Nouveau 1890-1914* (London: V&A Publications, 2000).

10. Friedel, R. *Pioneer Plastics: The Making and Selling of Celluloid* (Wisconsin: University of Wisconsin Press, 1983).

11. 실내장식가 엘지 드 울프(Elsie de Wolfe)가 이 혁신을 주도했다.

12. 프레드릭 테일러(Taylor, F. W.)는 '시간동작연구(time and motion studies)'로 알려진 작업의 분석을 통해 합리화 시스템을 개발했다.

13. Beecher, C. and Stowe, H. B. *The American Woman's Home* (New York: J. B. ford and Co., 1869).

14. Cowan, R. S. *More Work for Mother: The Ironies Household Technology from the Open Hearth to the Microwave* (New York: Basic Books, 1983) and Strasser, S. *Never Done: A History of American Housework* (New York: Pantheon Books, 1982).

15. Frederick, C. *The New Housekeeping: Efficiency Studies in Home Management* (New York: Garden City, Doubleday Page, 1913).

16. Sparke, P. 'Cookware to Cocktail Shakers' in Nichols, 2001.

17. Forty, A. *Objects of Desire* (London: Thames and Hudson, 1986).

18. Habakkuk, 1962.

19. Sparke, P. *Electrical Appliances* (London, Bell and Hyman, 1987).

20. P. Frankl, *New Dimensions* (New York: Payson & Clarke, 1928), p. 23.

21. Kwint, M., Breward, C., and Aynsley, J. *Material Memories: Design and Evocation* (Oxford: Berg, 1999).

22. Barthes, R. *Mythologies* (Paris: Editions du Seuil, 1957), p. 97.

23. Freidel, R. *Pioneer Plastics: The Making and Selling of Celluloid* (Wisconsin: University of Wisconsin Press, 1983).

24. Meikle, J. L. *American Plastics: A Cultural History* (New Brunswick, New Jersey: Rutgers University Press, 1983).

25. Meikle, 1995, p. 106.

26. Meikle, 1995, p. 118.

27. Bayley, S. *In Good Shape: Style in Industrial Products 1900-1960* (London: Design Council, 1979).

28. Nichols, S. (ed.) *Aluminium by Design* (New York: harry N. Abrams, 2000).

29. See Sparke, P. 'Cookware to Cocktail Shakers: The Domestication of Aluminium in the United States, 1900–1939' in Nichols, 2000.

30. Dohner, D. 'Modern Technique of Designing' *Modern Plastics*, (14 March 1937).

31. Grief, M. *Depression Modern: The Thirties Style in American* (New York: Universe Books, 1975).

32. Pulos, A. *American Design Ethic: A History of Industrial Design to 1940* (Cambridge, Mass: MIT Press, 1983), pp. 348–53.

33. Blaser, W. *Mies van der Rohe: Furniture and Interiors* (Hauppauge, NY: Barrons Educational Series, Inc, 1982), De Fusco, R. *Le Corbusier designer I mobile del 1929* (Milan: Documenti di Casabella, Electa, 1976) and Wilk, C. *Marcel Breuer: Furniture and Interiors* (New York: MoMA, 1981).

34. Davies, K. 'Finmar and the Furniture of the Future: the sale of Alvar Aalto's plywood furniture in the UK, 1934–1939' *Journal of Design History* 1998; 11 (2): 145–56.

35. Handley, S. *Nylon: The Manmade Fashion Revolution* (London: Bloomsbury, 1999).

3 산업을 위한 디자이너^{The designer for industry}

1. Clark, H. *The Role of the Designer in Early Mass Production Industry* (미간행 박사 논문, University of Brighton, 1986).

2. Forty, A. *Objects of Desire* (London: Thames and Hudson, 1986).

3. Atterbury, P. and Irvine, L. *The Doulton Story* (London: V&A Museum, 1979).

4. Sparke, P. *Electrical Appliances* (London: Thames Hudson, 1986).

5. Naylor, G. *The Arts and Crafts Movement: A Study of Its Sources, Ideals and Influence on Design Theory* (London: Studio Vista, 1971)에서 인용

6. Halen, S. *Christoper Dresser* (Oxford: Phaidon, 1990).

7. Swartz, F. 'Commodity Signs: Peter Behrens and the AEG, and the Trademark' *Journal of Design History* 1996; 9 (3): 153–84.

8. Aynsley, J. *A Century of Graphic Design* (London: Mitchell Beazley, 2001), p. 6.

9. Hine, T. *The Total Package* (Boston: Little, Brown and Company, 1995), p. 84.

10. Hine, 1995, p. 87.

11. Leach, W. *Lands of Desire: Merchants, Power and the Rise of a New American Culture* (New York: Vintage Books, 1994).

12. Walker, L. 'Women and Architecture' in Artfield, J. and Kirkham, P. (eds) *A View from the Interior: Feminism, Women and Design* (London: The Women's Press, 1989).

13. Howe, K. S., Frelinghuysen, A. C. and Voorsanger, C. H. (eds) *Herter Brothers: Furniture and Interiors for a Gilded Age* (New York: Harry N. Abrams, Inc., Publishers, in association with the Museum of Fine Arts, Houston, 1994).

14. Peck, A. and Irish, C. Candace Wheeler: *The Art and Enterprise of American Design 1875-1900* (New Haven and London: Yale University Press, 2002).

15. Hampton, M. *Legendary Decorators of the Twentieth Century* (New York: Doubleday, 1992).

16. Kirkham, P. Sparke, P. and Gura, J. B. '"A Woman's Place..."? Women Interior Designers' in Kirkham (ed.) *Women Designers in the USA 1900-2000: Diversity and Difference* (New Haven and London: Yale University Press, 2000).

17. Pevsner, N. *Pioneers of Modern Design* (Hamondsworth: Penguin, 1968).

18. McConnell, P. 'SID-American hallmark of design integrity' *Art and Industry* 1949;

47, p. 84.

19. Sloan, A. P. *My Years with General Motors* (New York: Mcfadden–Bartell, 1965).

20. Sloan, 1965, p. 269.

21. Meikle, J. L. *Twentieth Century Limited: Industrial Design in America, 1925-1939* (Philadelphia: Temple University Press, 1979).

22. Meikle, 1979, p. 8.

23. 참조 Sparke, P. 'From a Lipstick to a Steamship: The Growth of the American Industrial Design Profession' in Bishop, T. (ed.) *Design History: Fad or Function?* (London: Design Council, 1978).

24. Ewen, S. *All Consuming Images: The Politics of Style in Contemporary Culture* (New York: Basic Books, 1988).

25. Ewen, 1988, p. 8.

26. Teague, W. D. *Design This Day: The Technique of Order in the Machine Age* (London: The Studio Publications, 1940).

27. Bel Geddes, N. *Horizons* (Boston: Little, Brown and Company, 1932).

28. Forty, A. *Objects of Desire: Design and Society, 1850-1980* (London: Thames and Hudson, 1986).

29. Bourdieu, P. *Distinction: A Social Critique of the Judgement of Taste* (London and New York: Routledge, 1986).

30. Bel Geddes Archive, Humanities Index, University of Texas, Austin, USA, File 199.

31. See Sparke, P. *Consultant Design: The History and Practice of the Designer in Industry* (London: Pembridge Press, 1983).

32. Wilk, C. *Marcel Breuer: Furniture and Interiors* (New York: MoMA, 1981).

33. Aynsley, J. A *Century of Graphic Design: Graphic design pioneers of the 20th century* (London: Mitchell Beazley, 2001), p. 15.

34. Rothschild, J. (ed.) *Design and Feminism: Revisioning Spaces, Places and Everyday Things* (New Brunswick, New Jersey and London: Rutgers University Press, 1999).

35. Seddon, J. and Worden, S. (eds) *Women Designing: Refining Design in Britain between the Wars* (Brighton: University of Brighton, 1994).

36. Sparke, P. *As Long as It's Pink: The Sexual Politics of Taste* (London: Pandora, 1995).

4 모더니즘과 디자인Modernism and design

1. Dorfles, G. *Introduction a l'Industrial Design* (Paris: Casterman, 1974), p. 15.

2. Pevsner, N. *Pioneers of Modern Design* (Harmondsworth: Penguin, 1960).

3. Banham, R. *Theory and Design in the First Machine Age* (London, Architectural Press, 1960).

4. Banham, p. 14.

5. Banham, p. 27.

6. Banham, p. 46.

7. Bourke, J. 'The Great Male Renunciation: Men's Dress Reform in inter-war Britain' *Journal of Design History* 1996; 9 (1); 23-33 and Burman, B. 'Better and Brighter Clothes: The Men's Dress Reform Party' *Journal of Design History* 1995; 8 (4): 275-90.

8. Naylor, G. *The Arts and Crafts Movement* (London: Academy Editions, 1972).

9. Steadman, P. *The Evolution of Designs* (Cambridge: Cambridge University Press, 1979), p. 33.

10. Durant, S. *Victorian Ornamental Design* (London: Academy Editions, 1972).

11. Schaefer, H. *Nineteenth-Century Modern: The Functional Tradition in Victorian Design* (London: Studio Vista, 1970).

12. Hounshell, S. *From the American System to Mass Production 1800-1932: The Development of Manufacturing Technology in the U.S.* (Baltimore and London: John Hopkins University Press, 1990).

13. Giedion, S. *Mechanisation Takes Command* (New York, Norton, 1948).

14. Greenough, H. *Form and Function: Remarks on Art, Design and Architecture* (Berkeley: University of California Press, 1947).

15. Greenough, 1947, p. 131.

16. Loos, A. *Ornament and Crime reprinted in Conrads, U. Programmes and Manifestoes on Twentieth-Century Architecture* (London: Lund Humphries, 1970).

17. Colomina, B. *Sexuality and Space* (Princeton, New Jersey: Princeton Architectural Press, 1992).

18. Greenhalgh, P. (ed.) *Art Nouveau 1890-1914* (London: V&A Publications, 2000).

19. Naylor, 1971, p. 184.

20. Tschudi-Madsen, S. *Art Nouveau* (London, Wiedenfeld and Nicholson, 1967), pp.

54–5.

21. Collins, P. *Changing Ideals in Modern Architecture* (London: Faber and Faber, 1965), pp. 267–8.

22. Greenhalgh, P. (ed.) *Modernism and Design* (London: Reaktion Books, 1990).

23. See Bojko, S. *New Graphic Design in Revolutionary Russia* (New York/Washington: Praeger Publishers, 1972).

24. Troy, N. *The De Stijl Environment* (Cambridge, Mass: MIT Press, 1983), p. 5.

25. Overy, P. *De Stijl* (London: Thames and Hudson, 1991).

26. Overy, 1991, p. 32.

27. Naylor, G. 'Swedish Grace... or the Acceptable Face of Modernism' in Greenhalgh, 1990, pp. 164–83 and Sparke, P. 'Swedish Modern: Myth or Reality' in *Svensk Form* (London: Design Council, 1981), pp. 15–20.

28. Sparke, 1980, p. 51.

29. Gropius, W. *The New Architecture and the Bauhaus* (London: Faber and Faber, 1935), p. 19.

30. Gropius, 1935, p. 51.

31. Klee, P. *Pedagogical Sketchbook* (London: Faber and Faber, 1953).

32. Gropius, 1935, p. 71.

33. De Zurkno, E. R. *Origins of Functionalist Theory* (New York: Columbia University Press, 1957).

34. Collins, 1965.

35. Le Corbusier *Towards a New Architecture* (London: The Architectural Press, 1974[1927]), p. 7.

36. Le Corbusier, 1974, p. 22.

37. 르 코르뷔지에(Le Corbusier)가 1927년 사보아 저택(Villa Savoie)을 지었을 때 리트펠트(Rietveld, G.)가 슈뢰더 저택(Schroder house)을 지었다.

38. Bullock, N. 'First the Kitchen-Then the Façade' *Journal of Design History* 1988; 1 (3 & 4): 177–92.

39. Thomson, E. M. '"The Science of Publicity": An American Advertising Theory, 1900–1920' *Journal of Design History* 1996; 9 (4): 253–69.

40. Bourke, J. 'The Great Male Renunciation: Men's Dress Reform in Inter–war Britain'

Journal of Design History 1996; 9 (1): 23—33 and Burman, B. 'Better and Brighter Clothes: The Men's Dress Reform Party' *Journal of Design History* 1995; 8 (4): 275—90.

41. Greenhalgh, 1990, p. 9.

42. Gropius, 1935, p. 92.

43. Sparke, P. *As Long As It's Pink: The Sexual Politics of Taste* (London: Pandora, 1995).

44. Sparke, 1995, p. 118.

5 아이덴티티 디자인하기|Designing identities

1. McCarthy, F. *A History of British Design 1830-1970* (London: George Allen and Unwin Ltd., 1979).

2. Heskett, J. *Design in Germany 1870-1918* (London: Trefoil, 1986).

3. Heskett, 1986, p. 58.

4. Greenhalgh, P. *Ephemeral Vistas: The Expositions Universelles, Great Exhibitions, and World's Fairs 1851-1939* (Manchester: Manchester University Press, 1988).

5. See Naylor, G. *The Arts and Crafts Movement* (London: Studio Vista, 1971).

6. Ernyey, G. Made in Hungary: *The Best of 150 Years in Industrial Design* (Budapest: Rubik Innovation Foundation, 1993).

7. Exhibition catalogue, *Josef Hoffmann 1870-1956: Architect and Designer* (London: Fischer Fine Art Gallery, 1977), pp. 5—6.

8. 참고 Crowley, D. 'Budapest: International Metropolis and National Capital' in Greenhalgh, P. (ed.) *Art Nouveau* 1890—1914 (London: V&A Publications, 2000).

9. Ernyey, 1993.

10. Ernyey, 1993, p. 24.

11. Lamanova, M. 'The New Art in Prague' in Greenhalgh, P. (ed.) *Art Nouveau* (London: V&A Publications, 2000).

12. Campbell, J. *The German Werkbund: The Politics of Reform in the Applied Arts* (Princeton, NJ: Princeton University Press, 1978), Burckardt, L. *The Werkbund: Studies in the History and Ideology of the Deutscher Werkbund* (London: Design Council, 1980) and Schwartz, F. *The Werkbund: Design Theory and Mass Culture Before the First World War* (New Haven and London: Yale University Press, 1996).

13. Campbell, 1978, p. 10.

14. Schwartz, 1996.

15. McFadden, D. *Scandinavian Modern Design 1880-1980* (New York: Harry Abrams, Inc., 1982).

16. Opie, J. 'Helsinki: Saarinen and Finnish Jugend' in Greenhalgh, P., 2000, p. 375.

17. See Moller, S. E. (ed.) *Danish Design* (Copenhagen: Det danske Selskab, 1974).

18. Silverman, D. L. *Art Nouveau in Fin-de-Siècle France: Politics, Psychology and Style* (Berkeley: University of California Press, 1989).

19. Tiersten, L. *Marianne in the Marketplace: Envisioning Consumer Society in Fin-de-Siècle France* (Berkeley: University of California Press, 2001).

20. Hobsbawm, E. J. *Nations and Nationalism since 1780* (Cambridge: Cambridge University Press, 1990), p. 141.

21. Hobsbawm, 1990, p. 141.

22. See Hitchcock, H. R. and Johnson, P. *The International Style* (New York: W. W. Norton and Co. Inc., 1966).

23. Newman, G. 'A survey of design in Britain, 1915–1939' in *British Design* (Milton Keynes: The Open University, 1975).

24. Greenhalgh, P. (ed.) *Art Nouveau 1890-1914* (London: V&A Publications, 2000).

25. Gronberg, T. *Designs on Modernity: Exhibiting the City in 1920s Paris* (Manchester: Manchester University Press, 1998), p. 11.

26. Gronberg, 1998, p. 30.

27. Dell, S. 'The Consumer and the Making of the Exposition Internationale des Arts Decoratifs et Industriels Modernes, 1907–1925' *Journal of Design History* 1999; 12 (4): 311–25.

28. Doordan, D. *Twentieth-Century Architecture* (London: Lawrence King, 2001).

29. 참고 Meikle, J. L. *Twentieth-Century Limited: Industrial Design in the USA*, 1925–1939 (Philadelphia, USA: Temple University Press, 2001), p. 62.

30. Ewen S. *Captains of Consciousness: Advertising and the Social Roots of Consumer Culture* (New York: McGraw Hill, 1977).

31. Bowlby, R. *Shopping with Freud* (London: Routledge, 1993).

32. Frederick, C. *Selling Mrs. Consumer: Christine Frederick & The Rise of Household*

Efficiency (New York: Business Bourse, 1929).

33. Sheldon, R. and Arens, E. *Consumer Engineering: A New Technique for Prosperity* (New York: Arno Press, 1932), p. 154.

34. 'Building the World of Tomorrow' *Art and Industry* 1939; 26 (154) April: 126.

35. Susman, W. I. 'The People's Fair: Cultural, Contradictions of a Consumer Society' in Harrison, H. A. and Cusker, J. P. *Dawn of a New Day: The New York World's Fair, 1939/40* (New York: Queens Museum of Art, 1980), p. 17.

36. Susman, 1980, p. 27.

37. 참고 Woodham, J. 'Images of Africa and Design in British Empire Exhibitions between the Wars' *Journal of Design History* 1989; 2 (1); 15-33.

38. Woodham, 1989, p. 22.

39. Examples include the De La Warr Pavilion in Bexhill, London Zoo's penguin pool and the Highpoint, Quarry hill and Lawn Road housing schemes.

40. Ryan, D. S. *The Ideal Home Through the 20ᵗʰ Century* (London: Hazar Publishing, 1997).

41. Elliott, D. 'Introduction' to *Devetsil: Czech Avant-garde Art, Architecture and Design of the 1920s and 1930s* (Oxford and London: Museum of Modern Art, 1990), p. 6.

42. Guidici, G. *Design Process*: Olivetti, 1908-1983 (Torino, Italy: Edizioni di Comunita, 1983), p. 16.

6 소비적 포스트모더니티^{Consuming postmodernity}

1. Hopkins, H. *The New Look: A Social History of the Forties and Fifties* (London, Secker and Warburg, 1964), p. 231.

2. 참고 Hebdige, D. 'Towards a Cartography of Taste 1935-1962' in Hebdige, D. *Hiding in the Light* (London and New York: Routledge, 1988), pp. 45-76.

3. De Grazia, V. 'Changing Consumption Regimes in Europe' in Strasser, S., McGovern, C. and Judt, M. *Getting and Spending: European and American Consumer Societies in the Twentieth Century* (Cambridge: Cambridge University Press, 1998), p. 61.

4. Merkel, I. 'Consumer Culture in the GDR' in Strasser, S., McGovern, C. and Judt, M.

Getting and Spending: European and American Consumer Societies in the Twentieth Century (Cambridge: Cambridge University Press, 1998), pp. 282–3.

5. Hopkins, 1964.

6. Galbraith, J. K. *The Affluent Society* (Harmondsworth: Penguin, 1958) and Carter, E. *How German is She? National Reconstruction and the Consuming Woman in the FRG and West Berlin 1945-1960* (Ann Arbor, MI: University of Michigan, 1996).

7. Williams, R. *Culture and Society 1780-1950* (London: Chatto and Windus, 1958).

8. 이 주제와 관련해 테오도르 아도르노(Theodor W. Adorno)와 막스 호르크하이머(Max Horkheimer)가 저술한 글 중 *Dialect of Enlightenment* (London: Verso, 1979 [1944]) 참조. See writings by Theodor W. Adorno and Max Horkeheimer on the subject, among them *Dialect of Enlightenment* (London: Verso, 1979 [1944]).

9. Williams, R. *Communications* (Harmondsworth: Penguin, 1968), p. 99.

10. Williams, 1968, p. 85.

11. Marling, K. A. *As Seen on TV: The Visual Culture of Everyday Life in America in the 1950s* (Cambridge, MA: Harvard University Press, 1994).

12. McDermott, C. 'Popular Taste and the Campaign for Contemporary Design in the 1950s' in Sparke, P. (ed.) *Did Britain Make It? & British Design in Context, 1946-1986* (London: Design Council, 1986), pp. 156–64.

13. Wilson, E. *Only Halfway to Paradise, Women in Postwar Britain, 1945-1968* (London and New York: Tavistock Publications, 1980), p. 38.

14. Reisman, D. *The Lonely Crowd: A Study of the Changing American Character* (New Haven and New York: Yale University Press, rev. ed., 1970).

15. 1948 Newson report, quoted in Wilson, E. *Only Halfway to Paradise, Women in Postwar Britain, 1945-1968* (London and New York: Tavistock Publications, 1980), p. 38.

16. Mort, F. 'Boy's own? Masculinity, style and popular culture in Chapman, R. and Rutherford, J. (eds) *Male Order* (London: Lawrence and Wishart, 1988).

17. Hine, T. Populuxe: *The Look and Life of America in the 1950s and 1960s, From Tailfins and TV Dinners to Barbie Dolls and Fallout Shelters* (New York: Alfred A. Knopf, 1986).

18. During, S. (ed.) *Cultural Studies Reader* (London and New York: Routledge, 1993).

19. Massey, A. *The Independent Group: Modernism and Mass Culture in Britain,*

1945-1959 (Manchester: Manchester University Press, 1995) and Whiteley, N. *Pop Design: Modernism to Mod* (London: Design Council, 1987).

20. Artfield, J. 'Inside Pram Town: A Case—Study of Harlow House Interiors, 1951—1961' in Artfield, J. and Kirkham, P. *A View From the Interior: Feminism, Women and Design* (London: The Women's Press, 1989), pp. 215—38.

21. Artfield and Kirkham, 1989, p. 17.

22. Friedan, B. *The Feminine Mystique* (Harmondsworth: Penguin, 1993 [1963]).

23. Hebdige, D. 'Object as Image': The Italian Scooter Cycle' in Hebdige, D. *Hiding in the Light* (London: Comedia, 1988), pp. 77 115.

24. See Clarke, A. *Tupperware: The Promise of Plastic in 1950s America* (Washington and London: Smithsonian Institution Press, 1999) and Peiss, K. *Hope in a Jar* (New York: Metropolitan Books, 1998).

25. 참조 Moller, S. E. (ed.) *Danish Design* (Copenhagen: Der Danske Selskab, 1974).

26. 참조 Venturi, R. *Complexity and Contradiction in Architecture* (New York: MoMA, 1966).

27. Venturi, 1966, p. 23.

28. Sparke, P. *Theory and Design in the Age of Pop* (미간행 박사논문, University of Brighton, 1975).

29. Lyotard, F. *The Postmodern Condition: A report on knowledge* (Manchester: Manchester University Press, 1984), p. 81.

30. Haug, W. H. *Critique of Commodity Aesthetics: Appearance, Sexuality and Advertising in Capitalist Society* (Oxford: Polity Press, 1986), p. 45.

31. Lehtonen, T. K. and Maenpaa, P. 'Shopping in the East Centre Mall' in Fall, P. and Campbell, C. (eds) *The Shopping Experience* (London: Sage, 1997).

32. Baudrillard, J. *Simulations* (New York: Semiotext, 1983).

33. Mort, F. *Cultures of Consumption: Masculinities and Social Space in Late Twentieth-Century Britain* (London and New York: Routledge, 1996).

34. Joanne Entwhistle '"Power dressing" and the Construction of the Career Woman' in Nava, M., Blake, Al, MacRury, I. and Richards, B. *Buy This Book: Studies in Advertising and Consumption* (London and New York: Routledge, 1997).

35. Lunt, P. and Livingstone, S. M. *Mass Consumption and Personal Identity:*

Everyday Economic Experience (Buckingham and Philadelphia: Open University Press, 1992).

36. Douglas, M. and Isherwood, B. *The World of Goods: Towards an Anthropology of Consumption* (Harmondsworth: Penguinm, 1978), p. 59.

37. Du Gay, P., Hall, S., Mackay, H. and Negus, K. (eds) *Doing Cultural Studies: The Story of the Sony Walkman* (Milton keynes: The Open University, 1997).

38. Bauman, Z. quoted in Warde, A. 'Consumers, Identity and Belonging: Reflections on Some Theses of Zygmunt Bauman' in Keat, R., Whiteley, N., and Abercrombie, N. *The Authority of the Consumer* (London and New York: Routledge, 1994).

39. Pavitt, J. (ed.) *Brand New* (London: V&A Publications, 2000).

40. Klein, N. *No Logo* (London: Flamingo, 2001), p. 4.

41. Dyson, J. *Against the Odds: An Autobiography* (London: Orion, 1997).

42. Hewison, R. *The Heritage Industry: Britain in a Climate of Decline* (London: Methuen, 1987), Samuel, R. *Theatres of Memory, Vol. 1: Past and Present in Contemporary Culture* (London: Verso, 1995) and Wright, P. *On Living in an Old Country: The National Past in Contemporary Britain* (London: Verso, 1985).

43. Urry, J. *Consuming Places* (London and New York: Routledge, 1995).

44. Wright, 1985, p. 5.

45. Urry, 1995, p. 177.

46. Eco, U. *Travels on Hyperreality* (New York: Harcourt Brace Jovanovich, 1986).

47. Zukin, S. *Landscapes of Power: form Detroit to Disneyland* (California: University of California Press, 1992).

48. Papanek, V. *Design for the Real World: Human Ecology and Social Change* (London: Thames and Hudson, 1972).

49. Jegou, F. 'Design and Social Innovation' *Azimuts* 2007; 29: 276.

50. Design Council. Case Studies: Design for Patient Dignity [http://www.designcouncil.org.uk/Case−studies/Design−for−Patient−Dignity/] (접속 17.07.2012).

51. University of the Arts, London, Design Against Crime: A Practice−Led Design Initiative [http://www.designagainstcrime.com/about−us/background−history/] (접속 17.07.2013).

52. Herman Miller, Inc. Environmental Advocacy [http://www.hermanmiller.com/

About—Us/Environmental—Advocacy] (접속 17.07.2012).

53. Nike, Inc. Sustainable Business at Nike, Inc. [http://www.nkebiz.com/responsiblity/] (접속 17.07.2013).

7 테크놀로지와 디자인: 새로운 동맹^{Technology and design: a new alliance}

1. Dupont: *The Autobiography of an American Enterprise* (Wilmington, Delaware: E. I. Du Pont de Nemours & Company, 1952), p. 119.

2. Hine, T. *Populuxe: The Look and Life of America in the '50s and '60s, From Tailfins and TV Dinners to Barbie Dolls and Fallout Shelters* (New York: Alfred A. Knopt, 1986), p. 70.

3. Hine, 1986, p. 128.

4. 참조 Hogan, M. J. *The Marshall Plan: America, Britain and the Reconstruction of Western Europe, 1947-1952* (Cambridge: Cambridge University Press, 1987).

5. Sparke, P. *Italian Design: 1870 to the Present* (London: Thames and Hudson, 1988).

6. Sparke, 1988 and Sparke, P. *Japanese Design* (London: Michael Joseph, 1987).

7. White, N. *Reconstructing Italian Fashion: America and the Development of the Italian Fashion Industry* (London and New York: Berg, 2000), p. 21.

8. Sparke, P. 'The Straw Donkey: Tourist Kitsch or Proto—Design? Craft and Design in Italy, 1945—1960' *Journal of Design History* 1998; 11 (1); 59-69.

9. Palmer, A. *Couture and Commerce: The Transatlantic Fashion Trade in the 1950s* (Toronto: UBC Press, 2001).

10. Palmer, 2001, p. 20.

11. Pulos, A. *The American Design Adventure 1940-1975* (Cambridge, Mass: MIT Press, 1988).

12. Pulos, 1988, p. 79.

13. Jackson, L. *Robin and Lucienne Day: Pioneers of Contemporary Design* (London: Mitchell Beazley, 2001).

14. Catterall, C. 'Perceptions of Plastics: A Study of Plastics in Britain 1945-1956' in Sparke, P. (ed.) *The Plastics Age: From Modernity to Postmodernity* (London: V&A Publications, 1990), pp. 68-9.

15. Sparke, P. 'Plastics and Pop Culture' in Sparke, P. (ed.) *The Plastics Age: From Modernity to Postmodernity* (London: V&A Publications, 1990), pp. 92-104.

16. Artfield, J. 'The Tufted Carpet in Britain: Its Rise from the Bottom of the Pile, 1952-70' *Journal of Design History* 1994; 7 (3): 205-16.

17. Pile, S. 'The Foundation of Modern Comfort: Latex foam and the Industrial Impact of Design on the British Rubber Industry, 1948-1958' in *One-Off: A Collection of essays by Postgraduate Students on the V&A/RCA Course in the History of Design* (London: V&A Museum, 1997).

18. Clarke, A. J. *Tupperware: The Promise of Plastic in 1950s America* (Washington and London: Smithsonian Institution Press, 1999).

19. Clarke, 1999, p. 10.

20. Handley, S. *Nylon: The Manmade Fashion Revolution* (London: Bloomsbury, 1999).

21. Sparke, P. *Italian Design: 1870 to the Present* (London: Thames and Hudson, 1988).

22. Blaszszy, R. *Imagining Consumers; Design and Innovation from Wedgwood to Corning* (Baltimore and London: John Hopkins University Press, 2000).

23. Blaszszyk, 2000, p. 275.

24. Kron, J. and Slesin, S. *High Tech* (New York: Potter, 1978).

25. Du Gay, P., Hall, S., Mackay, H. and Negus, K. (eds) *Doing Cultural Studies: The Story of the Sony Walkman* (Milton keynes: The Open University, 1997).

26. Reisman, D. *The Lonely Crowd: A Study of the Changing American Character* (New Haven and New York: Yale University Press, rev. ed., 1970).

27. Postman, N. *Technopoly: The Surrender of Culture to Technology* (New York: Vintage Books, 1993).

28. Postman, 1993, p. 7.

29. 참조 *The Design Journal* 2011; 14 (2) June.

30. Ive, J. 'The Apple Bites Back' *Design* 1998; (1) Autumn: 35-41.

31. Hounshell, D. *From the American System to Mass Production 1800-1932: The Development of Manufacturing Technology in the US* (Baltimore and London: John Hopkins University Press, 1982).

32. Sparke, P. *Japanese Design* (London: Michael Joseph, 1987).

33. Sabel, C. F. *Work and Politics; The Division of Labor in Industry* (Cambridge: Cambridge University Press, 1982).

34. Wright, Paul K. *21ˢᵗ Century Manufacturing* (New Jersey: Prentice-Hall Inc., 2001).

35. *Brit Insurance Designs of the Year* (London: Design Museum, 2010), p. 56.

36. Design Museum. Droog Design Collective [http://designmuseum.org/design/droog] (접속 17.07.12).

37. Wajcsman, J. *Feminism Confronts Technology* (Cambridge: Poloty, 1991), p. 137.

38. Scharff, V. 'Gender and Genius: The Auto Industry and Femininity' in Martinez, K. and Ames, K. L. *The Material Culture of Gender, the Gender of Material Culture* (Winterthur, DE: Henry Francis du Pont Winterthur Museum, 1997), p. 137.

39. Volvo Car Corporation, YCC: *Your Concept Car – by Women for Modern People.* Press Information [http://www.volvoclub.org.uk/press/pdf/presskits/YCCPressKit.pdf] (접속 17.07.12).

40. Horowitz, R. *Boys and their Toys? Masculinity, Class and Technology in America* (New York and London: Routledge, 2001).

41. Manzini, E. *The Materials of Invention: Materials and Design* (Milan: Arcadia, 1986), p. 66.

42. Manzini, 1986, p. 68.

43. Antonelli, P. 'Aluminium and the New Materialism' in Nichols, S. *Aluminium by Design* (New York: Harry N. Abrams, 2000), p. 185.

8 디자이너문화 ^{Designer culture}

1. 참조 Jackson, l. *The New Look: Design in the Fifties* (London: Thames and Hudson, 1991, Jackson, L. *The Sixties: Decade of Design Revolution* (London: Phaidon, 2000) and Hines, T. Populuxe: *The Look and Life of America in the '50s and '60s, from Tailfins to TV Dinners to Barbie Dolls and Fallout Shelters* (New York: Alfred A. Knopf, 1986).

2. Day, R. 'At the Robin Days' in *Daily Mail Ideal Home Yearbook 1953-4* (London: Daily Mail Publication, 1954).

3. Race, E. 'Design in Modern Furniture' in *Daily Mail Ideal Home Yearbook 1952-3*

(London: Daily Mail Publication, 1953), p. 62.

4. Hard af Segerstad, U. *Scandinavian Design* (Stockholm: Nordisk Rotogtavyr, 1961), p. 16.

5. Sparke, P. *Italian Design: 1870 to the Present* (London: Thames and Hudson, 1988).

6. Kirkham, P. *Charles and Ray Eames; Designers of the Twentieth Century* (Cambridge, MA, and London: MIT Press, 1995).

7. Kirkham, 1995, p. 61.

8. Kaufmann, Jr, E. *Introductions to Modern Design* (New York: MoMA, 1950), p. 9.

9. Kaufmann, 1950, p. 8.

10. Bayley, S. *Art and Industry* (London: Boilerhouse Project, 1982).

11. *Kenneth Grange at the Boilerhouse: An Exhibition of British Product Design* (London: Boilerhouse Project, 1983).

12. 참조 Aloi, R. *L'Arredamento Moderno* (Milan: Hoepli, 1955).

13. 참조 Murgatroyd, K. *Modern Graphic Design* (London: Studio Vista, 1969) and Aynsley J. *A Century of Graphic Design* (London: Mitchell Beazley, 2001).

14. Banham, R. (ed.) *The Aspen Papers: Twenty Years of Design Theory from the International Design Conference in Aspen* (London: Pall Mall Press, 1974).

15. Packard, V. *The Hidden Persuaders* (Harmondsworth: Penguin, 1957), V. The Waste-Makers (London: Longmans, 1961).

16. Ambasz, E. (ed.) *Italy: The New Domestic Landscape, Achievements and Problems of Italian Design* (New York: MoMA, 1972).

17. Foster, H. *Design and Crime* (London and New York: Verso, 2002).

18. Dyer, R. *Stars* (London: British Film Institute, 1992).

19. McDermott, C. *Street Style: British Design in the '80s* (London: Design Council, 1987).

20. Radice, B. and Sottsass, E. *Ettore Sottsass: A Critical Biography* (New York: Rizzoli, 1993).

21. Sweet, F. *Alessi: Art and Poetry* (London: Thames and Hudson, 1998) and *Alessi Design Factory* (London: Academy Editions, 1998).

22. Boissiere, O. *Philippe Starck* (Munich: Taschen, 1991) and Sweet, F. *Philippe*

Starck: Subverchic Design (London: Watson-Guptil, 1999).

23. 참조 Sparke, P. *A Century of Car Design* (London: Mitchell Beazley, 2002).

24. 참조 Wollen, P. and Kerr, J. (eds) *Autopia: Cars and Culture* (London: Reaktion Books, 2002).

25. 2002년 8월 15일 런던 디자인뮤지엄(Design Museum)에서 강연 J. Mays, Lecture given at the Design Museum, London, 15 August 2002.

26. Bayley, S. Philippe Starck's new reality TV show *The Observer* (6 September 2009) [http://www.guardian.co.uk/artanddesign/2009/sep/06/philippe—starck—reality—tv—show] (접속 18.07.12).

27. Nussbaum, B. 'The Power of Design' *Bloomberg Businessweek* 2004; May 16: 6-7 [http://www.businessweek.com/stories/2004—05—16/the—power—of—design] (접속 18.07.12).

28. Nussbaum, 2004.

29. Brown, T. and Wyatt, J. *Design Thinking for Social Innovation* (Palo Alto: Stanford Social Innovation Review, Winter 2012), p. 32.

30. Kelley, T., Littman, J. and Peters, T. *The Art of Innovation: Lessons in Creativity from IDEO, America's Leading Design Firm* (New York: Doubleday, 2001).

31. Julier, G. *The Culture of Design* (London: Sage, 2000), pp. 22-3.

32. Andersson, N. *Designed in Umeå* (Sweden: Infotain and Infobooks, 2009), p. 14.

33. Andersson, 2009, p. 116.

34. Rose, M. *The Emergence and Practice of Co-design as a Method for Social Sustainability under New Labour* (Draft PhD thesis, University of East London, Aug. 2011).

9 포스트모더니즘과 디자인Postmodernism and design

1. Arnheim, R. 'From Function to Expression' *Journal of Aesthetics and Arty Criticism* 1964; Fall: 31.

2. 레이몬드 로위(Loewy, R.)와 노먼 벨 게데스(Bel Geddes, N.)를 비롯한 당시 미국의 산업디자이너들은 그들이 존경했던 유럽의 모더니스트들의 발자취를 따라가고 있다고 주장했다.

3. Banham, R. 'A Throw-away Aesthetic' in Sparke, P. (ed.) *Reyner Banham: Design by Choice* (London: Academy Editions. 1980), pp. 90-3.

4. Kaufmann, Jr, E. 'Borax or the Chromium-Plated Calf' *Architectural Review* 1948; August: 88-93.

5. Whiteley, N. *Pop Design: Modernism to Mod* (London: Design Council, 1987), Massey, A. *The Independent Group: Modernism and Mass Culture in Britain 1945-59* (Manchester: Manchester University Press, 1995), Massey, A. and Sparke, P. 'The Myth of the Independent Group' in *Block,* (Middlesex University, 10, 1985), pp. 48-56 and Hebdige, D. 'In Poor Taste: Notes on Pop' in *Hiding in the Light* (London and New York: Routledge, 1988), pp. 116-43.

6. McCale, J. 'The Expendable Icon' *Architectural Review* 1959; Feb/March.

7. Barthes, R. *Mythologies* (London: Jonathan Cape, 1972), pp. 88, 99.

8. Dorfles, G. *Kitsch* (London: Studio Vista, 1969) and Moles, A. *Le Kitsch* (Paris: Maison Mame, 1971).

9. Boorstin, D. J. *The Image* (London: Weidenfeld and Nicholson, 1962), p. 186.

10. Boorstin, 1962, p. 16.

11. Masson, P. and Thorburn, a. 'Advertising: the American influence on Europe' in Bigsby, C. W. E. (ed.) *Superculture: American Popular Culture and Europe* (London: Paul Elek, 1975), p. 98.

12. See Hoggart, R. *The Uses of Literacy* (New Brunswick and London: Transaction Publishers, 1998) and Williams, R. *Culture and Society 1780-1950* (London: Chatto and Windus, 1958).

13. Hughes-Stanton, C. 'What comes after Carnaby Street? *Design* 1968; 230 Feb: 42-3.

14. Sparke, P. *Theory and Design in the Age of Pop* (unpublished PhD thesis, Brighton University, 1975).

15. Sparke, P. *Ettore Sottsass* (London: Design Council, 1982).

16. Venturi, R. *Complexity and Contradiction in Architecture* (New York: MoMA, 1966).

17. Lindinger, H. (intro.) *Hochschüle für Gestaltung, Ulm: Die Moral der Gegenstande* (Berlin: Ernst & Sohn, 1987).

18. Lyotard, J. F. *The Postmodern Condition: A Report on Knowledge* (Manchester: Manchester University Press, 1984).

19. These included Jean-Francois Lyotard's *The Postmodern Condition: A Report on*

Knowledge, originally published in 1979 by Editions de Minuit; Hal Foster (ed.) *The Anti-Aesthetic: Essays on postmodern culture* (Port Townsend: Bay Press, 1983); Frederic Jameson's essay 'Postmodernism, or the cultural logic of late capitalism' which appeared in *New Left Review* (1984; 146, July/Aug: 53-92); Andreas Huyssen's *After the Great Divide: Modernism, Mass Culture and Postmodernism* (London: MacMillan, 1986); David Harvey The Condition of Postmodernity (Oxford: Blackwell, 1989); and Linda Hutcheon *The Politics of Postmodernism* (London and New York: Routledge, 1989).

20. 참조 Habermas, J. 'Modernity – An Incomplete Project' in Foster, H. (ed.) *The Anti-Aesthetic: Essays on postmodern culture* (Port Townsend: Bay Press, 1983).

21. Wolff, J. *Feminine Sentences: Essays in Women and Culture* (Cambridge: Polity Press, 1983).

22. Huyssen, A. *After the Great Divide: Modernism, Mass Culture and Postmodernism* (London: MacMillan, 1986).

23. Harvey, 1989, p. 39.

24. Jamieson, 1984. 참조 Bourdieu, P. Distinction: *A Social Critique of the Judgement of Taste.* (London and New York: Routledge, 2010 [1979]).

25. Douglas, M. and Isherwood, B. *The World of Goods: Towards an Anthropology of Consumption* (London and New York: Routledge, 1996 [1979]).

26. Featherstone, M. *Consumer Culture and Postmodernism* (London: Sage, 1983).

27. Clarke, A. J. *Design Anthropology: Object Culture in the 21st Century* (New York: Springer, 2010).

28. Giddens, A. *Modernity and Self-Identity: Self and Society in the Late Modern Age* (California: Stanford University Press, 1991).

29. Said, E. *Culture and Imperialism* (New York: Vintage Books, 1994).

30. Jameson, C. in Foster, H. (ed.) *The Anti-Aesthetic: Essays on postmodern culture* (Port Townsend: Bay Press, 1983), p. 111.

31. McCracken, G. *Culture and Consumption: New Approaches to the Symbolic Character of Consumer Goods and Activities* (London: John Wiley and Sons, 1990), p. 105.

32. Jameson, C. in Foster, H. (ed.) *The Anti-Aesthetic: Essays on postmodern culture* (Port Townsend: Bay Press, 1983), p. 113.

33. Venturi, R. *Complexity and Contradiction in Architecture* (New York: MoMA, 1966).

34. Venturi, R., Scott-Brown, D., and Izenour, S. *Learning from Las Vegas: The Forgotten Symbolism of Architectural Form* (Cambridge, Mass: MIT Press, 1972).

35. Jencks, C. *The Language of Post-Modern Architecture* (London: Academy Editions, 1977), p. 96.

36. 참조 Collins, M. and Papadakis, A. *Post-Modern Design* (London: Academy Editions, 1989).

37. 참조 Sparke, P. *Japanese Design* (London: Michael Joseph, 1987).

38. Multi-disciplinary Design Network. *Lessons from America: Report on the Multi-disciplinary Design Education Fact-Finding Visit to the United States* (London: Design Council, 2006).

39. Multi-disciplinary Design Network, 2006.

40. Multi-disciplinary Design Network, 2006.

10 아이덴티티의 재정의Redefining identities

1. Huygen, F. *British Design: Image and Identity* (London: Thames and Hudson, 1989), pp. 19, 23.

2. Sparke, P. (ed.) *Did Britain Make it? British Design in Context, 1946-86* (London: The Design Council, 1986).

3. Oram, S. 'Constructing Contemporary': Common-sense Approaches to 'Going Modern' in the 1950s' in McKellar, S. and Sparke, P. (eds) *Interior Design and Identity* (Manchester: Manchester University Press, 2004).

4. McFadden, D. *Scandinavian Modern Design* (New York: Harry N. Abrams, 1982).

5. McFadden, 1982, p. 21.

6. Hard Af Segerstad, U. *Scandinavian Design* (London: Studio Books, 1961).

7. Pulos, A. *The American Design Ethic and The American Design Adventure* (Cambridge, MA: MIT Press, 1983 and 1988).

8. Spark, P. *Italian Design, 1879 to the Present* (London: Thames and Hudson, 1988) and *Japanese Design* (London: Michael Joseph, 1987).

9. Sabel, C. F. *Work and Politics: The Division of Labour in Industry* (Cambridge:

332

Cambridge University Press, 1982).

10. Sparke, P. 'Nature, Craft, Domesticity and the Culture of Consumption: The Feminine Face of Design in Italy 1945-60' *Modern Italy* 1999; 4 (1): 59-78.

11. 참조 Bayley, S. *Coca-Cola 1886-1986: Designing a Megabrand* (London: The Boilerhouse, 1986).

12. Bayley, 1986, p. 63.

13. Bayley, 1986, p. 62.

14. Hobsbawn, E. *The Invention of Tradition* (Cambridge: Cambridge University Press, 1992).

15. *Design Français 1960-1990: Trois Décennies* (Paris: Centre George Pompidou, 1990).

16. Narotzky, V. *An Acquired Taste: The Consumption of Design in Barcelona, 1975-1992* (unpublished PhD thesis, Royal College of Art, London, 2003).

17. Wright, P. *On Living in an Old Country: The National Past in Contemporary Britain* (London: Verso, 1985), p. 2.

18. Hewison, R. *The Heritage Industry: Britain in a Climate of Decline* (London: Methuen, 1987), p. 24.

19. Crowly, D. *National Style and National State: Design in Poland from the Vernacular Revival to the International Style* (Manchester: Manchester University Press, 1992).

20. Foxconn Electronics Co. About Foxconn [http://www.foxconn.com/CompanyIntro. html] (접속 19.07.12) and [http://en.wikipedia.org/wiki/Foxconn] (접속 19.07.12).

21. Lenovo Group Ltd [http://www.lenovo.com/uk/en/] (접속 19.07.12) and [http:// en.wikipedia.org/wiki/Lenovo] (접속 19.07.12).

22. Beijing National Stadium [http://www.n-s.cn/en/] (접속 19.07.12) and [http:// en.wikipedia.org/wiki/Beijing_National_Stadium] (접속 19.07.12).

23. Quoted in Franklyn, S., Lury, C., and Stacey, J. *Global Nature, Global Culture* (London: Sage, 2000), p. 2.

24. 바우만(Bauman, Z.)의 '신 부족(neo-tribes)'이란 용어는 워드(Warde, A.)의 'Consumers, Identity and Belonging: Reflections on Some Theses of Zygmunt Bauman'에서 인용됨. 키트(Keat R.), 휘틀리(Whiteley, N.), 아버크롬비(Abercrombie, N.)가 공동 편집한 *The Authority of the Consumer* (London and New York: Routledge, 1994, p. 58.

25. Oliver, T. *The Real Coke: The Real Story* (London: Elm Tree, 1986), Pendergast, M. *For God, Country and Coca-Cola* (London: Weidenfeld and Nicholson, 1993). and Miller, D. 'Coca-Cola: a black sweet drink from Trinidad' in Miller, D. (ed.) *Material Cultures: Why Some Things Matter* (London: UCI Press, 1998).

26. Falk, P. *The Consuming Body* (London: Sage, 1994), pp. 180-2 and 'The Benetton-Toscani Effect: Testing the Limits of Conventional Advertising' in Nava, M., Blake, A., MacRury, I. and Richards, B. *Buy This Book: Studies in Advertising and Consumption* (London and New York: Routledge, 1997) and Lury, C.' The United Colors of Diversity' in Franklin, S., Lury, C. and Stacey, J. (eds) *Global Nature, Global Culture* (London: Sage, 2000), pp. 146-87.

27. Lury, 2000, p. 167.

28. Du Gay, P., Hall, S., Janes, L., Mackay, H. and Negus, K. (eds) *Doing Cultural Studies: The Story of the Sony Walkman* (Milton Keynes: The Open University Press, 1997).

29. *Newdesign Magazine* (London: Design Council, July/August, 2002), p. 22

30. Kirkham, P. (ed.) *The Gendered Object* (Manchester and New York: Manchester University Press, 1996) and Martinez, K. and Ames, K. L. (eds) *The Material Culture of Gender: The Gender of Material Culture* (Winterthur, Delaware: Henry Francis du Pont Winterthur Museum, 1997).

31. Kirkham, 1996, p. 199.

32. Kirkham, 1996, p. 205.

참고문헌

서론^{Introduction}

1986년판 출간 이후, '디자인'과 '물질문화'에 대한 주제는 영어권 세계에서 전보다 널리 논의되었고, 이 주제에 대한 광범위하고, 분석적이며, 비판적인 접근을 시도한 책들이 나타났다.

- Adamson, G. *The Craft Reader* (London: Berg, 2009).
- Artfield, J. *Wild Things: The Material Culture of Everyday Life* (Oxford and New York: Berg, 2000).
- Clark, H. and Brody, D. *Design Studies: A Reader* (London: Berg, 2009).
- Dormer, P. *The Meanings of Modern Design: Towards the Twenty-First Century* (London: Thames and Hudson, 1990).
- Fallan, K. *Design History* (London: Berg, 2010).
- Foster, H. *Design and Crime (and other diatribes)* (London and New York: Verso, 2002).
- Heskett, J. *Toothpicks and Logos: Design in Everyday Life* (Oxford: Oxford University press, 2002).
- Highmore, B. *The Design Culture Reader* (London and New York: Routledge, 2008).
- Inns, T. (ed.) *Designing for the 21st Century: Interdisciplinary Questions and Insights* (London: Gower, 2010).
- Julier, G. *The Culture of Design* (London: Sage, 2000).
- Kwint, M., Breward, C. and Aynsley, J. *Material Memories: Design and Evocation* (Oxford: Berg, 1999).
- Lees-Maffei, G. and Houze, R. (eds) *The Design History Reader* (London: Berg, 2010).
- Margolin, V. (ed) *Design Discourse: History, Theory, Criticism* (Chicago: University of Chicago Press, 1989).
- Margolin, V. *The Politics of the Artificial: Essays on Design and Design Studies* (Chicago and London: Chicago University Press, 2002).

- Raizman, D. *History of Modern Design* (London: Laurence King, 2010).
- Sparke, P. *The Genius of Design* (London: Quadrille Publishing, 2010).
- Walker, J. *Design History and the History of Design* (London: Pluto Press, 1989).
- Woodham, J. *Twentieth-Century Design* (Oxford: Oxford University Press, 1997).

20세기 디자인의 개관에 관한 많은 책들이 또한 등장했는데, 대부분의 책들이 디자인 한 분야에 초점을 맞추고 있었다.

- Aynsley, J. *A Century of Graphic Design* (London, Mitchell Beazley, 2001).
- Breward, C. *Fashion* (Oxford: Oxford University Press, 2003).
- Calloway, S. *Twentieth-Century Decoration: The Domestic Interior from 1900 to the Present Day* (London: Weidenfeld and Nicholson, 1988).
- Crowley, D. and Jobling, P. *Graphic Design: Reproduction and Representation since 1800* (Manchester: Manchester University Press, 1996).
- Doordan, D. P. *Twentieth-Century Architecture* (London: Lawrence king, 2001).
- Edwards, C. *Twentieth-century Furniture: Materials, Manufacture and Markets* (Manchester: Manchester University Press, 1994).
- Forty, A. *Objects of Desire: Design and Society 1750-1980* (London: Thames and Hudson, 1986).
- Massey, A. *Interior Design of the 20th Century* (London: Thames and Hudson, 1990).
- Pile, J. *A History of Interior Design* (New York: John Wiley and Sons, 2000).
- Sparke. P. *A Century of Car Design* (London: Mitchell Beazley, 2002).
- Sparke. P. *The Modern Interior* (London: Reaktion Books, 2008).
- Sparke. P., Keeble, T., Martin, B. and Massey, A. *Designing the Modern Interior: From the Victorians to the Present Day* (London: Berg, 2009).

지난 20년간 수행되었던 디자인의 역사와 물질문화 분야에 대한 연구 대부분은 문화적 편향을 띠고 있었다. 광범위한 문화의 문제에 초점이 맞춰지고 있는 한편, 아직까지는 낮은 수준이긴 하지만, '정체성'은 특히 성별과 관련해서 뿐만 아니라 특히 후기제국주의와 유럽통합의 맥락에서 인종 및 민족과 관련되어 논쟁을 지배해왔다. 계층 문제 또한 디자인의 중요한 역사적 작업으로 남아있다. 여성과 디자인과 그리고 문화 사이의 관계에 대한 연구는, 현재 문화연구 범주 안에서 수행되고 있는 연구에 영향을 받고 있으며, 지난 20년 동안 눈에 띄게 진행되고 있다.

- Artfield, J. 'Feminist Critiques of Design' in Walker, J. Design History and the History of Design (London: Pluto Press, 1989).

- Artfield, J. and Kirkham, P. A View from the Interior: Feminism, Women and Design (London: The Woman's Press, 1989).

- Buckley, C. 'Made in Patriarchy: Towards a Feminist Analysis of Women in Design' Design Issues 1986; 3 (2): 251-62.

- Davis, F. Fashion, Culture and Identity (Chicago: Chicago University Press, 1992).

- De Grazia, V. and Furlough, E. The Sex of Things (Berkeley: University of California Press, 1996).

- Evans, C. and Thornton, M. Women and Fashion: A New Look (London: Quartet, 1989).

- Ferguson, M. Forever Feminine; Women's Magazines and the Cult of Femininity (London: Heinemann, 1983).

- Kirkham, P. (ed.) The Gendered Object (Manchester and New York: Manchester University Press, 1996).

- Martinez, K. and Ames, K. L. The Material Culture of Gender: The Gender of Material Culture (Wintherthur, Delaware: Henry Francis du Pont Wintherthur Musem, 1997).

- McKellar, S. and Sparke, P (eds) Interior Design and Industry (Manchester: Manchester University Press, 2004).

- Sparke, P. As Long as It's Pink: The Sexual Politics of Taste (London: Pandora, 1995).

이 책과 관련하여 가장 중요한 것은, 문화연구, 사회학, 소비 이론, 인류학, 사회심리학, 문학 및 문화 지리를 포함하는 인접 분야 학문으로 나온 거대한 이론적 연구가 디자인과 물질문화라는 주제에 대한 연구 방법에 있어 엄청난 영향을 주었으며, 이에 관련된 많은 연구 가운데 중요하고 유용한 연구는 다음과 같다:

- Apparudai, A. (ed.) The Social Life of Things: Commodities in Cultural Perspective (Cambridge: Cambridge University Press, 1986).

- Baudrillard, J. The System of Objects (London: Verso, 1996).

- Bourdieu, P. Distinction: A Social Critique of the Judgement of Taste (London and New York: Routledge, 1986).

- Campbell, C. *The Romantic Ethic and the Spirit of Modern Consumerism* (London: Basil Blackwell, 1987).

- Dittamar, H. *'Gender Identity: relation meanings of personal possessions'* British *Journal of Social Psychology* 1989; 28: 159-71.

- Douglas, M. and Isherwood, B. *The World of Goods: Towards and Anthropology of Consumption* (London and New York: Routledge, 1996).

- Ewen, S. *All Consuming Images: The Politics of Style in Contemporary Culture* (New York: Basic Books, 1988).

- Falk, P. *The Consuming Body* (London: Sage, 1994).

- Fine, B. and Leopold, E. *The World of Consumption* (London and New York: Routledge, 1993).

- Fiske, J. *Understanding Popular Culture* (London: Routledge, 1989).

- Haug, W. F. *Critique of Commodity Aesthetics* (Cambridge: Polity, 1986).

- Hebdige, D. *Hiding in the Light: On Images and Things* (London and New York: Routledge, 1988).

- Huyssen, A. *After the Great Divide: Modernism, Mass Culture and Postmodernism* (London: Macmillan, 1986).

- Lund, P. and Livingston, S. M. *Mass Consumption and Personal Identity: Everyday Economic Experience* (Buckingham and Philadelphia: Open University Press, 1992).

- McCracken, G. *Culture and Consumption: New Approaches to the Symbolic Character of Consumer Goods* (Bloomington and Indianapolis: Indiana University Press, 1988).

- McDowell, L. *Gender, Identity and Place: Understanding Feminist Geographies* (Cambridge: Polity, 1999).

- Miller, D. *Material Culture and Mass Consumption* (Oxford: Basil Blackwell, 1987).

- Mort, F. *Cultures of Consumption: Masculinities and Social Space in Late Twentieth-Century Britain* (London and New York: Routledge, 1996).

- Stewart, S. *On Longing: Narratives of the Miniature, the Gigantic, the Souvenir, the Collection* (Durham and London: Duke University Press, 1993).

- Sudjic, D. *The Language of Things: Design, Luxury, Fashion, Art: How We are Seduced by the Things Around Us* (London: Penguin, 2011).

또한 *Design History Journal* (Oxford University Press)과 *Design Issues: History, Theory, Criticism* (MIT Press), *The Design Journal* (Berg), *Fashion Theory* (Berg), *Home Cultures* (Berg), 그리고 *Interior* (Berg)와 같은 중요한 저널의 출현 역시 이 분야 연구를 위한 출구를 제공하는 데 도움을 주었다.

1 소비적 모더니티^{Consuming modernity}

Recommended reading

많은 책들이 소비문화, 물질문화 그리고 모더니티 사이의 관계성을 다루고 있다. 돈 슬레이터(Don Slater)의 *Consumer Culture and Modernity* (Cambridge: Cambridge University Press, 1997)는 유용한 개요를 제공하고 있으며, 사이먼 J. 브로너(Simon J. Bronner)의 에세이 편집본인 *Accumulation and Display of Goods in America, 1880-1920* (New York and London: W. W. Norton and Company, 1989)는 미국에서 어떻게 소비문화와 물질문화가 작동하는 가를 보여주며, 엘리자베스 윌슨(Elizabeth Wilson)의 두 권의 책 *Adorned in Dreams: Fashion and Modernity* (London: Virago, 1985)와 *The Sphinx in the City: Urban life, the Control of Disorder and Women* (London: Virago, 1991)은 패션과 성별, 도시경관과 근대성을 다루고 있으며, *Lands of Desire: Merchants, Power and the Rise of a New American Culture* (New York: Vintage Books, 1994)에서 윌리엄 리치(William Leach)는 미국의 도시풍경에서 백화점의 시각문화의 영향에 초점을 맞추었다. 태드 로건(Thad Logan)은 *The Victorian Parlour; A Cultural Study* (Cambridge: Cambridge University Press, 2001)에서 민간분야에서 공간의 문화적 분석을 위한 모델을 제공하고 있다.

Further reading

- Adburnham, E. S. *Shops and Shopping 1800-1914* (London: Allen and Unwin, 1981).
- Beetham, M. *A Magazine of her Own: Domesticity and Desire in the Woman's Magazine, 1800-1914* (London and New York: Routledge, 1996).
- Berman, M. *All That is Solid Melts into Air: The Experience of Modernity* (New York: Simon and Schuster, 1982).
- Bowlby, R. *Shopping with Freud* (London: Routledge, 1993).
- Bryden, I. and Floyd, J. (eds) *Domestic Space: Reading and Nineteenth-Century Interior* (Manchester and New York: Manchester University Press, 1999).
- Bushman, R. *The Refinement of America: Persons, Houses, Cities* (New York:

Vintage Books, 1993).

- Chaney, D. *'The Department Store as a Cultural Form' Theory, Culture and Society* 1983; 1 (3): 22-31.

- Davidoff, L. and Hall, C. *Family Fortunes: Men and Women of the English Middle Class, 1780-1850* (London: Routledge, 1987).

- Ewen, S. *Captains of Consciousness: Advertising and the Social Roots of Consumer Culture* (New York: McGraw Hill, 1977).

- Forde, K. *Hope in a Jar: The Making of America's Beauty Culture* (New York: Henry Holt and Co. Inc., 1998).

- Fraser, W. H. *The Coming of the Mass Market, 1850-1914* (London and Basingstoke: Macmillan, 1981).

- Frederick, C. *Selling Mrs. Consumer: Christine Frederick and The Rise of Household Efficiency* (New York: Business Bourse, 1929).

- Frisby, D. *Fragments of Modernity: Theories of Modernity in the Work of Simmel, Kraccauer and Benjamin* (Cambridge: Polity, 1985).

- Glickman, L. B. (ed.) *Consumer Society in American History: A Reader* (Ithaca and London: Cornell University Press, 1999).

- Grier, K. C. *Culture and Comfort: People, Parlors and Upholstery 1850-1930* (New York: The Stron Museum, 1988).

- Harris, N. *'The Drama of Consumer Desire' in Cultural Excursions: Marketing Appetites and Cultural Tastes in Modern America* (Chicago: University of Chicago Press, 1990).

- Hine, T. *The Total Package* (Boston: Little, Brown and Company, 1995).

- Jeffreys, J. B. *Retail Trading in Britain 1850-1950* (Cambridge: Cambridge University Press, 1954).

- Laermans, R. *'Learning to Consume: Early Department Stores and the Shaping of the Modern Consumer Culture* (1860-1914)' Theory, Culture and Society 1993; 10 (4); 79-102.

- Marchand, R. *Advertising the American Dream: Making Way for Modernity 1920-1940* (Berkeley: University of California Press, 1985).

- Mason, R. *Conspicuous Consumption: A Study of Exceptional Consumer*

Behavior (Hampshire: Gower, 1981).

- Miller, M. B. *The Bon Marche: Bourgeois Culture and the Department Store, 1869-1920* (Princeton, NJ: Princeton University Press, 1981).

- Rappaport, E. D. *Shopping for Pleasure: Women in the Making of London's West End* (Princeton, NJ: Princeton University Press, 2000.

- Richards, T. *The Commodity Culture of Victorian England: Advertising and Spectacle 1851-1914* (London and New York: Verso, 1990).

- Saints, A. (introduction) *London Suburbs* (London: Merrill Holberton, 1999).

- Scanlon, J. *Inarticulate Longings: The Ladies Home Journal, Gender and the Promise of Consumer Culture* (New York and London: Routledge, 1995).

- Strasser, S. *Satisfaction Guaranteed: The Making of the American Mass Market* (New York: Pantheon Books, 1989).

- Tester, K. (ed.) *The Flaneur* (London and New York: Routledge, 1994).

- Veblen, T. *The Theory of the Leisure Class* (London: Unwin, 1970).

2 기술의 영향The impact of technology

Recommended reading

비록 디자인에 대한 분석은 짧게 언급했지만, 미국의 산업화와 산업화의 물질 문화에 대한 영향을 다루는 가장 중요한 책은 의심의 여지없이, 데이비드 하운쉘(David Hounshell)의 *From the American System to Mass Production 1800-1932: The Development of Manufacturing Technology in the US* (Baltimore and London: John Hopkins University Press, 1982)이다. S. 기디온(S. Giedeion)의 *Mechanization Takes Command: A Contribution to Anonymous History* (New York: Norton, 1949)는 미국의 물질문화에 대한 산업화의 영향을 되돌아보고자 한 초기 시도였다. 루스 슈워츠 코완(Ruth Schwartz Cowan)의 'The Industrial Revolution in the Home: Household Technology and Social Change in the 20thCentury' in *Technology and Culture* (vol. 17, no. 1, Jan. 1976)는 가정영역에서의 기술의 영향에 대한 유용한 개요를 제공하고 있다. 재료와 모더니티에 관한 주제에는 J. 마이클(J. Meikle)의 *American Plastic: A Cultural History* (New Brunswick: Rutgers University Press, 1995)와 S. 니콜라스(S. Nicholas)의 *Aluminium by Design* (New York: harry N. Abrams, 2000)의 두 권이 책이 가장 유용할 것이다. 로버트 프리델(Robert Friedel)의 *Pioneer Plastic: The Making and Selling of Celluloid* (Wisconsin University of Wisconsin Press, 1983) 역시 중요한 자료이다.

Further reading

- Arnold, E. and Burr, L. 'Housework and the Appliance of Science' in Falkner, W. and Arnold, E. (eds) *Smothered by Invention* (London: Pluto Press, 1985).
- Bayley, S. *Harley Earl* (London: Trefoil, 1990).
- Beecher, C. and Stowe, H. B. *The American Woman's Home* (New York: J. B. Ford and Co., 1870).
- Bullock, N. 'First the Kitchen – Then the Fa-ade' *Journal of Design History* 1988; 1 (3 and 4): 177-92.
- Clifford, H. and Turner, R. 'Modern Metal' in Greenhalgh, P. (ed.) *Art Nouveau 1890-1914* (London: V&A Publications, 2000).
- Cowan, R. S. *More Work for Mother: The Ironies of Household Technology from the Open Hearth to the Microwave* (New York: Basic Books, 1983).
- De Wolfe, E. *The House in Good Taste* (New York: Century, 1913).
- Dubois, J. H. *Plastics History USA* (Boston: Cahners, 1972).
- Frederick, C. *Household Engineering and Scientific Management in the Home* (Chicago: American School of Home Economics, 1919).
- Frederick, C. *The Housekeeping: Efficiency Studies in Home Management* (New York: Garden City, Doubleday Page, 1913).
- Horowitz, R. and Mohun, A. (eds) *His and Hers: Gender, Consumption and Technology* (Charlottesville and London: The University of Virginia Press, 1998).
- Ierley, M. *The Comforts of Home: The American House and the Evolution of Modern Convenience* (New York: Three Rivers Press, 1999).
- Katz. S. *Plastics: Design and Materials* (London: Studio Vista, 1978).
- Kaufman, M. *The First Century of Plastics* (London: Plastics Institute, 1963).
- Lupton, E. and Abbott Miller, J. *The Bathroom, the Kitchen and the Aesthetics of Waste: A Process of Elimination* (Cambridge, Mass: MIT Press, 1992).
- MacKenzie, D. and Wajcman, J. *The Social Shaping of Technology* (Milton Keynes and Philadelphia: Open University Press, 1985).
- Mayr, O. and Post, R. C. (eds) *Yankee Enterprise: The Rise of the American System of Manufactures* (Washington: Smithsonian Institution Press, 1981).

- Meikle, J. 'New Materials and Technologies' in Benton, T., Benton, C. and Wood, G. *Art Deco 1910-1919* (London, V&A Publications, 2003).
- Sparke, P. *Electrical Appliances* (London: Bell and Hyman, 1987).
- Stage, S. and Vincenti, V. B. (eds) *Rethinking Home Economics: Women and the History of a Profession* (Ithaca and London: Cornell University Press, 1997).
- Strasser, S. *Never Done: A History of American Housework* (New York: Henry Holt and Co., 1982).

3 산업을 위한 디자이너 The designers for industry

Recommended reading

산업을 위한 디자이너의 등장과 그러한 근대적인 현상의 문화적 파급 효과에 대한 중요한 주제를 다룬 문헌은 매우 드물다. 나의 책, *Consultant Designer: The History and Practice of the Designer in Industry* (London: Pembridge Press, 1983)는 비록 오래전에 쓰여졌긴 했지만, 그 주제에 대한 간단한 개요를 제공하며 'From a Lipstick to a Steamship: The Growth of the American Industrial Design Profession' in Bishop, T. (ed.) *Design History: Fad or Function?* (London: Design Council, 1878)은 아마도 근대적인 산업디자이너의 기원에 대한 논의를 시작하는데 도움을 줄 것이다. 제프리 마이클(Jeffrey Meikle)의 *Twentieth-Century Limited: Industrial Design in America 1925-1939* (Philadelphia: Temple University Press, 1979)은 여전히 문화적 관점에서 본 미국의 산업디자이너에 관한 최고의 책이다. 한편 그레고리 보톨라토(Gregory Votolato)의 *American Design in the Twentieth Century* (Manchester: Manchester University Press, 1998)는 그에 대한 좋은 보충자료이다. 이자벨 앤스콤(Isabelle Anscombe)의 *A Woman's Touch: Women in Design from 1860 to the Present Day* (London: Virago, 1984)는 당시 상황에서 제외된 모든 여성디자이너들을 알리는데 있어 유용한 책이다.

Further reading

- Atterbury, P. and Irvine, L. *The Doulton Story* (London: V&A Publications 1979).
- Bel Geddes, N. *Horizons* (New York: Dover Publications, 1977).
- Buckley, C. 'Design, Femininity, and Modernism: Interpreting the work of Susie Cooper' *Journal of Design History* 1994; 7 (4): 277-93.
- Callen, A. *Angel in the Studio: Women in the Arts and Crafts Movement* (London: Astragal Books, 1979).

- Campbell, N. and Seebohm, C. *Elsie de Wolfe: A Decorative Life* (London: Aurum Press, 1992).
- Cheney, S. and M. *Art and the Machine* (New York: McGraw Hill, 1936).
- Clark, H. *The Role of the Designer in the Early Mass Production Industry* (unpublished PhD thesis: University of Brighton, 1982).
- De la Haye, A. and Tobin, S. *Chanel: The Couturiere at Work* (London: Overlook Press, 1994).
- De Marly, D. *Worth: Father of Haute Couture* (London: Elm Tree Books, 1980).
- Dreyfuss, H. *Designing for People* (New York: Viking Press, 1955).
- Flinchum, R. *Henry Dreyfuss, Industrial Designer: The Man in the Brown Suit* (New York: Cooper-Hewitt, National Design Museum and Rizzoli, 1997).
- Halen, S. Christopher Dresser (London, Phaidon, 1990).
- Hampton, M. *Legendary Decorations of the Twentieth Century* (New York: Doubleday, 1992).
- Howe, K. S., Frelinghuysen, A. C. and Voorsanger, C. H. (eds) *Herter Brothers, Furniture and Interiors for a Gilded Age* (New York: Harry N. Abrams, Inc., Publishers, in association with the Museum of Fine Arts, Houston, 1995).
- Loewy, R. *Never Leave Well Enough Alone* (New York: Simon and Schuster, 1951).
- Naylor, G. *The Arts and Crafts Movement: A Study of its Sources, Ideals and Influence on Design Theory* (London: Studio Vista, 1971).
- Peck, A. and Irish, C. Candace *Wheeler: The Art and Enterprise of American Design 1975-1900* (New York: The Metropolitan Museum of Art, 2002).
- Pulos, A. *The American Design Ethics* (Cambridge, Mass: The MIT Press, 1983).
- Richards, C. *Art in Industry* (New York: Macmillan, 1922).
- Schwartz, F. 'Commodity Signs: Peter Behrens, the AEG and the Trademark' *Journal of Design History* 1996; 9 (3): 153-84.
- Seddon, J. and Worden, S. *Women Designing: Redefining Design in Britain Between the Wars* (Brighton: University of Brighton, 1991).
- Sloan, A. J. *My Years at General Motors* (New York: Macfadden-Bartell, 1965).
- Teague, W. D. *Design This Day: The Technique of Order in the Machine Age* (London: Studio Publications, 1946).

- Thomson, E. M. '"The Science of Publicity": An American Advertising Theory' *Journal of Design History* 1966; 9 (4): 253-72.
- Van Doren, H. *Industrial Design: A Practical Guide* (New York: McGraw Hill, 1940).
- Weltge, S. W. *Bauhaus Textiles: Women Artists and the Weaving Workshop* (London: Thames and Hudson, 1998).

4 모더니즘과 디자인 Modernism and design

Recommended reading

모던 건축과 이론적 토대의 주제에 관한 문헌은 광범위하지만 모던디자인에 관해서는 그렇지 못하다. 왜 나하면 20세기 초 디자인사고는 건축에 의해 주도되었기 때문에 건축문헌에 대한 종속성이 상당한 정도로 존재한다. 따라서 레이너 밴험(Reyner Banham)의 *Theory and Design in the First Machine Age* (London: Architectural Press, 1960)는 이러한 맥락에서 중요한 책이며, 벤튼(T. Benton)과 샤프(D. Sharp)의 *Form and Function: A Source Book for a History of Architecture and Design 1890-1939)* (London: Crosby, Lockwood and staples, 1975)은 약간 오래전에 쓰여지긴 했지만 아직 모더니즘디자인의 연구에 유용한 개론을 제공하고 있다. 폴 그린할(Paul Greenhalgh)의 *Modernism and Design* (London: Reaktion Books, 1990)은 광범위하게 문화운동과 디자인 사이의 관계성을 직접적으로 조명한 유일한 책이며, 한편 마크 위글리(Mark Wigley)의 *White Walls, Designer Dresses: the Fashioning of Modern Architecture* (Cambridge, Mass: MIT Press, 1995)는 건축과 디자인의 모더니즘에 대해 보다 비평적이고 회고적인 분석을 보여준다.

Further reading

- Bojko, S. *New Graphic Design in Revolutionary Russia* (New York and Washington: Praeger, 1972).
- Bourke, J. 'The Great Male Renunciation: Men's Dress Reform in inter-war Britain' *Journal of Design History* 1996; 9 (1); 23-33.
- Burnam, B. 'Better and Brighter Clothes: The Men's Dress Reform Party' *Journal of Design History* 1995; 8 (4); 275-90.
- Collins, P. *Changing Ideals in Modern Architecture, 1750-1950* (London: Faber And Faber, 1965).

- Colomina, B. *Privacy and Publicity: Modern Architecture as Mass Media* (Cambridge, Mass: MIT Press, 1994).
- Colomina, B. *Sexuality and Space* (Princeton, New Jersey: Princeton Architectural Press, 1992).
- Conrads, U. (ed.) *Programmes and Manifestoes on Twentieth-Century Architecture* (London: Lund Humphries, 1970).
- De Zurko, E. R. *Origins of Functionalist Theory* (New York: Columbia University Press, 1957).
- Frampton, K. *Modern Architecture: A Critical History* (London: Thames and Hudson, 1985).
- Greenhalgh, P. (ed.) *Art Nouveau 1890-1914* (London: Thames and Hudson, 1985).
- Greenough H. *Form and Function: Remarks on Art, Design and Architecture* (Los Angeles: University of California Press, 1969).
- Gropius, W. *The New Architecture and the Bauhaus* (London: Faber and Faber, 1968).
- Jencks, C. *Modern Movement in Architecture* (Harmondsworth: Penguin, 1973).
- Le Corbusier *The Decorative Art of Today* (Cambridge, Mass: MIT Press, 1987).
- Le Corbusier *Towards a New Architecture* (London: The Architectural Press, 1974).
- Loos, A. *Spoken into the Void: Collected Essays 1897-1900* (Cambridge, Mass: MIT Press, 1982).
- Naylor, G. 'Swedish Grace…. Or the Acceptable Face of Modernism' in Greenhalgh, P. *Modernism and Design* (London: Reaktion Books, 1990), pp. 15-20.
- Naylor, G. *The Bauhaus Re-Accessed: Sources and Design Theory* (London: Herbert Press, 1985).
- Overy, P. Light, *Air and Openness: Modern Architecture Between the Wars* (London: Thames and Hudson, 2008).
- Pevsner, N. *Pioneers of Modern Design: From William Morris to Walter Gropius* (Harmondsworth: Penguin, 1960).
- Schaefer, H. *Nineteenth-Century Modern: The Functional Tradition in Victorian Design* (London: Studio Vista, 1970).

- Steadman, P. *The Evolution of Design* (Cambridge: Cambridge University Press, 1979).
- Troy, N. *The De Stijl Environment* (Cambridge, Mass: MIT Press, 1983).

5 아이덴티티 디자인하기^{Designing identities}

Recommended reading

많은 연구가 국가가 손쉽게 다룰 수 있는 이데올로기적 도구로서 디자인에 초점을 맞추고 있다. 폴 그린할(Paul Greenhalgh)의 *Ephermeral Vistas: The Expositions Universelles, Great Exhibitions, and World's Fairs 1951-1939* (Manchester: Manchester University Press, 1988)는 20세기 전반부 디자인이 활약을 보였던 모든 중요전시회의 개관을 제공하고 있다. 설계 근대성이라는 제목의 에세이 웬디 캐플란(Wendy Caplan)의 *Designing Modernity: The Arts of Reform and Persuasion 1885-1945* (Miami and London: Wolfsonian/Thames and Hudson, 1995)이란 이름의 논문집은 많은 국가들이 디자인과 모더니티 사이의 연결성을 개발하고자 찾던 방식의 유용한 내용이다. 존 헤스켓(John Heskett)은 그의 책 *Design in Germany 1870-1918* (London: Trefoil, 1986)에서, 독일의 근대디자인과의 전략적인 관계를 밝혔으며 한편 태그 그론버그(Tag Gronberg)는 *Designs on Modernity: Exhibiting the City in 1920s Paris* (Manchester: Manchester University Press, 1998)에서 프랑스가 어떻게 디자인을 통해 모더니티의 전혀 다른 모델을 개발했는지를 보여준다.

Further reading

- Ansley, J. *Graphic Design in Germany 1890-1945* (London, Thames and Hudson, 2000).
- Burchkhardt, L. *The Werkbund: Studies in the History and Ideology of the Deutcher Werkbund* (London: Design Council, 1980).
- Bush, D. *The Streamlined Decade* (New York: George Braziller, 1975).
- Calkins, E. 'Beauty, the New Business Tool' *The Atlantic Monthly 1927*, 14 August: 145-6.
- Campbell, J. *The German Werkbund: The Politics of Reform in the Applied Arts* (Princeton, New Jersey: Princeton University Press, 1978).
- Commune id Milano *L'anni trenta, arte e cultura in Italia* (Milan: Mazotta, 1982).
- Crowley, D. 'Budapest: International Metropolis and National Capital' in Greenhalgh,

P. *Art Nouveau 1890-1914* (London: V&A Publications, 2000).

- Crowley, D. 'Finding Poland in the Margins: The case of the Zakopane Style' *Journal of Design History* 2001; 14 (2): 105-16.

- Crowley D. *National Style and National State; Design in Poland from the Vernacular Revival to the International Style* (Manchester: Manchester University Press, 1992).

- Fell, S. 'The Consumer and the Making of the Exposition des Art Decoratifs et Industriels Modernes, 1907-1925' *Journal of Design History* 1999; 12 (4); 311-25.

- Elliott, D. 'Introduction' to *Devetsil: Czech Avant-Garde Art, Architecture and Design of the 1920s and 1930s* (Oxford and London: Museum of Modern Art, 1990).

- Gebhard, D. 'The Moderne in the USA, 1920-41' *Architectural Association Quarterly* 1970; 2 July.

- Gordon Bowe, H. (ed.) *Art and the National Dream: The Search for Turn of the Century Vernacular Design* (Dublin: Irish Academic Press, 1993).

- Grief, M. *Depression Modern – the '30s Style in America* (New York: Universe Books, 1975).

- Guidici, G. *Design Process: Olivetti, 1908-1983* (Torino, Italy: Edizioni di Communita, 1983).

- Harrison, H. A. (ed.) *Dawn of a New Day: the New York World's Fair, 1939/40* (New York: New York University Press, 1980).

- Hobsbawn, E. *Nations and Nationalisms since 1780* (Cambridge: Cambridge University Press, 1990).

- Johnson, P. and Hitchcock, H. R. *The International Style* (New York: W. W. Norton & Co, Inc., 1966).

- Lamarova, M. 'The New Art in Prague' on Greenhalgh, P. *Art Nouveau 1890-1914* (London: V&A Publications, 2000).

- Light, A. *Forever England: Femininity, Literature and Conservatism Between the Wars* (London and New York: Routledge, 1991).

- Opie, J. 'Helsinki: Saarinen and Finnish Jugend' in Greenhalgh, P. *Art Nouveau 1890-1914* (London: V&A Publications, 2000).

- Schwartz, F. *The Werkbund: Design Theory and Mass Culture before the First*

World War (New Haven and London: Yale University Press, 1996).

- Sheldon, R. and Arens, E. *Consumer Engineering: A New Technology for Prosperity* (New York: Arno Press, 1976).

- Silverman, D. L. *Art Nouveau in Fin-de-Siecle France: Politics, Psychology and Style* (Los Angeles: University of California Press, 1989).

- Tiersten, L. *Marianne in the Market: Envisioning Consumer Society in Fin-de-Siecle France* (Berkeley: University of California Press, 2001).

- Troy, N. *Modernism and the Decorative Arts in France: Art Nouveau to Le Corbusier* (New Haven: Yale University Press, 1991).

6 소비적 포스트모더니티^{Consuming Postmodernity}

Recommended reading

많은 연구들이 2차 대전 후 몇 년 동안 대량소비의 기후가 변화한 방법에 초점을 맞추고 있다. 지리학자 데이비드 하비(David Harvey)는 *The Condition of Postmodernity: An Enquiry in the Origins of Cultural Change* (Oxford: Basil Blackwell, 1989)에서 그러한 변화에 대해 밝히고 있다. 문화비평가 딕 헵디지(Dick Hebdige)는 *'Towards a Cartography of Taste 1935-1962' in Hebdige, D. Hiding in the Light* (London and New York: Routledge, 1988)에서 전후 초기 영국에 영향을 준 미국 문화에 대해 조명하고 있고, 한편 프랭크 모트(Frank Mort)는 M. 나바(M. Nava), A. 블레이크(A. Blake), I. 맥루리(I. MacRury), B. 리처드(B. Richards)가 공동으로 편집한 *Buy This Book: Studies in Advertising and Consumption* (London and New York: Routledge, 1997)에 실린 'Mass Consumption in Britain and the USA since 1945'에서 영국과 미국의 구체적인 소비패턴의 변화를 조망했다. 롭 쉴즈(Rob Shields)는 *Lifestyle Shopping: The Subject of Consumption* (London and New York: Routledge, 1992)에서 라이프스타일의 아이디어가 어떻게 소비행위를 통해 상품의 취득으로 연결되었는지를 보여주고 있다.

Further reading

- Artfield, J. 'Inside Pram Town: A Case-Study of Harlow House Interiors' in Artfield, J. and Kirkham, P. (eds) *A View from the Interior: Feminism, Women and Design* (London: The Women's Press, 1989).

- Baudrillard, J. *Simulations* (New York: Semiotext, 1983).

- Bigsby, C. W. (ed.) *Superculture: American Popular Culture and Europe* (London:

Paul Elek, 1975).

- Boorstin, D. *The Americans: The Democratic Experience* (New York: Random House, 1973).

- Breward C. and Wood, G. *British Design From 1948: Innovation in the Modern Age* (London: V&A Publications, 2012).

- Carter, E. *How German is She? National Reconstruction and the Consuming Woman in the FRG and West Berlin 1945-1960* (Ann Arbor, MI: University of Michigan, 1996).

- Cooper, R. *Constructing Futures* (London: Wiley-Blackwell, 2010).

- De Grazia, V. 'Changing Consumption Regimes in Europe' in Strasser, S., McGovern, C. and Judt, M. *Getting and Spending: European and American Consumer Societies in the Twentieth-Century* (Cambridge: Cambridge University Press, 1998).

- Du Guy, Pl, Hall, Sl, Janes, L., Mackey, H. and Negus, K. (eds) *Doing Cultural Studies: The Story of the Sony Walkman* (Milton Keynes: The Open University, 1997).

- Eco, U. *Travels in Hyperreality* (New York: Harcourt Brace Jovanovich, 1986).

- Entwhistle, J. '"Power Dressing" and the Construction of the Career Woman' in Nava, M., Blake, A., MacRury, I. and Richards, B. *Buy This Book: Studies in Advertising and Consumption* (London and New York: Routledge, 1997).

- Fuad-Luke, A. *The Eco-Design Handbook: A Complete Sourcebook for the Home and Office* (London: Thames and Hudson, 2009).

- Galbraith, K. *The Affluent Society* (Harmondsworth: Penguin, 1958).

- Gartman, D. *Auto Opium: A Social History of the American Automobile* (London and New York: Routledge, 1994).

- Hebdige, D. 'Object as Image: The Italian Scooter Cycle' in Hebdige, D. *Hiding in the Light* (London and New York: Routledge, 1988) pp. 77-115.

- Heller, S. *Citizen Designer* (New York: Allworth Press, 2003).

- Hewison, R. *The Heritage Industry: Britain in a Climate of Decline* (London: Methuen, 1987).

- Lewis, F. L. and Goldstein, L. (eds) *The Automobile and American Culture* (Michigan: University of Michigan Press, 1998).

- Lowenthal, D. *The Past is a Foreign Country* (Cambridge: Cambridge University Press, 1985).

- Lyotard, F. *The Postmodern Condition: A Report on Knowledge* (Manchester: Manchester University Press, 1984).

- Marling, K. A. *As Seen on TV: The Visual Culture of Everyday Life in America in the 1950s* (Cambridge, Mass: Harvard University Press, 1994).

- McDonagh, D. *Design and Emotion* (New York, CRC Press, 2003).

- Merkel, I. 'Consumer Culture in the GDR' in Strasser, S., McGovern, C., Hudt, M. *Getting and Spending: European and American Consumer Societies in the Twentieth-Century* (Cambridge: Cambridge University Press, 1998).

- Mort, F. 'Boy's Own? Masculinity, Style and Popular Culture' in Chapman, R. and Rutherford, J. (eds) *Male Order* (London: Lawrence and Wishart, 1995).

- Norman, D. A. *Emotional Design: Why We Love (or Hate) Everyday Things* (London: Basic Books, 2005).

- Proctor, R. *1000 New Eco Designs and Where to Find Them* (London: Laurence King, 2009).

- Reisman, D. *The Lonely Crowd: A Study of the Changing American Character* (New Haven and London: Yale University Press, 1970).

- Samuel, R. *Theatres of Memory, Vol. 1: Past and Present in Contemporary Culture* (London: Verso, 1995).

- Schifferstein, H. N. J. and Hekkert, P. (eds) *Product Experience* (London: Elsevier Science, 2007).

- Scranton, P. (ed.) *Beauty and Business Commerce, Gender and Culture in Modern America* (New York and London: Routledge, 2001).

- Urry, J. *Consuming Places* (London: Routledge, 1995).

- Urry, J. *The Tourist Gaze: Leisure and Travel in Contemporary Societies* (London: Sage, 1990).

- Warde, A. 'Consumers, Identity and Belonging: Reflections on some theses of Zygmuny Bauman' in Keat, Rl, Whiteley, Nl, and Abercrombie, N. *The Authority of the Consumer* (New York and London: Routledge, 1994).

- Whiteley, N. *Design for Society* (London: Reaktion Books, 1994).

- Williams, R. *Culture and Society 1780-1950* (London: Chatto and Windus, 1958).

- Wilson, E. *Only Halfway to Paradise, Women in Postwar Britain 1945-1968* (London and New York: Tavistock Publications, 1980).

- Wollen, P. and Kerr, J. (eds) *Autopia: Cars and Culture* (London: Reaktion Books, 2002).

- Wright, P. *On Living in an Old Country: The National Past in Contemporary Britain* (London: Verso, 1985).

7 테크놀로지와 디자인: 새로운 동맹^{Technology and design: a new alliance}

Recommended reading

2차 대전 후 하나의 중요한 양상은 후기산업주의로의 전환이었다. 이 중 하나의 모습은 획일화된 대량생산으로부터의 이동과 연결되어 있었는데, 찰스 세이블(Charles Sabel)과 조나단 제이틀린(Jonathan Zeitlin)이 쓴 *World of Possibilities: Flexibility and Mass Production in Western Industrialization* (Cambridge: Cambridge University Press, 1997)은 이러한 주제를 다루고 있다. 1999년에 등장한 중요한 두 책, 즉 앨리슨 클라크(Alison Clarke)의 *Tupperware: the Promise of Plastics in 1950s America* (Washington and London: Smithsonian Institution Press, 1999)와 수잔나 핸들리(Susannah Handley)의 *Nylon: The Manmade Fashion Revolution* (London: Bloomsbury, 1999)은 모두 재료, 문화, 그리고 디자인 사이의 중요한 연결성에 초점을 맞추고 있다. 파올라 안토넬리(Paola Antonelli)의 *Mutant Materials in Contemporary Design* (New York: Museum of Modern Art, 1995)은 20세기 말 새로운 소재와 디자인이 어떻게 함께 작업했는지를 보여준다.

Further reading

- Artfield, J. 'The Tufted Carpet in Britain: Its Rise from the Bottom of the Pile, 1952-70' *Journal of Design History* 1994; 7 (3): 205-16.

- Berger, S. and Piore, M. J. *Dualism and Discontinuity in Industrial Society* (Cambridge: Cambridge University Press, 1980).

- Blaszczyk, R. *Imagining Consumers: Design and Innovation from Wedgewood to Corning* (Baltimore and London: The John Hopkins Press, 2000).

- Borries, F. Von *Apple Design: the History of Apple Design (AT)* (New York: Hatje Cantz, 2011).

- Dupont: *The Autobiography of an American Enterprise* (Wilmington: DE: E. Il Dupont de Nemours and Company, 1952).
- Hogan, M. J. *The Marshall Plan: America, Britain and the Reconstruction of Western Europe 1947-1952* (Cambridge: Cambridge University Press, 1987).
- Horowitz, R. *Boys and Their Toys? Masculinity, Class and Technology in America* (New York and London: Routledge, 2001).
- Kron, J. and Slesin, S. *High Tech* (New York: Potter, 1978).
- Lash, D. and Urry, J. *The End of Organised Capitalism* (London: Polity, 1987).
- Lupton, E. *Mechanical Brides: Women and Machines from Home to Office* (New York: Cooper Hewitt National Museum of Design, 1993).
- Manzini, E. *The Material of Invention* (Milan: Arcadia, 1986).
- Nichols, S. *Aluminium by Design* (New York: Harry N. Abrams, 2000).
- Norman, D. *The Design of Everyday Things* (London: Basic Books, 2002).
- Palmer, A. *Couture and Commerce: the Transatlantic Fashion Trade in the 1950s* (Toronto: UBC Press, 2001).
- Pile, S. 'The Foundation of Modern Comfort: Latex Foam and the Industrial Impact of Design on the British Rubber Industry, 1948-1958' in *One-Odd: A Collection of Essays by Postgraduate Students on the V&A/RCA Course in the History of Design* (London: V&A Museum, 1997).
- Postman, N. *Technology: The Surrender of Culture to Technology* (New York: Vintage Books, 1993).
- Rogers, Y. *Interaction Design: Beyond Human-Computer Interaction* (London: John Wiley and Sons, 2011).
- Sabel, C. F. *Work and Politics; The Division of Labour in Industry* (Cambridge: Cambridge University Press, 1982).
- Sparke, P. *Italian Design* (London: Thames and Hudson, 1988).
- Sparke, P. 'Plastics and Pop Culture' in Sparke, P. (ed.) *The Plastics Age: From Modernity to Postmodernity* (London: V&A Publications, 1990), pp. 92-104.
- Sparke, P. 'The Straw Donkey: Tourist Kitsch or Proto-Design? Craft and Design in Italy, 1945-1960' *Journal of Design History* 1998; 11 (1): 59-69.
- Tevfik, B. (ed.) *The Role of Product Design in Post-Industrial Society* (Ankara:

Middle East Techinical University, 1998).

- White, N. *Reconstructing Italian Fashion: America and the Development of the Italian Fashion Industry* (Oxford: Berg, 2000).

8 디자이너문화^Designer culture

Recommended reading

1945년 이후 발생한 디자이너문화의 성숙은 문화적 관점에서 아직은 완전히 분석되지 않았다. 그러나 디자이너 자신에 관한 방대한 양의 문헌이 존재하며 이들은 그와 같은 현상에 대한 통찰력을 제시하고 있다. 휴 앨더시 윌리엄스(Hugh Aldersey-Williams)는 *Industrial Design* (no. 34)에 실린 그의 에세이 'Starck and Stardom'에서 직접적으로 주제를 언급했으며, 팻 커크햄(Pat Kirkham)의 *Charles and Ray Eames; Designers of the Twentieth Century* (Cambridge, MA: MIT Press, 1995)는 그와 같은 문헌 중 최고이다. 한편 안드레아 브란지(Andrea Branzi)의 20세기 이탈리아 디자인 연구인 *The Hot House: Italian New wave Design* (London: Thames and Hudson, 1984)은 이탈리아에 있어 디자이너문화의 중요성을 보여준다. 폴 쿤켈(Paul Kunkel)의 *Digital Dreams: The Work of the Sony Design Center* (London: Lawrence King, 1999)는 대조적으로, 일본의 산업이 디자이너의 이름보다는 기업의 이름을 통해 어떻게 그들의 제품을 홍보하는 지를 보여주고 있다.

Further reading

- Alessi, A. *The Dream Factory: Alessi since 1921* (Milan: Electa/Alessi, 1999).
- Ambasz, E. (ed.) *Italy: The New Domestic Landscape, Achievements and Problems of Italian Design* (New York: MoMA, 1972).
- Brown, T. *Change by Design: How Design Thinking Creates New Alternatives for Business and Society: How Design Thinking Can Transform Organizations and Inspire Innovation* (London: Collins Business, 2009).
- Caplan, R. *The Design of Herman Miller* (New York: Whitney Library of Design, 1976).
- Cross, N. *Design Thinking: Understanding How Designers Think and Work* (London: Berg, 2011).
- Drexler, A. *Charles Eames: Furniture from the Design Collection* (New York: MoMA, 1973).

- Dormer, P. (intro) *Jasper Morrison: Designs, projects and drawings 1981-1989* (London: Architecture and Technology Press, 1990).
- Ferrari, P. *Achille Castiglioni* (Milan: Electa, 1984).
- Fossati, P. *Il Design in Italia* (Milan: Einaudi, 1972).
- Gere, E. *Digital Culture* (London: Reaktion Books, 2002).
- Ive, J. 'Apple Bites Back' *Design* 1998; (1) Autumn: 36-41.
- Jackson, L. *The New Look: Design in the 1950s* (London: Thames and Hudson, 1991).
- Jackson L. *Robin and Lucienne Day: Pioneers of Contemporary Design* (London: Mitchell Beazley, 2001).
- Jackson L. *The Sixties: Decade of Design Revolution* (London: Phaidon, 2000).
- Julius, G. *Design and Creativity: Policy, Management and Practice* (London: Berg, 2009).
- Kelley, T. *The Art of Innovation: Lessons in Creativity from IDEO, America's Leading Design Firm* (New York: Doubleday, 2001).
- *Kenneth Grange at the Boilerhouse; An Exhibition of British Product Design* (London: Boilerhouse Project, 1983).
- Kirkham, P. (ed.) *Women Designers in the USA 1900-2000: Diversity and Difference* (New Haven and London: Yale University Press, 2000).
- Larrabee, E. and Vignelli, M. *Knoll Design* (New York: Harry n. Abrams, 1989).
- Martin, R. L. *Design of Business: Why Design Thinking is the Next Competitive Advantage* (Boston: Harvard Business School Press, 2009).
- McCarty, C. *Mario Bellini, Designer* (New York: MoMA, 1987).
- Papanek, V. *The Green Imperative: Ecology and Ethics in Design and Architecture* (London: Thames and Hudson, 1995).
- Pulos, A. *The American Design Adventure 1940-1975* (Cambridge, Mass: MIT Press, 1988).
- Sudjic, D. *Ron Arad* (London: Lawrence King, 1999).
- Sweet, F. *Philippe Starck: Subverchic Design* (London: Thames and Hudson, 1999).

9 포스트모더니즘과 디자인^{Postmodernism and design}

Recommended reading

수많은 저서가 '포스트모더니즘'의 주제를 다루고 있다. 하지만, 물질문화와 디자인의 세계에 광범위한 문화현상을 관련시킨 저서는 많지 않다. 앤 마시(Anne Massey)의 *The Independent Group: Modernism and Mass Culture in Britain, 1945-1959* (Manchester: Manchester University Press, 1995)는 1950년대 영국에서 모더니즘이 위기에 처했으며 나이젤 휘틀리(Nigel Whiteley)의 *Pop Design: Modernism to Mod* (London: Design Council, 1987)는 이러한 위기가 물질문화 차원에서 어디로 이끌었는지를 보여준다. 미국에서는 로버트 벤투리(Robert Venturi)가 *American Architecture in Complexity and Contradiction in Architecture* (New York: Museum of Modern Art, 1966)에서 유사한 위기를 진단했다. 마이클 콜린스(Michael Collins)와 안드레아스 파파다키스(Andreas Papadakis)는 *Post-Modern Design* (New York: Rizzoli, 1989)에서 1980년대에 디자인 생산에 미치는 영향에 대해 기술했다.

Further reading

- Adamson, G. and Pavitt, J. (eds) *Postmodernism: Style and Subversion, 1970-90* (London: V&A Publishing, 2011).
- Banham, R. 'A Throwaway Aesthetic' in Sparke, P. (ed.) *Reyner Banham: Design By Choice* (London; Academy Editions, 1981), pp.90-3.
- Boorstin, D. J. *The Image* (London: Wiedenfeld and Nicholson, 1962).
- Featherstone, M. *Consumer Culture and Postmodernism* (London: Sage, 1983).
- Dorfles, G. *Kitsch* (London: Studio Vista, 1969).
- Foster, H. *Postmodern Culture* (London: Pluto Press, 1990).
- Gablik, S. *Has Modernism Failed?* (London: Thames and Hudson, 1984).
- Giddens, A. *Modernity and Self-Identity: Self and Society in the Late Modern Age* (California: Stanford University Press, 1991).
- Hebdige, F. 'In Poor Taste: Notes on Pop' in *Hiding in the Light* (London and New York: Routledge, 1988), pp. 116-43.
- *Hochschüle fur Gestaltung, Ulm: Die Moral der Gegenstande* (Berlin: Ernst and Sohn, 1987).
- Horn, R. *Memphis: Objects, Furniture and Patterns* (New York: Simon and Schuster, 1986).

- Jamieson, R. 'Postmodernism, or the Logic of Late Capitalism' *New Left Review* 1984; 146: 53-92.

- Jencks, C. *The Language of Post-Modern Architecture* (London, Academy, 1973).

- Kauffmann Jr. E. *Introduction to Modern Design* (New York: MoMA, 1969).

- Massey, A. and Sparke, P. *'The Myth of the Independent Group' in Block* (Middlesex University) 1985; 10: 48-56.

- Moles, A. *Le Kitsch* (Paris: Maison Mame, 1971).

- Packard, V. *The Hidden Persuaders* (Harmondsworth: Penguin, 1957).

- Packard, V. *The Status Seekers* (Harmondsworth: Penguin, 1963).

- Packard, V. *The Waste-Makers* (London: Longmans, 1961).

- Sparke P. *Ettore Sottsass Jr* (London: Design Council, 1982).

- Sparke P. *Reyner Banham: Design by Choice* (London: Academy Editions, 1981).

- Sweet, F. *Alessi: Art and Poetry* (London: Thames and Hudson, 1998).

- Thackara, J. (ed.) *Design after Modernism: Beyond the Object* (London: Thames and Hudson, 1988).

- Venturi, R., Scott-Brown, D. and Izenour, S. *Learning from Las Vegas: The Forgotten Symbolism of Architectural Form* (Cambridge, Mass: MIT Press, 1972).

10 아이덴티티의 재정의^{Redefining identities}

Recommended reading

20세기 후반의 세계화는 연구의 양을 증가시켰다. S. 프랭클린(S. Franklin)과 실리아 루리(Celia Lury), J. 스테이시(J. Stacey)의 *Global Nature, Global Culture* (London: Sage, 2000)에서 실리아 루리가 베네통(Benetton)을 분석한 'The United Colors of Diversity: Essential and Inessential Culture'를 포함한다. 동시에, 베를린 장벽의 붕괴와 더불어 새로운 민족주의가 대두되고 디자인이 그를 분명하게 하는데 사용되었다. 이러한 새로운 현상에 대한 연구는 데이비드 크롤리(David Crowley)의 *Design and Culture in Poland and Hungary 1890-1990* (Brighton: Brighton University, 1992)와 거트 셀레스(Gert Selles)가 *Design Issues: History; Theory; Criticism* (Vol. 8, no.2, Spring 1992)에 기고한 'The Lost Innocence of Poverty: On the Disappearance of Cultural Difference'를 포함하고 있다.

Further reading

- Aldersey-Williams, H. *Nationalism and Globalism in Design* (New York: Rizzoli, 1992).
- Aynsley, J. *Nationalism and Internationalism in Design* (London: V&A Publications, 1993).
- Banham, M. and Hillier, B. *A Tonic to the Nation: The Festival of Britain* (London: Thames and Hudson, 1976).
- Breward, C., Conekin, B. and Cox, C. (eds) *The Englishness of English Dress* (Oxford and New York: Berg, 2002).
- Bullig, M. *Banal Nationalism* (London: Sage, 1995).
- Council of Industrial Design *Design in the Festival* (London: HMSO, 1951).
- Erlhoff, M. (ed.) *Designed in Germany since 1949* (Munich: Prestel, 1990).
- Ernyey, G. *Made in Hungary: The Best of 150 Years in Industrial Design* (Budapest: Rubik Innovation Foundation, 1993).
- Falk, P. 'The Benetton-Toscani Effect: Testing the Limits of Conventional Advertising' in Nava, M., Blake, A., MacRury, I. and Richards, B. *Buy This Book: Studies in Advertising and Consumption* (London and New York: Routledge, 1997).
- Heskett, J. Philips: *A Study of the Corporate Management of Design* (London: Trefoil, 1989).
- Julier, G. 'Barcelona Design, Catalonia's Political Economy and the New Spain' *Journal of Design History* 1996; 9 (2): 117-28.
- Justice, L. And Xin Xinyang *China's Design Revolution* (Design Thinking, Design Theory) (Cambridge, Mass: MIT Press, 2012).
- Klein, N. *No Logo* (London: Flamingo, 2001).
- Lury, G. *Consumer Culture* (Cambridge: Polity, 1996).
- McDermott, C. *Made in Britain: Tradition and Style in Contemporary British Fashion* (London: Mitchell Beazley, 2002).
- Marling, K. A. *Designing Disney's Theme Parks: the Architecture of Renaissance* (Paris: Flammarion, 1997).
- Miller, D. 'Coca-Cola: a black sweet drink from Trinidad' in Miller, E. (ed.) *Material*

Cultures: Why Some Things Matter (London: UCL Press, 1998).

- Narotzky, V. *An Acquired Taste: The Consumption of Design in Barcelona, 1975-1992* (unpublished PhD thesis, Royal College of Art, London, 2003).
- Oliver, T. *The Real Coke: The Real Story* (London: Elm Tree, 1986).
- Pavitt, J. (ed.) *Brand New* (London: V&A Publications, 2000).
- Sparke, P. '"A Home for Everybody?"': Design, Ideology and the Culture of the Home in Italy, 1945-72' in Greenhalgh, P. (ed.) *Modernism in Design* (London: Reaktion Books, 1990), pp. 185-202.
- Sparke, P. (ed.) *Did Britain Make it? British Design in Context 1946-1986* (London: Design Council, 1986).
- Sparke, P. *Japanese Design* (London: Michael Joseph, 1987).
- Vukic, F, *A Century of Croatian Design* (Zagreb: Meander, 1998).
- Zukin, S. *Landscapes of Power: From Detroit to Disney World* (Berkeley: University of California Press, 1995).
- Zukin, S. *The Cultures of Cities* (Cambridge, Mass: Blackwell, 1995).

지은이

페니 스파크(Penny Sparke)는 영국의 디자인역사학자로 서섹스(Sussex)대학에서 박사학위를 받았다. 브라이튼(Brighton)대학에서 디자인사를 가르쳤으며 특히 18여 년 동안 왕립미술대학(RCA)과 빅토리아알버트뮤지엄(V&A)의 공동과정으로 진행된 디자인사프로그램의 운영은 그녀의 디자인과 디자인사에 관한 광범위한 저서활동에 많은 영향을 주었다. 현재 킹스턴(Kingston)대학의 교수이자 연구부문 부총장이며, 모던인테리어연구소 소장으로 활동하고 있다. 대표적인 저서로는 《에토레 소싸스》(1982), 《20세기 디자인과 문화》(1986), 《일본 디자인》(1986), 《이탈리아 디자인》(1988), 《핑크색이기만 하다면: 취향의 성정치학》(1995), 《디자인의 역사》(1998), 《디자인의 탄생》(2010) 등이 있다. 그녀는 최근 성별에 따른 역할과 정체성에 특별한 관심을 가지며 현재 모던인테리어에 있어 식물과 꽃의 의미에 대해 연구하고 있는 중이다.

옮긴이

전종찬은 서울대학교 응용미술학과를 졸업하고 동대학원 재학 중 국비유학생으로 선발되어 영국 BIAD/University of Central England에서 산업디자인 석사학위를 받았으며, 연세대학교에서 디자인학 박사학위를 받았다. 한국기초조형학회의 수석부회장을 역임했고, 현재 ANBD(Asia Network Beyond Design) 한국대표이며, 한성대학교 제품디자인전공 교수로 재직 중이다. 저서로는 공저인 《디자인과 문화》(2013)가 있다.

페니 스파크의
디자인과 문화
1900년부터 현재까지 | edition 3

2017년 3월 2일 초판 인쇄 | 2017년 3월 9일 초판 발행

지은이 페니 스파크 | **옮긴이** 전종찬 | **펴낸이** 류제동 | **펴낸곳 교문사**

편집부장 모은영 | **책임진행** 이유나 | **디자인** 김경아 | **본문편집** 벽호미디어

제작 김선형 | **홍보** 이보람 | **영업** 이진석·정용섭·진경민 | **출력·인쇄** 동화인쇄 | **제본** 한진제본

주소 (10881) 경기도 파주시 문발로 116 | **전화** 031-955-6111 | **팩스** 031-955-0955

홈페이지 www.gyomoon.com | **E-mail** genie@gyomoon.com

등록 1960. 10. 28. 제406-2006-000035호

ISBN 978-89-363-1637-2(93590) | 값 21,200원